全国高职高专环境保护类专业规划教材

环境生态学基础

教育部高等学校高职高专环保与气象类专业教学指导委员会组织编写

主　编　史永纯

副主编　梁　晶　黄　晨　杨金梅

主　审　牛树奎

中国劳动社会保障出版社

图书在版编目(CIP)数据

环境生态学基础/史永纯主编. —北京：中国劳动社会保障出版社，2010
全国高职高专环境保护类专业规划教材
ISBN 978-7-5045-8182-2

Ⅰ. 环… Ⅱ. 史… Ⅲ. 环境生态学-高等学校：技术学校-教材 Ⅳ. X171

中国版本图书馆 CIP 数据核字(2010)第 011882 号

中国劳动社会保障出版社出版发行
(北京市惠新东街 1 号 邮政编码:100029)
出 版 人:张梦欣
*
北京市白帆印务有限公司印刷装订 新华书店经销
787 毫米×1092 毫米 16 开本 15.75 印张 360 千字
2010 年 1 月第 1 版 2023 年 1 月第 10 次印刷
定价: 28.00 元

营销中心电话: 400－606－6496
出版社网址: http://www.class.com.cn

刘明华　河北秦皇岛市环境监测站
姜松岐　哈尔滨市固废辐射管理中心
牛树奎　北京林业大学
谷群广　邢台职业技术学院
崔宝秋　锦州师范高等专科学校
丁邦东　扬州工业职业技术学院
展惠英　甘肃联合大学
彭　波　南京化工职业技术学院
王　政　中国环境管理干部学院
关贺群　黑龙江省伊春林业学校
梁贤军　四川化工职业技术学院
郭春明　黑龙江建筑职业技术学院
刘青龙　江西环境工程职业学院
裘建平　金华职业技术学院
雷　颉　南昌理工学院
石碧清　中国环境管理干部学院
颜廷良　江苏盐城技师学院
王中华　泰州职业技术学院
叶兴刚　十堰职业技术学院
郭有才　邢台职业技术学院
段晓莹　邢台财贸学校
焦桂枝　河南城建学院
马永刚　黑龙江生物科技职业学院
吴　琦　哈尔滨工程大学
梁　晶　黑龙江生态工程职业学院
张朝阳　长沙环保职业技术学院
丁可轩　黄河水利职业技术学院
连志东　北京市环境保护局

序　言

环境保护是伴随人类社会经济发展的永恒主题，我国党和政府一贯高度重视环境保护工作。近年来，随着我国经济建设的快速发展，社会和企业对环境保护应用型人才的需求日益扩大，这给高职高专环境保护专业建设带来了新的机遇和挑战。为了更有力地推动环境保护专业教育的发展和专业人才的培养，加强教材建设这一专业建设的重要基础工作，教育部高等学校高职高专环保与气象类专业教学指导委员会（以下简称“教指委”）与人力资源和社会保障部教材办公室结合各自的领域优势，共同组织编写了“全国高职高专环境保护类专业规划教材”。本套教材包括《环境监测》《水污染控制技术》《大气污染控制技术》《噪声污染控制技术》《固体废物处理与处置》《污水处理厂（站）运行管理》《环境保护概论》《环境管理》《环境生态学基础》《环境影响评价》《环境法实务》《环境工程制图与CAD》《室内环境检测》《环境保护设备及其应用》《环境专业英语》《环境工程微生物技术》《环境工程给水排水技术》等17种。

本套全国规划教材的编写力求满足高职高专环境保护类专业课程体系和课程教学的新发展，立足教学现状，力求创新，在吸收已有教材成果的基础上，将本学科的最新理论、技术和规范纳入教学内容，并与国家最新的相关政策标准、法律法规保持一致。为满足培养应用型人才目标的需要，整套教材加强了职业教育特色，避免大量理论问题的分析和讨论，强调以实际技能和职业需求带动教学任务，技能实训部分采用项目模块化编写模式，提倡工学结合，增加可操作性和工作实践性，为学生今后的职业生涯打下坚实的基础。同时，教材中每章列有学习目标、章后小结和形式多样的复习题，便于学生理清知识脉络、掌握学习重点；丰富的课外阅读材料使学生的学习增加了兴趣，拓宽了视野。

在本套教材开发过程中，在教指委的组织指导下，全国20余所高等院校、科研院所近百名专家和老师积极参与了教材的编写和审订工作，在此向他们表示衷心的感谢！

我们相信，本套教材的出版必将为我国高职高专环境保护类专业的发展和教材建设作出重要的贡献。因时间和各因素制约，教材中仍有不足之处，恳请相关领域的专家学者和广大师生提出宝贵的意见。

全国高职高专环境保护类专业规划教材编委会

2009年6月

内 容 简 介

本书是根据高职高专环境类专业的人才培养要求以及环境生态学课程标准编写的。全书详细介绍了环境生态学的基本概念、生态因子作用规律、生物群落的演替理论及制约因素、生物群落的种类组成及结构的影响因素、生态系统服务功能与价值、生态监测及管理手段等。全书注重对学生实际动手能力、职业实际训练的培养。

本教材为教育部高等学校高职高专环保与气象类专业教学指导委员会组织编写的全国高职高专环境保护类专业规划教材之一，供高职高专环境相关专业师生教学使用，同时可供其他各类学校相关专业的师生以及技术人员参考使用。

前　言

环境生态学是高职高专环境类专业的一门理论和技能相结合的专业课程。根据高职高专环境类专业人才培养目标的要求，本教材较全面、系统地阐述了环境生态学基础理论知识及其相关技能。

全书共分10章，介绍了环境生态学的形成与发展、研究内容、学科任务、与相关学科的关系；环境因子的生态作用及其规律；生物种群、生物群落及其演替的类型；生态系统的概念与基本功能、生态系统平衡的调节机制、干扰与恢复；陆地生态系统、水域生态系统和城市生态系统；生态系统服务的定义与研究进展、生态系统服务功能的主要内容、价值及其评估体系；日益突出的环境污染问题及其综合防治对策；生态监测内容、基本方法理论依据及指标体系；生态系统管理的内容及途径、生态风险评价、生态规划与设计、产业生态学与生态工业园；全球生态环境问题及特点、人类对环境问题的新思考及行动、未来人类社会的发展观与可持续发展战略等方面的内容。本教材既体现环境生态学的基本理论知识，又体现环境生态学在现实生活中运用的可持续发展战略观。本书具有以下特点：

1. 章前学习目标包括应了解、熟悉、掌握的内容，章后思考题是对知识的复习巩固，实验与实习是教、学、做一体化的体现。

2. 编写内容体现科学性、先进性，重点突出，注重知识的应用性和实用性，便于学生阅读和自学。

本教材编写人员有：黑龙江生态工程职业学院史永纯（第1章、第7章）、黄晨（第3章、第10章）、梁晶（第6章、第8章），邢台职业技术学院杨金梅（第4章、第5章），辽宁石化职业技术学院杨巍（第9章），黑龙江生物科技职业技术学院范秀娟（第2章）。黑龙江生态工程职业学院史永纯任主编并统稿。北京林业大学牛树奎教授对书稿进行审读，提出了许多宝贵意见，在此深表感谢！

本书在编写过程中，力求体现高职高专的应用性特色，但由于编者水平有限，可能出现疏漏和错误，恳请读者提出宝贵意见！

编　者

2009年11月

目　　录

1 绪　论

本章学习目标

1. 了解环境生态学与相关学科之间的关系。
2. 熟悉环境生态学产生的历史背景。
3. 理解环境生态学的研究内容、方法及其发展趋势。
4. 掌握生态学、环境生态学、环境科学、恢复生态学等基本概念。

1.1 环境生态学的概念及形成与发展

1.1.1 人类社会的发展与环境问题的产生及演变

所谓环境问题，是指人类为其自身生存和发展，在利用和改造自然界的过程中，对自然环境破坏和污染所产生的危害人类生存的各种负反馈效应。环境问题主要表现为：一是生态破坏问题，由于不合理地开发和利用资源，对自然环境的破坏以及由此所产生的各种生态效应；二是环境污染问题，由工农业发展和人类生活而造成的污染。研究表明，对人类生存构成极大威胁的全球性的重大环境问题，无疑都与人类自身活动有关。

从新石器时期开始，人类社会进入了“刀耕火种”的时代，产生了原始农、牧业，开始大面积地砍伐森林、开垦土地和草原，摆脱了靠采集、狩猎和迁徙维持生存的局面。随着人口数量的增加，由这种耕作方式引发的生态环境问题开始出现，有的至今尚可见到。

18 世纪后半叶，人类社会进入以广泛应用蒸汽机以及由此推动的炼铁业、机器制造业和采矿业迅速发展为标志的第一次产业革命时期，许多国家的生产力得到迅猛发展，随之产生的环境问题，主要表现为工业污染。从全球角度来看，由于经济发展的不平衡，环境问题仍是局部的或是区域性的，并没有引起大多数人的高度重视和注意。

19 世纪 30 年代以后，随着电动机的产生、电能的利用以及汽车和飞机的相继问世，形成了第二次产业革命。尤其是 20 世纪两次世界大战的爆发，刺激了工业和科学技术的发展。

电力、石油、化学工业、汽车、造船和飞机制造等工业开始在世界经济中占主导地位，这些产业的结构特点就是生产过程需要消耗大量的矿物质，产品的消耗和使用也消耗大量的能源，这次产业革命对自然资源的利用和开发达到了空前的程度。从 20 世纪 30 年代比利时马斯河谷事件开始，震惊全世界的“八大公害事件”相继发生。在工业发达国家里，大气、水体、土壤、农药、噪声以及核辐射等污染，对经济发展和人民生活构成了严重的威胁。

20 世纪 60 年代后，化学工业（尤其是有机化学工业）迅速崛起，合成了大量的化学物质以替代某些天然物质，使现代社会与自然环境之间发生了大规模的物质交换。不仅使原有的工业污染范围扩大，而且过去潜在的污染危害与新的污染共同造成了社会性公害的发生。西方工业发达国家的人民群众发出了“保护环境、防治污染”的强烈呼声，掀起了声势浩大的“环境运动”。1972 年，联合国在瑞典首都斯德哥尔摩召开了有 113 个国家参加的“联合国人类环境会议”，讨论了保护全球环境的行动计划，通过《人类环境宣言》，并成立了联合国环境规划署。1983 年 3 月，联合国成立了世界环境与发展委员会（WCED），于 1987 年向联合国提交了《我们共同的未来》的研究报告，以“可持续发展”为基本纲领，把环境与发展这两个紧密相关的问题作为一个整体来讨论，认为资源环境是人类可持续发展的基础。1992 年，联合国环境与发展大会的召开及大会通过《21 世纪议程》，确立了可持续发展是当代人类发展的主题，标志着人类对环境和发展的观念升华到了一个崭新阶段。

环境问题的阶段性特点表明，人类社会与自然环境系统的矛盾是不断变化、不断发展的。人类经过漫长的奋斗历程，在改造自然和发展经济方面取得了巨大的成就。但由于工业化过程中的处置不当，尤其是不合理地开发利用自然资源，造成全球性的环境污染和生态破坏，将给人类的生存和发展构成严重的威胁。随着高新技术的日新月异，21 世纪在给人类社会带来进步繁荣的同时，也会给人类带来一些新的环境问题和隐忧。目前，人类面临的环境问题主要表现为：全球性气候变化、水污染、水资源短缺、臭氧层破坏、酸雨污染、地球增温、土地荒漠化和沙漠化的扩大、粮食和能源的短缺、生物多样性减少等。人类社会面临的环境问题具有全球化、政治化、综合化的特征。因此，了解人类社会不同发展阶段与环境的关系，科学地预见人类活动对环境所产生的近期、远期的影响，需要全人类的关注与合作。

1.1.2 环境生态学的定义

环境生态学（environmental ecology）是指以生态学的基本原理为理论基础，结合系统科学、物理学、化学、仪器分析、环境科学等学科的研究成果，研究生物与受人干预的环境之间的相互关系及其规律性的一门科学。环境生态学不同于经典生态学（以研究生物与其生存环境之间相互关系为主），也不同于污染生态学（只研究污染物在生态系统中的行为规律和危害）和社会生态学（研究社会生态系统结构、功能、演化机制以及人的个体和组织与周围自然、社会环境相互作用）。环境生态学是环境科学与生态学之间的交叉学科，是生态学的重要应用学科之一。因此，它是一门运用生态学理论，阐明人与环境间的相互作用，解决环境污染和生态破坏这两类环境问题的学科。

1.1.3 环境生态学的形成与发展

人类是环境的产物，又是环境的改造者。人类在同自然界的斗争中，不断改造自然，创造新的生存条件。由于人类认识自然的能力和科学技术水平的限制，在改造环境的过程中造成了环境的污染和破坏。从18世纪后半叶开始的第一次工业革命，到19世纪电的发明，使人类进入第二次工业革命的电气化时代，特别是第二次世界大战以后社会生产力突飞猛进。随着全球性环境问题日益严重，如全球性气候变化、酸雨、臭氧层破坏、荒漠化扩展、生物多样性减少等带来的环境不断破坏、资源日益衰竭的严重生态危机，从局部的向区域的乃至全球范围扩展，导致了全球环境恶化和生态系统失衡。环境生态学成为一门独立的科学始于20世纪50—60年代，它是在人类面临越来越严峻的当代环境问题以及地球上生物的生存受到越来越严重威胁的历史背景下产生的。

20世纪60年代初，随着化学工业的迅速发展，合成并投入使用大量自然界中不存在的化学物质（如各种农药等），进一步加剧了环境质量的恶化。西方发达国家公众的环境意识强烈，要求政府采取有效手段治理日益严重的环境污染。美国海洋生物学家R. 卡森出版了《寂静的春天》，书中描述了使用农药造成的严重污染以及污染物在环境中的迁移转化，初步揭示了污染对生态系统的影响，以及人类同大气、海洋、河流、土壤及生物之间的密切关系，促进了生态系统与现代环境科学的结合。1972年，联合国在瑞典首都斯德哥尔摩召开人类环境会议，通过了《联合国人类环境会议宣言》。同年，W. Barbara等出版了《只有一个地球》，论述了经济发展和环境污染对不同国家产生的影响，指出人类所面临的环境问题，呼吁各国重视维护人类赖以生存的地球。该书的出版对环境生态学的发展起到了重要的作用。20世纪70年代后期，研究者在受干扰和受害生态系统（damaged ecosystem）的恢复和重建的理论和实际应用方面做了大量工作。1975年，在美国召开了以“受害生态系统的恢复”为主题的国际会议，专家们第一次讨论了有关受害生态系统恢复和重建等许多重要的环境生态学问题。1979年，我国著名的生态学专家——马世骏教授提出了“生态工程”的理论，对我国乃至整个生态学的发展均有着重要的指导作用。1980年3月5日，国际自然及自然资源保护联合会公布了《世界自然资源保护大纲》。同年，Carins等出版了《受害生态系统的恢复过程》（the recovery process in damaged ecosystem）一书，探讨了受害生态系统恢复过程中的重要生态学理论和应用问题。1983年美、法两国专家召开了“干扰与生态系统”（disturbance and eco-system）的学术研讨会，系统地探讨了人类的干扰对生物圈、自然景观、生态系统、种群和生物个体的生理学特性的影响。1989年，在北京召开了“生态工程”国际学术讨论会，研讨了受害生态系统的重建问题。1996年，在瑞士召开了第一届世界恢复生态学大会，强调恢复生态学在生态学中的地位，恢复技术与生态学的联系。近年来，我国在区域生态环境破坏的历史分析、区域生态环境质量的评价、生态系统稳定性的维护、受害生态系统的恢复与重建等领域也开展了大量的工作，并取得了可喜的成果，对推动我国环境生态学的发展起到积极的作用。

1.1.4 环境生态学在解决环境问题中的作用

环境问题的历史回顾和“环境运动”的兴起，使我们得到许多启示。对于寻求解决当今环境问题的途径、恢复和重建生态平衡、协调人与自然的关系等均有益处。运用环境生态学原理迫切地解决环境问题是基于环境危机对人类造成的生存压力，以及由此引发的人类社会的发展与环境关系的重新思考的结果。环境生态学正是人类认识和解决环境问题的科学工具，更是正确反映人类对环境的认识。因而，我们应该学会用环境生态学的观念来分析、解决环境问题。

1.1.4.1 认识环境问题的实质

所谓环境（environment）总是相对于某一中心事物而言的。我们通常所称的环境是指人类的环境，因中心事物的不同而不同，随着中心事物的变化而变化。从“环境生态学的形成和发展”这一节内容可以看出，自从有了人类以来，就开始产生和存在着各种环境问题，人类或生物与环境的关系是一种依赖和相互制约的关系。人类要生存发展，生物要保证种族延续所必需的物质和条件只能从各自的环境中获得。随着人类社会的发展，环境问题日趋突出，人类正面临一场生死攸关的挑战，这是不容忽视的客观事实。从世界“八大公害事件”、世界“六大污染事故”以及我国的几次“环保风暴”事件中总结经验，人类现在所面临各种环境问题的产生并非人类的本意，它是伴随着人口的增长和生产力的发展而产生的。当前，抛弃“人是自然界的主宰者”的旧观念，树立“人也是自然界一员”的新观念是很重要的。尽管环境是一个大的资源库，其中的资源并非都是“取之不尽，用之不竭”的，采取适度开发和永续利用才是科学和明智的。因此，从环境生态学角度出发，认识环境问题的实质，在开发和利用自然资源或改变一些生态关系前进行充分的科学论证，对解决实际的环境生态问题都是有益的。

1.1.4.2 重视环境问题产生的根源

对环境问题产生的历史进行回顾，人类对环境的破坏始于对生物资源的利用和开发，其结果是局部生态环境恶化，生物圈中生命成分急剧减少。现代工业的兴起和发展造成的污染，使各类生态系统的结构受损、功能衰退，从而加重了其他环境问题的危害作用程度。大气的严重污染引起温室效应、臭氧层破坏和酸雨的形成，对生命系统的损伤降低了生物圈的自净功能，使大气污染的程度更加严重，形成恶性循环。全球生态环境的恶化是由量变到质变的过程，是局部生态环境破坏效应叠加的结果。环境系统的统一和相互制约关系，还表现在客体对主体需求的提供并不是无偿的。比如人类对地下水的利用应该与地下水的补充量相等，否则就会造成地下水位的下降，甚至形成“地下漏斗”。植物生长从土壤中索取营养物质，以残体或其他形式归还给土壤，否则就会造成土壤生态系统中有机质含量下降和结构破坏，甚至导致土壤贫瘠。

生物圈中生命成分既是环境污染危害的对象，又是环境污染危害程度的调节者。改善局部生态环境，将是全球生态环境质量好转的基础。因此，认清环境污染产生的根源，以生态系统自净能力和稳定性为出发点和着眼点，综合考虑各种措施和有效途径，促进人类社会与环境的协调发展。

1.1.4.3 促进人类社会的和谐发展

人类要生存和发展，需要粮食、能源、资源，就得发展工业、农业和其他经济活动。但人类又不完全等同于其他生物，人类具有自我控制能力，掌握发达的科学技术，能够主动调节与自然界的关系并使之和谐。当前世界各国都积极采取措施保护生态环境，国际间的环境保护工作也已展开。自然保护区的建立、濒危物种的抢救、大面积的植树造林、保护臭氧层的国际公约以及生态工程的兴起都是鼓舞人心的有效对策。可以肯定的是，人类破坏了自身生存的环境，也同样有能力恢复和重建它。只要全人类重视现实、积极采取措施，全球环境问题的逐渐改善和解决是大有希望的。

由此可见，环境生态学在解决环境问题中担当了不可或缺的角色，其发挥的作用正是环境生态学研究解决的问题。

1.2 环境生态学的研究内容和学科任务

1.2.1 环境生态学的研究内容

环境生态学是一门新兴的边缘学科，其内容和体系尚在不断地发展中。目前，环境生态学主要是运用环境污染的生态学原理和规律，结合环境污染的生物效应和综合治理、自然资源的合理利用与保护、环境污染的监测与评价、环境污染对生态系统的结构与功能的影响、废弃物的能源化和资源化技术等方面的内容，研究生态系统中的生物与污染的环境两者之间作用与反作用、对立与统一、相互依赖与相互制约、物质的循环与代谢等一系列相互作用的规律，以及支配这些规律的内在机理。将理论研究成果充分地应用到解决实际的环境问题中去，旨在不断改善恶化的生态环境，达到资源的永续利用，促进经济、环境和人类社会的可持续发展。

环境生态学的研究对象是污染的环境对整个生态系统（以生物为主）的影响，既包括从宏观上研究环境中污染物和人为干预的环境对生物的个体、种群、群落和生态系统产生影响的基本规律，又包括从微观上研究污染物和人为干预的环境对生物的分子、细胞和组织器官产生的毒害作用及其机理。它是生命系统与人为干预的环境系统两者之间的相互作用，可以表现为各级水平。

1.2.2 环境生态学的学科任务及发展趋势

环境生态学是一门逐渐发展起来的综合性的交叉学科，其学科的主要任务是指导人与生物圈（即自然、资源与环境）的协调与发展，即研究以人为主体的各种环境系统在人类活动的干扰下，生态系统演变过程、生态环境变化的效应以及相互作用的规律和机制，寻求受损生态环境恢复和重建的各种措施。其任务在于运用生态学的原理，阐明人类活动对环境的影响，以及解决环境问题的生态学途径，保护、恢复和重建各类生态系统，以满足人类生存与发展需要。环境生态学也充分认识到了人文精神，特别是人的科学素养、道德伦理观在生态环境保护中的重要作用，但它的学科任务又不同于以研究社会生态系统结构、功能、演化机制以及人的个体和组织与周围自然、社会环境相互作用的社会生态学。因此，环境生态学既不同于以研究生物与其生存环境之间相互关系为主的经典生态学，也不同于只研究污染物在生态系统的行为规律和危害的污染生态学。

世界环境问题既有历史的延续也有新的变化和发展，环境生态学的研究内容和学科任务也不断丰富，依据目前国内外的研究方向和未来发展趋势，环境生态学将更加注重从以下几方面展开工作，并努力取得突破性成果。

1.2.2.1 人为干扰对生态系统的影响

随着人类干扰空间的扩大和强度的增加，人类活动对生态系统的干扰影响已经成为许多学科研究的热点。生态系统受到干扰的方式和强度不同，受到的危害和产生的生态效应也不同。人类干扰对生态系统产生的效应涉及干扰的类型、损害的强度、作用的范围、持续的时间、发生的频率、潜在的突变、诱因的波动等方面。建立判断和评价人为干扰对生态系统产生效应的影响指标体系，对于判定生态系统是否受到人为干扰的损害、确定受损程度、判定受损生态系统的结构和功能变化的共同特征，将负效应的危害性控制到最低程度是必要的。

1.2.2.2　退化生态系统的特征判定

各种干扰的方式和强度不同，对生态系统危害性和产生的生态效应也不同。如何判定一个生态系统是否受到人为干扰的损害及其程度、受损生态系统的结构和功能变化有何共同特征，目前仍没有一个得到公认的判断和评价指标体系。受害生态系统的特征判定或生态学诊断的标准及方法问题仍将是今后的研究重点之一。

1.2.2.3　人为干扰下的生态演替规律

生态演替理论是受损生态系统恢复与重建的重要理论基础之一。在人为干扰的环境条件下，通过研究人为干扰与生态演替的相互关系，可以预测各种人为干扰的生态演替方向和程度，并将有利于的生态系统恢复和重建。因此，分析生态演替可能会发生的变化、生态演替的模式及机制、预测人为干扰后生态演替的发生条件、发展方向、影响因素以及人为干扰与生态演替的相互关系，将是未来环境生态学研究的主要内容。

1.2.2.4　退化生态系统的恢复与重建

退化生态系统的恢复与重建，是将环境生态学理论应用于生态环境建设的一个重要方面。受损生态系统的恢复与重建常因政策、目的不同而产生不同的结果。如何使退化的生态系统在自然及人类的共同作用下尽快根据人类的需要或愿望恢复、改建或重建，这既是个理论问题，也是个实践问题。目前，关于各类受损生态系统恢复与重建的具体原则和方法已有了大量的实践，但限于生态系统的复杂性，生态系统恢复的机理还不清楚，退化生态系统恢复与重建的技术尚不成熟。成功的生态恢复应包括生态保护、生态支持和生态安全三个方面，并要求综合考虑生态因素、经济因素和社会因素。因此，生态恢复和重建技术的研究仍然是环境生态学中最具实践性的研究领域。

1.2.2.5　生态系统服务功能评价

生态系统服务功能的研究是20世纪90年代末兴起的新领域。生态系统服务是指生态系统与生态过程所形成及所维持的人类生存环境的各种功能与效用，它是生态系统存在价值的真实和全面体现，也是人类对生态系统整体功能认识的深化。但由于生态系统的复杂性和不确定性，人们对生态系统服务功能的估价方法仍不成熟。正确评价生态系统服务功能，能够反映出生态系统和自然资本的价值，可为一个国家、地区的决策者、计划部门和管理者提供背景资料，也有利于建立环境与经济综合核算新体系和制定合理的自然资源价格体系。因此，生态系统服务功能评价研究是环境生态学研究的基础，更是生态系统受损程度判断和实施恢复的依据。

1.2.2.6　生态系统管理

生态系统管理的概念是在环境生态学的发展过程中逐渐形成和发展的。生态系统的科学管理是合理利用和保护资源、实现可持续发展的有效途径，实现人类社会的可持续发展，重要的措施就是加强对生物圈各类生态系统的管理。在实践中，由于对生态系统功能及其动态变化规律缺乏全面的认识，往往注重的只是短期产出和直接经济效益，而对生态系统的许多公益性价值，如污染空气的净化、减灾防灾、植物授粉和种子传播、气候调节等功能以及维护生态系统长期可持续性的研究还不够重视，更缺乏对恢复和重建生态系统的科学管理的经验。因此，加强生态系统管理的研究，也是环境生态学的重要任务。

1.2.2.7 生态规划与区域生态环境建设

生态规划（ecological planning）是指按照生态学原理，对区域的社会、经济、技术和生态环境进行全面综合规划，以便充分有效和科学地利用各种资源促进生态系统的良性循环，使社会经济持续稳定发展（赵景柱，1990）。生态环境建设可按区域进行，根据生态规划解决人类当前面临的生态环境问题。在搞好生态环境建设的同时，积极发展生态产业，促进区域经济的发展，建设更适合人类生存和发展的生态环境的合理模式。生态规划是区域生态环境建设的重要基础和实施依据，也是人类解决环境问题的有效途径。环境生态学之所以关注生态规划问题，因为它是减少生态破坏、设计生态恢复和重建的有效手段，是依据生态学原理实现社会、经济和环境协调发展的途径。

1.2.2.8 生态风险预测

随着人类社会的发展和科学技术的进步，环境问题的产生将给自然和人类带来生态风险，如种群、群落和生态系统受到外界胁迫，其当前或未来的健康状况、生产力、遗传结构、经济价值及美学价值降低等。在自然和人为不利条件的作用下，生态环境遭破坏的程度越高，这种潜在的风险变为现实灾难的几率越大。生态风险评价能够用来预测未来的生态不利影响或评估因过去某种因素而导致生态变化的可能性，为降低生态风险、保障生物安全提供科学依据。其目的是帮助环境管理部门了解和预测外界生态影响因素和生态后果之间的关系，有利于环境决策的制定。

1.2.2.9 全球环境问题的综合研究

生态环境是构成人类和其他生物生存发展的光、热、气、水、土、营养等环境条件的总称。自然的、人为的因素使生态环境得到保护，维持生态系统保持相对平衡的状态，人类和其他生物才能生存和发展。全球生态环境变化的现状已经历了一系列发展变化的新阶段，也将经历未来演替的起点。因此，研究发生在生物圈各类生态系统内并受人类活动影响的物理、化学、生物的相互作用过程及其生态效应，科学地预测全球环境和生态过程的重大变化，将成为今后研究的发展趋势之一。

1.2.2.10 加强国际间交流与协作

在环境生态学理论研究方面，我们应加强同国际间的合作与交流，重视与国际先进的科学思想和研究方法接轨，如重视从静态的结构研究到动态的功能研究，从定性描述的分析方法向定量化的综合分析方法过渡。将野外调查和室内实验相结合，宏观研究和微观研究相结合，生物学与地理、化学、物理和数学互相渗透，运用自动化测试、计算机和遥感技术等现代化手段，由“软科学”向“软、硬”结合方向发展等。通过自主创新与综合集成研究，以人与自然的和谐发展为指导思想，从根本上解决我国生态环境中的重大问题以及改善生态环境为基本出发点，建立与人类社会发展相适应、符合我国国情的环境生态学科学理论和技术体系，将成为我国环境生态学学科今后发展方向之一。

1.3 环境生态学与相关学科的关系

1.3.1 与生态学的关系

生态学是20世纪60年代发展起来的生物学的分科，研究以种群、群落和生态系统为中心的宏观生物学。其重点在于生态系统和生物圈中各组成成分之间，尤其是生物与环境、生物与生物之间的相互作用。生态学的发展史大致可概括为三个阶段：生态学建立前期，生态学成长期和现代生态学发展期。1866年，德国动物学家海克尔（Haeckel）首次提出生态学定义，生态学发展史证明它是密切结合人类实践，在实践活动基础上发展起来的。环境生态学是生态学学科体系的组成部分，是依据生态学理论和方法研究环境问题而产生的新兴分支学科。环境生态学偏重于研究人类活动影响下的生物与人为干扰的环境条件之间的关系，如人类与环境相互关系、人为干扰下的生态系统内在的变化原理、规律及寻求受损生态系统恢复、重建和保护对策等，以避免环境对人类及其生活造成的不利影响，并向着有利于人类的方向发展变化。在诸多的相关学科中，环境生态学与生态学的发展和环境问题的形成是密不可分的，生态学是环境生态学的理论基础。

1.3.2 与环境科学的关系

环境科学（environmental science）是20世纪50年代后，由于环境问题的出现而诞生和发展的新兴学科，是一门研究人类环境质量以及保护和改善的科学。环境科学是一门融自然科学、社会科学和技术科学于一体的交叉学科，并具有许多分支学科，如环境生态学、环境监测与评价、环境工程、环境治理与修复、环境化学、环境生物学、环境地学、环境经济学、环境物理学以及环境规划与管理等。而环境生态学不但关注环境背景下生态系统自身发生、演化和发展的动态变化以及受扰后生态系统的治理与修复，而且致力于自然—社会—经济复合生态系统的规划、管理与调控研究。在环境科学体系中，环境生态学和环境监测与评价、环境工程、环境治理与修复、环境规划与管理的关系尤为密切。环境化学、环境生物学和环境物理学是环境生态学中关于人为干扰效应急机制分析的基础和科学依据；而生态监测能反映监测结果的长期性和系统性，弥补物理和化学监测的不足，完善环境监测的内容和效果；环境生态学还可为环境工程、环境治理与修复和环境规划与管理提供理论依据，提高污染治理的生态效果，提高环境决策的科学性、提高环境保护的效益。同时，环境科学在研究人类环境质量，保护自然环境和改善受损环境的过程中，都是以生态学基础为理论，以生态平衡为原则和目标的。因此，环境生态学是环境科学的分支学科之一，环境生态学理论丰富和发展了环境科学的理论基础。

1.3.3 与恢复生态学的关系

恢复生态学（restoration ecology）是20世纪80年代迅速发展起来的现代应用生态学的一个分支，是一门研究生态系统退化的原因、退化生态系统恢复与重建的技术和方法及其生态学过程和机理的学科。恢复生态学主要致力于在自然灾害和人类活动压力下受到破坏的自然生态系统的恢复与重建，它是最终检验生态学理论的判决性试验。它所应用的是生态学的基本原理，尤其是生态系统演替理论。生态恢复的关键是系统功能的恢复和合理结构的构建，在加强生态系统建设和优化管理以及生物多样性的保护方面具有重要的理论和实践意义。

恢复生态学的研究内容与环境生态学有交叉，但又不是完全相同的学科重复，其区别主要表现在三个方面：一是在学科的性质上，恢复生态学更侧重于恢复与重建技术的研究，属于技术科学的范畴，而环境生态学则更侧重于基本理论的探讨，属于基础学科；二是在学科的研究内容上，对于受损生态系统恢复这一领域，环境生态学注重研究受损后生态系统变化过程的机制和产生的生态效应，关注的是“逆向演替”的动态规律，恢复生态学则注重研究生态恢复的可能与方法，更关注恢复与重建后生态系统“正向演替”的动态变化以及如何加快这种演替的各种措施；三是在研究方法上，恢复生态学十分关注生态工程学的理论及其技术的发展，环境生态学注重生态监测与评价以及有关生态模拟研究方法和技术的发展。总之，就两个独立的学科关系而言，环境生态学与恢复生态学是最紧密的。

1.3.4 与其他相关学科的关系

除以上重点论述的几个相关学科外，环境生态学还与许多新兴的分支学科有着密切联系。其中，环境生态学与生态经济学、环境经济学、污染生态学和人类生态学息息相关，其在很大程度上都与环境生态学有交叉，它们之间存在着相辅相成和相互促进的关系。

1.3.4.1 生态经济学

生态经济学（ecological economics）是生态学和经济学相互交叉、渗透、有机结合形成的新兴边缘学科，也是一门跨自然科学和社会科学的交叉学科。生态经济学产生于20世纪60年代末，是研究生态经济系统运行机制和系统各要素间相互作用规律的科学，得到了世界各国政府、社会团体、学术界和企业界的高度重视。由于近年来生态学家与经济学家的积极合作，生态经济学发展迅速。生态经济学根据生物物理学的理论，依据物理学中的能量学定律，采用“能值”作为基准，把不同种类、不可比较的能量转换成同一标准的能值进行分析。在研究方法上，实现了生态系统各种服务功能价值评价中无法统一比较标准的突破，对环境生态学的研究是十分重要的。

从生态经济学的发展过程中，可以看出它与环境生态学之间存在的渊源关系。环境生态学的主要研究内容是在人为干扰下受损生态系统的内在变化规律、变化机制和产生的生态效应，因此，它首先需要界定生态系统受到损害的程度，评价其功能和结构的变化。从本质上看这属于生态资源的评价问题，是生态系统各种服务功能的维护与管理问题，这也是生态经济学研究的主要范畴。因此，除生态学、环境科学和恢复生态学外，生态经济学与环境生态学的关系也是很密切的。

1.3.4.2 环境经济学

在中国，环境经济学的研究工作是从1978年制定环境经济学和环境保护技术经济八年发展规划（1978—1985年）时开始的。1980年，中国环境管理、经济与法学学会的成立，推动了环境经济学的研究。环境经济学主要研究环境与经济的相互作用关系、环境资源价值评估及其作用、管理环境的经济手段、环境保护与可持续发展和国际环境问题等内容（马中，1999）。环境经济学是一门经济科学，将其作为环境资源价值评估和环境管理的经济手段，对环境生态学所要研究的受损生态系统的判断、生态恢复等具有很强的互补性。

1.3.4.3 污染生态学

污染生态学是以生态系统理论为基础，用生物学、化学、数学分析等方法研究在污染条件下生物系统与被污染的环境系统之间的相互作用规律及对污染环境进行控制和修复的生物与环境之间相互关系规律的科学，它还包括环境污染的生态效应、环境污染的生物净化、环境质量的生物监测和生物评价等内容的研究。通过对生物受污染后的生活状态、受害程度、污染物在生态系统中的转移及富集和降解规律等内容的研究，可为环境生态学分析受污染生态系统的变化过程和机制提供科学的依据。可以说，污染生态学的研究是环境生态学研究的出发点和立足点，能够为环境生态学提供丰富的素材以促进其发展；同时环境生态学的效应机制研究也可丰富污染生态学的理论基础，两者关系密不可分。

1.3.4.4　人类生态学

人类生态学概念从社会学和地理学两个方面提出，迄今已有60余年的历史。人类生态学是应用生态学基本原理建立起来的概念，研究人与生物圈相互作用，人与环境、人与自然协调发展的科学（周鸿，2001）。它涉及人口动态、食物和能源供应，人类与环境的相互作用以及经济活动产生的生态环境问题。从狭义上讲，主要是以人类生态系统为研究对象。从社会科学角度出发的人类生态学则注重生态经济学研究。20世纪70年代以来，有更多的人类生态学论著问世，逐步形成以现代生态学理论为基础，以人类经济活动为中心，以协调人口、资源、环境和社会发展之间相互关系为目标的现代人类生态学。在人类已改变了大部分自然生态系统的今天，人类生态学所研究的主体和对象对于自然生态环境有着重要的影响，而这些正是环境生态学所要研究的“人为干扰问题”。

总之，现代科学的发展及其相互渗透，已使各学科之间都有着直接或间接的联系，新兴的综合性交叉学科更是如此。现代科学的各学科之间已构成了一张“科学之网”，每个学科它们各自的不断发展，推动着科学技术整体水平的不断进步。

本章小结

通过本章学习使学生了解人类社会的发展与环境问题的产生及演变规律，熟悉环境生态学的定义、形成与发展，掌握环境生态学的研究内容、环境生态学的学科任务及发展趋势，认识当今世界环境问题产生的根源，能够比较得出生态学、环境生态学与环境科学的研究对象差异，为以下章节的学习奠定良好的基础。

思考题

1. 试述环境生态学的定义及其发展。
2. 简述环境生态学的主要研究内容和学科任务。
3. 比较生态学、环境生态学与环境科学的研究对象的差异。

2 生物与环境

本章学习目标

1. 熟悉环境的概念及类型。
2. 理解生态因子的分类及生态因子作用的一般特征。
3. 了解生物多样性、生物的协同进化等概念和生态因子作用的一般规律。
4. 了解光照、温度、水分的生态作用及生物的适应性。

2.1 地球上的生物

2.1.1 生命的产生与进化

地球上到处都有生命。随着科学的发展，人们逐渐认识到，生命是高度组织化的物质结构，其分子是具有自我复制和负载遗传信息功能的核酸等生物大分子。其通过生物膜实现内部及外部的分隔，形成形形色色的细胞。组织与生物体借助外界能量的输入，通过一系列相互关联的生物化学过程而实现内外物质变换和自身的复制。

2.1.1.1 生命的起源

关于生命起源的问题一直是悬而未决的热点问题，但经过几十年对地球早期环境、早期生命形态和地化循环的研究，人类在这个问题上达成了一定程度的共识——地球生命起源于地球上的化学过程。

地球形成于46亿年前，当时地表为还原性气体，有水蒸气、硫化氢、氮气、甲烷、氨气及氢气等，没有氧气，大气层也很薄，更没有臭氧层。紫外线照射强烈，昼夜以及季节的温差很大。正是这种环境为原始生命的形成提供了条件。1953年，Miller S. L. 在实验室中混有氨、甲烷和氮的水流经一个电弧（模拟太阳紫外辐射），最后得到了甘氨酸、丙氨酸等氨基酸，这就为无机环境提供了理论依据：在还原性大气中形成的各种有机物随着时间的推移越聚越多。有的会形成较为复杂的化合物，最后形成蛋白质和能够自我复制的核酸分子，也就是具有生命活性的大分子，这就是生命的开始。这一过程大约发生在35亿年以前，原始生命形态只能依靠分解复杂化合物时所释放的能量来维持自身的生存，生命靠这种化学反应得到发生和发展，称为化学进化阶段。

从具有生命活性的大分子到细胞，是生命进化中的关键所在。细胞出现后，生命就从化学进化过渡到生物学进化，进化过程就由变异、遗传、选择等因素所驱动。但进化具体过程还不十分清楚，仍然是假说阶段。特别要指出的是，微生物化石证明，约在30亿年之前地球上就已形成光合自养生物（Awrantik，1983，1991）。这种光合自养生物以蓝藻门（cyanophyta）为主，在原始海洋里逐渐繁殖、蔓延、消耗二氧化碳，产生分子氧，这一过程几乎进行28亿年。它的出现，改变了大气的组成成分，使气体由还原性逐渐变为氧化性。氧化大气的形成为绿色植物的登陆创造了条件：高空臭氧的出现，使陆生生物的生命有了保证。大约在4亿年前，绿色植物登陆成功，陆地上出现了一片繁荣景象。

生命的产生是地球上各种物质综合作用的结果。首先作为环境中的生物，不能脱离环境而单独存在，必须依赖于周围的环境。生物在环境中也不是一成不变的，而是在进化中生存，在进化中发展自身。但生物的这种进化不是通过自身来实现，而是通过自然选择。生物世代中产生遗传变异，出现各种不同特征的生物体。自然选择决定哪个个体或种群应该生存，而其他的则被取代。因此，生命是适应环境的一种特殊的物质运动，但是生命又不是一成不变的，而是由于遗传变异和自然选择向着更高的、更适应于环境的方向进化。生命的存在过程就是不断适应新环境、改变新环境的过程，形成了生物与环境间的相互补偿和协同发展的关系。

2.1.1.2　生物的协同进化

生物的协同进化主要是由生物个体的进化过程是在其环境的选择压力下进行的，而环境不仅包括非生物因素，也包括其他生物。因此，一个物种的进化必然会改变作用于其他生物的选择压力，引起其他生物也发生变化，这些变化反过来又会引起相关物种的进一步变化。在很多情况下，两个或更多物种的单独进化常常互相影响，形成一个相互作用的协同适应系统。

捕食者和猎物之间的相互作用是这种协同进化的最好实例。捕食对于捕食者和猎物都是一种强有力的选择：捕食者为了生存必须获得狩猎的成功，而猎物的生存则依赖逃避捕食的能力。在捕食者的压力下，猎物必须靠增加隐蔽性，提高感官的敏锐性和疾跑来减少被捕食的风险。例如，瞪羚为了不成为猎豹的牺牲品就会跑得越来越快，但瞪羚提高了奔跑速度反过来又成了猎豹的一种选择压力，促使猎豹也加快奔跑速度。捕食者或猎物的每一点进步都会作为一种选择压力促进对方发生变化，这就是我们所说的协同进化。

1）昆虫与植物间的协同进化。昆虫与植物间的相互作用同捕食者与猎物间的相互作用非常相似。植食昆虫可给植物造成严重的损害，这对植物来说可能是个最大的选择压力。作为对这种压力做出的反应，植物会发展自身的防卫能力。对于在演替早期阶段定居的一年生植物来说，主要靠植物体小，分散分布和短命来逃避取食；对多年生植物来说，由于更容易受到昆虫攻击，它们必须发展其他的防卫方法。很多植物靠物理防卫阻止具有刺吸式口器昆虫的攻击，如表皮加厚变得坚韧，多毛和生有棘刺等；还有一些植物则发展了化学防卫，所有植物都含有许多化学物质，这些物质对植物的主要代谢途径（如呼吸和光合作用）没有明显的作用，但其中很多具有防卫功能。即使有大量的昆虫以它们为食物，它们也总是显示出对某些昆虫有毒性。例如，甘蓝的次生化学物质使它具有特殊的气味，这些化合物对于那些不适应于吃这类植物的昆虫是有毒的。植物获得化学防卫力，就会对植食动物形成一种选择压力，动物会逐渐适应并克服这种防卫手段，并反过来对植物形成一种新的压力，迫使植物产生新的适应性变化。

2）大型草食动物与植物的协同进化。大型草食动物的取食活动可对植物造成严重的损害，这无疑对植物也是一种强大的选择压力。在这种压力下，很多植物都采取了储存的生长方式或者长得很高大。几乎所有的植物都靠增强再生力和增加对营养生殖的依赖来适应草食动物的啃食。其生长点都不在植物顶尖而在基部，这样草食动物啃食就不会影响它们的居长。大型草食动物（如各种有蹄类动物）的存在对整个植物群落的结构有显著影响。通过啃食活动，它们淘汰了那些对啃食敏感的植物；通过啃食，它们还能抑制抗性较强植物的营养生长，从而减弱种间竞争。当某些植物能得以在此定居，在一定程度上保持了物种的多样性。大型草食动物均存在可影响植物群落的结构和物种组成，就像捕食动物的存在可影响猎物群落的物种多样性一样。

詹森（Janzen，1975）认为动物采取什么对策将取决于动物的大小，如果与食物相比，动物显得很小（如昆虫，不仅体小世代也很短），就很可能采取寡食性或单食性对策；如果与食物相比动物很大，就更可能采取多食性对策。动物在适应植物防卫上所采取的不同对策将会导致出现不同类型的植食动物与植物间的相互作用。

3）互惠共生物种间的协同进化。生物之间适应和反适应过程是一个持续的螺旋式发展过程，选择压力不断起作用，有可能会导致一种稳定状态，此时每一方都以这样的方式发生适应，即尽量减少对对方的干扰和损害，从而最大限度地减少对方的反应。詹森曾详尽地描述了一种金合欢和一种蚂蚁之间的共生关系。这种金合欢树的特点是有膨大的叶形刺，栖于空心刺中的蚁群保卫金合欢树不受植食动物危害并攻击在树上遇到的任何其他昆虫。此外，它们还攻击生长在金合欢树下方圆 150 cm 以内的任何外来植物。因此，一棵拥有足量共生蚂蚁的成年金合欢树在自己独占的一个圆筒形中间因内围蚂蚁的保卫而使天敌减少，并可在其周围创造一个无竞争环境。

在同蚂蚁共生之前，金合欢幼苗的生长非常缓慢，一旦同蚂蚁群建立共生关系，生长就会大大加速。如果不与蚁群建立这种关系，金合欢树就永远不会发育成熟。

4）协同适应系统。上面的讨论只限于两个物种之间的进化关系。实际上，每一个物种都处在一个由很多物种组成的群落环境之中，一种树栖昆虫不可能孤立地只同树木发生关系，而是同树上的所有其他昆虫都处在相互作用之中。协同进化不仅仅存在于一对物种之间，而且也存在于同一群落的所有成员之间。所有种类的捕食者之间也存在着互相影响、互相作用和互相竞争的关系。捕食者要适应它们的每一种猎物，而每种猎物也要适应捕杀它们的每一种肉食动物。

总之，所有物种都处于协同进化的相互适应之中。不同的捕食动物采取不同的猎食方式，依据年龄和性别选择自己的食物，以便最大限度地减少它们之间的竞争。

2.1.2 生物多样性

2.1.2.1 生物多样性的概念

自从地球上生命产生以来，经过大约 30 亿年的生物进化过程，到目前为止，大约有 1 000 万种。正是这些形形色色的生物，构成了地球环境的主体——生物圈。生物多样性作为生物圈的最大特点，也是地球生命经过几十亿年进化发展的结果，是生物支持系统的核心组成成分，是人类社会赖以生存和发展的基础。

生物多样性就是“生物中的多样化和变异性以及物种生境的生态复杂性”。它包括动物、植物和微生物的所有物种及其组成的群落和生态系统。生物多样性一般有 4 个水平，遗传多样性、物种多样性、生态系统多样性和景观多样性。

遗传多样性又称为基因多样性，指广泛存在于生物体内、物种内以及物种间的基因多样性。任何一个特定个体的物种都保持着并占有大量的遗传类型。每个物种都有自己独特的基因库，使一个物种区别于其他物种。遗传多样件主要包括分子、细胞和个体三个方向的遗传变异的多样性。在实际研究中，常测定染色体多态性（染色体数目、结构及减数分裂行为等)。“一个物种遗传变异越丰富，该物种存在的稳定性越低，更容易进化成其他物种而自己消失。”但由于多变异，对环境的适应能力强，进化潜力相应加大。

物种多样性是指物种水平的生物多样性。在一个地区内物种的多样化，可以从分类学、生物地理学角度对一个区城内物种状况进行研究。研究内容包括物种多样性的形成、演化，物种多样性受威胁的现状以及保持物种的永续性等。物种多样性的编目任务是亟待加强的一项工作。目前，还不能较为确切地将地球上物种提供一个数量级。此外，生物区系特点、物种的濒危和受威胁的状况、灭绝速率的变动及其机制、保护物种和持续利用等都是研究的重要任务。

生态系统多样性是指生境的多样性、生物群落多样性和生态过程的多样性。生境的多样性主要指无机环境，如地形、地貌、气候及水文等；生境的多样性是生物群落多样性的基础。生物群落的多样性主要是群落的组成、结构和功能的多样性。它们的生态过程是指生态系统组成、结构和功能在时间、空间上的变化，主要包括物种流、能量流、水分循环、营养物质循环、生物间的竞争、捕食和寄生等。

景观多样性是指不同类型的景观在空间结构、功能机制和时间动态方向的多样化和变异性。景观是一个大尺度的宏观系统。景观要素可分为斑块、廊道和基质。斑块是景观尺度上最小的均质单元，它的大小、数量、形状和起源等对景观多样性有重要意义。廊道成线状或带状，是联系斑块的纽带，不同景观有不同的廊道。基质是景观中面积较大，连续性高的部分，往往形成景观的背景。景现的异质性是景观的重要属性，地球表面的景观多样性是人类与自然因素综合作用的结果。它的大小、数量、形状和起源等对景观多样性有重要意义。

在生物多样性的四个层次中。遗传多样性是基础，物种多样性、生态系统多样性是保证，而景观多样性又以生态系统多样性为基础。

2.1.2.2　影响生物多样性的因素

生物多样性决定着生物圈的整个外貌。生物多样性受到以下因素的影响：

1）物种生物量。一般认为，具有高生物量的生态系统能够更好地发挥生物对环境的自我调节能力，使环境即便在遭受到较大的外界干扰时也不致因改变太大而改变生态系统的性质。高生物量能支持高多样性，人们发现，在过度放牧的草原上生物量大减，物种多样性也大大减少。对于某一特定区域来说，有相应的物种数来维持该系统的最高生物量。如农田生态系统超过4～5种农作物后，再增加物种，几乎不增加产量。Tilman猜想，可能存在一个阈值，在阈值内，物种数越多，生物量越高。

2）物种的属性。不同的物种在环境中所扮演的角色也不同。它们对所在的生态系统产生量的积累，达到质的飞跃。河狸啃下树枝来构筑水坝，改变了水文状况，在沟渠中形成沉积物和有机物质，从而改变了整个河流的结构与物质的循环和分解动态，从而改变了生物多样性，在量化效应中，加速生物从系统中移走，可以减少土壤的物质能量消耗，增加原有生态系统的功能。

3）生物地化循环。生物多样性水平与土壤营养物之间有密切关系。当物种数量少时，物种的增加会明显增加土壤中有机质的含量和氮浓度以及可溶性钙的浓度等。高质量的土壤会使植物的生产量极大提高，有利于增加生物多样性。但是随着物种的增加，大约到10种以后，物种数目的增加几乎不改变生物地化循环。实际上生物多样性改善了系统内部生物地化循环的性质和过程，主要目的是不使单物种或小数量的物种在生存定居中失败，不使单种栽培在波动不定的环境中遭受毁灭性打击，改变目前生态系统变化的方向性。

4）系统的稳定性。系统的稳定性，就是系统的抗性和弹性。抗性又称抵抗力，是生态系统受到干扰后产生变化的大小，即衡量系统受外界干扰而保持原有状态的能力；弹性是指生态系统受干扰后恢复原来功能的能力。一般地，一个生态系统的物种数目多，物种间的相互作用弱，则系统的抗性大，弹性小。即生态系统越复杂、越高级，越不容易被破坏，但一旦被破坏，恢复很难，而且需要的时间也很长。通常认为，物种的数目越多，越复杂，生态系统越稳定。但是，也有观点认为稳定性应该有一个阈值，超过该数值后，非但不能增加系统的稳定性，甚至可能产生破坏作用。

2.1.3 地球的自我调节理论——盖亚假说

2.1.3.1 盖亚假说的形成和发展

盖亚假说（Gaia hypothesis）即地球自我调节学说，是英国科学家J. Lovelock提出的，它对于深入理解生态系统的形成、发展和稳定性有极其重要的意义。1961年Lovelock从火星大气组成的平衡状态分析，认为火星上不可能存在生命。在1969年关于生命起源的国际会议上，Lovelock第一次提出了盖亚假说。1979年第一部著作《盖亚对地球上生命的新认识》正式出版，开始引起人们的关注。1988年第二部著作问世，对盖假说作了进一步修改和充实。

盖亚假说认为地球是一个生物、海洋、大气和土壤组成的复合系统，这个复合系统不仅改变了地球环境，而且也直接控制着该系统，以维持地球的活动或使之更有活力。

它认为该复合系统是完全自我调节，生物区系不仅产生了具有一定成分、酸碱度、氧化还原作用的大气及和其他星球不相同的温度，而且保持着生物自我调节生理特征稳定性的一些条件。

该理论首先得到了Margulis的认可和大力支持。英国东英吉利大学痕量气体化学家Liss也同意盖亚理论中某些观点。他指出，海洋生物和大气之间可能存在的反馈环所产生的二甲基硫（DMS），是硫排放重要的天然源。Charlson、Andrease和Wrm等（1987）发表文章，提出DMS——气候关联有使地球变冷的趋势。加州大学伯克利分校Kirchner和

Harte 则持不同意见。此外，哈佛大学 Kasting 和 Heinrich 认为，虽然在一些情况下生物圈可能比其他一些因素影响更大，但还不能充分说明生物圈控制整个系统。

无论如何，盖亚假说有一定道理，正如 Barlow 所说的那样："尽管许多生物学家对盖亚概念抱有敌意，但对它的讨论将产生丰硕的成果。"

2.1.3.2 假说的主要论点

1）地球上所有生物都起着调控作用。盖亚假说认为地球上所有生物对其环境不断地起着主动调节作用。地球上生物有机体必将把大气层作为原料源和废物库，这样就改变了大气的化学组成，使大气偏离平衡。通过有生物的地球和其相邻的没有生命的火星或金星大气气体构成的对比来看（见表 2—1），火星上由于没有生物，不能实现二氧化碳到氧气的转换，始终以二氧化碳为主，且基本处于平衡状态。但地球上生物系统的出现，使大气中原有的还原性气体（如氢气、甲烷、氨气）部分地转化为氧化性气体（如氧气、一氧化碳、一氧化氮），而且转变的幅度是相当大的，氧气约占 1/5，氮气约占 4/5，地球的二氧化碳则由原来的主要气体（占 98.0%）到目前的痕量气体。大气中高浓度的氮和水的存在，也表明生物改变其化学组成，显示生命存在方式是处于非平衡状态。地球上不但存在着物理化学过程，更主要的是生物学过程，也就是说生物的存在使地球处于非平衡状态。如果地球上没有生命的出现，那么地球大气中各种气体的浓度将会同火星或金星十分相似。

表 2—1　　地球和火星、金星上大气主要成分、浓度等因素的对比

	金星	没有生命的地球	火星	现在的地球
二氧化碳	96.5%	98.0%	95.0%	0.03%
氮气	3.5%	1.9%	2.7%	78.084%
氧气	痕量	0.0%	0.1%	20.946%
氩	70 ml/L	0.1%	1.6%	0.934%
甲烷	0.0%	0.0%	0.0%	1.7 ml/L
表面温度/℃	459	240～340	−53	13
气压/10^5 Pa	90	60	0.006 4	1.0

盖亚假说认为在地球自我调节过程中，生物是起主导作用的，正是由于生物的出现，才使得地球表现非平衡态；而且 Lovelock 还认为，只要地球存在生命，地球上大气、水、土壤和生物之间的调节是自发的，而且随着生物区系的进化发展，这种调节能力也越强，而且是非意识的和自觉的。

Lovelock 把盖亚假说称为进化的系统（evolution system）理论。这种系统是由地球上生物有机体与其无机环境组成的，这两部分密切联系不可分割。这一理论把气候和化学成分的自我调节看做是系统的新质（emergent property），这完全是自发的。

2）地球生态系统保持稳定性。盖亚系统绝不是无生命的、机械的和被动的体系，系统内部生物的各个部分相互有序、协调合作，保证了整个地球系统的稳定性。尽管地球受到频繁的干扰和破坏，但却表现出一定的稳定性。如果地球温度只由太阳辐射强度决定，在地球生命出现早期的10亿～15亿年间应出现冰冻状态，太阳在其有生以来辐射强度已增长25%左右，那么地球上将出现高温天气。但实际上，地球表面平均温度一直保持在15℃左右。即使在白垩纪和第三纪之间地球上出现生物大规模灭绝事件时，地球大气和地表变化也很小。盖亚假说认为地球这种稳定性乃是地球上调节系统——生物总体对环境主动影响的结果。而且在未来，地球的环境将一直持续现在的状态而不发生变化。

3）地球本身是进化系统。一些地球科学家把地球进化认为主要是地球化学或者物理学的进化，完全忽视了生物对地球进化的作用和影响，盖亚假说则不同，认为该系统由地球上所有生物及其物质环境构成，两方面密不可分。气候、化学组成的调节是该系统的应变特性，该应变性完全是自动的，并不具有目的性。生物自身的这种生物学进化则是有目的的、应变性更强的进化过程。盖亚作为一个系统，在长期的自动调控期间逐渐进化，但有时出现间断，这是由生物与环境间的偶然突变而引起的。这种变化使系统进化发展到一个新的状态。地球进化期间曾有过飞跃，发生在25亿年前厌氧生物的太古时代到富氧的元古代之间。关于进化是渐进的还是突变的问题，盖亚理论认为进化是渐进的和间断的结合。盖亚理论并不与达尔文理论相悖，它认为自然选择的生物进化是行星自我调节的一个重要部分。

4）地球系统是有机整体

盖亚理论强调，整个地球是生物区系和大气、土壤和海洋所组成的一个综合有机的整体。生物与环境之间相互作用，不可分割。生物区系的发展、进化会影响到整个地球的物理和化学进化进程，从而影响到大气、海洋和土壤。例如，生物区系发展得好，对当地小气候的调节作用强，可以使当地的土壤肥沃，大气清洁，水体洁净。否则，将造成水土流失、大气、水体均被污染，人类的生存环境受到威胁。反之，如果土壤肥沃，大气、水体清洁，将促使生物区系更好地发展。生物与环境的联系如此紧密，要把它们看成一个整体，而不是孤立地看待它的每一部分，只有这样，才能真正了解地球。“地球上所有的生物，从鲸到病毒，从橡树到藻类，一起构成了一个实体。这个实体能够使地球的生物圈满足她的全部需要，并且赋予它远远大于其各部分的功能（Lovelock，1979）”。没有整体观念，生理学、工程学和盖亚假说就会完全失去力量（Lovelock，1990）。

5）地球生理学是地球进化的方式

Lovelock认为地球物理学并不能说明盖亚理论的起源，于是提出了地球生理学（geophysiology）新名词。盖亚假说认为，一旦地球能够保持环境的稳定性，那么一定有一个复杂的系统在起作用。通过太古代模型发现，随着陆地行星的地球物理和地球化学的不断发展，发展进化过程中有一个时期适合生物生存时，地球上就出现了厌氧生物和光合生物，这些有机体发展壮大，必然丰富到影响地球的化学进化，并与地球化学进化紧密相连，从而对地球化学进化产生强烈的影响和调节。

在生态系统进化过程中，光合生物通过转化二氧化碳和增强风化而造成冷却作用形成冷气候。厌氧生物通道形成温室气体而起到增温作用。发展到后来，出现了原始动物，生态系统由生产者、分解者和消费者所组成。行星发展到一个新的时期。行星上的生物不能过于稀少，如果过少，会影响地球物理和地球化学的进化，对环境的调节能力明显下降，甚至消失，行星条件将不断朝向无机化学方向发展。

对于前面说过的随着太阳辐射增强25%，地球并没有升温，盖亚假说认为可能存在另一种可能的气候调节系统，也就是浮游植物—云层气候反馈模型。地球上海洋占地70%左右，如果海洋生物对地球产生调节，作用将是不可估量的。

模型认为：由浮游植物产生二甲基硫（dimethylsulfide，DMS），海水中DMS浓度上升，并使进入大气中的DMS不断增加，通过氧化形成更多水溶性颗粒，主要由DMS形成海洋上空的云层。结集的云层小片越多，则太阳辐射能反射掉的越多；太阳辐射能向空中反射量增加，将使海洋表面降温，使植物光合作用对太阳能的利用率降低，浮游生物的生物量明显降低。通过不断增加大气中DMS的数量的正反馈作用和云层对太阳辐射能反射作用的上升（负反馈作用）所形成一个调节气候的封闭性环，表明生物对其环境产生主动和积极的影响。

在实践中，通过对以青岛海域为基地的调查发现，浮游生物确实能够大量产生或转化DMS。随着其生物量的增加，海洋中的DMS含量明显增加，向大气释放的DMS量也增加。DMS进入大气后，被-OH自由基氧化后，生成非海盐硫酸盐——利甲磺酸，成为气溶胶和雨水酸似性的主要来源。它很容易吸收水分，可以充当云的凝结核。云量增加，云反射率增强，地表温度下降，又使DMS的藻类减少。

在盖亚假说中Lovelock强调了以下三点：

a. 生命是全球尺度的现象。地球生态系统没有孤立的生命。生活着的生物有机体必须调节其生存的星球。否则，物理和化学进化的力量将会使得它们变得不适于生物的生存。

b. 盖亚假说理论在一定意义上发展了达尔文的观点。认为不必将物种的进化与它们的环境分离开来。这两个过程紧紧地耦合成一个不可分割的过程，调节成功有赖于生物的进化和物质环境进化的不断耦合。

c. 盖亚理论对于地球物理学而言，是将有关观点付诸实践，提供一个新的用数学观点考察地球的方法。

2.2 环境的概念及其类型

2.2.1 环境的概念

环境是指某一特定生物体或生物群体以外的空间，以及直接或间接影响该生物体或生物群体生存的一切事物的总和。环境总是针对某一特定主体或中心而言的，离开了这个主体或中心也就无所谓环境。因此，环境只有相对的意义，不同的主体有不同的环境范畴。在生物科学中，一般以生物为主体，环境是指生物的栖息地以及直接或间接影响生物生存和发展的各种因素。在环境科学中，人类是主体，环境通常是指围绕人群的空间和作用于人类这一对象的所有外界影响与力量的总和。我国《环境保护法》给环境所下的定义为：“本法所称的环境是指影响人类生存和发展的各种天然的和经过人工改造的自然因素的总体，包括大气、水、海洋、土地、矿藏、森林、草原、野生生物、自然遗迹、人文遗迹、自然保护区、风景名胜区、城市和乡村等。”这是一种把环境中应当保护的要素或对象界定为环境的工作定义，其目的是从实际工作的需要出发，对环境一词的法律适用对象或适用范围作出规定，以利于法律的准确实施。

环境是一个非常庞大而复杂的体系，目前还没有形成统一的分类方法。按照环境的范围特征可将环境分为特定的空间环境（如航空、航天的密封舱环境等）、车间环境（劳动环境）、生活区环境（居室环境、院落环境、小区环境等）、城市环境、农村环境、全球环境等。按照环境的性质，环境分为自然环境、半自然环境（被人类破坏后的自然环境）和社会环境三大类。其中，自然环境是人类生产和生活所必需的、未经人类改造过的自然资源和自然条件的总和。按其主要组成要素可再分为大气环境（阳光、空气、温度等）、水环境（如海洋、湖泊等）、土壤环境、地质环境（地壳、岩石、矿藏等）、生物环境（如森林、草原、微生物等）等。在人类社会长期发展中，为了不断提高人类的物质和文化生活水平而创造出来的社会环境可分为聚落环境、工农业生产环境、交通环境、旅游环境、文化环境等。

2.2.2 环境的类型

按照环境的范围大小可将环境分为宇宙环境（或称星际环境）、地球环境（如大气圈中的对流层、水圈、土壤圈、岩石圈和生物圈）、区域环境、微环境和内环境等。

宇宙环境是指大气层以外的宇宙空间，是由广阔的空间和存在其中的各种天体及漫漫物质组成。它对地球环境能产生深刻的影响。如太阳辐射是地球上一切生命活动和非生命活动的能量源泉，太阳黑子的出现与地球上的降雨量有明显的相关关系，月球和太阳对地球的引力作用产生的潮汐现象会引发风暴、海啸等自然灾害。

地球环境是由大气圈中的对流层、水圈、土壤圈、岩石圈和生物圈组成，又称全球环境或地理环境。地球环境与人类及生物的关系非常密切，生物圈中的生物把地球上各个圈层的关系有机地联系在一起，并推动各种物质循环和能量转换。

区域环境指占有某一特定地域空间的自然环境。不同地区形成的区域环境特点不同，其分布的生物群落也不同。

微环境是指区域环境中，由于某一个（或几个）圈层的细微变化而产生的环境差异所形成的小环境。

内环境指生物体内组织或细胞间的环境，对生物体的生长和繁育具有直接的影响，如叶片内部直接和叶肉细胞接触的气腔、通气系统，都是形成内环境的场所。

2.2.3 环境因子的分类

环境因子具有综合性和可调剂性，它包括生物有机体以外所有的环境要素。美国生态学家 Daubcnmire（1947）根据环境因子特点，将环境因子分为 3 大类：气候类、土壤类和生物类；7 个并列的项目：土壤、水分、温度、光照、大气、火和生物因子。Dajoz（1972）依据生物有机体对环境的反应和适应性进行分类，将环境因子分为第一性周期因子、次生性周期因子及非周期性因子。Gill（1975）将非生物的环境因子分为 3 个层次：第一层，植物生长所必需的环境因子（例如温、光、水等）；第二层，不以植被是否存在而发生的对植物有影响的环境因子（例如风暴、火山爆发、洪涝等）；第三层，存在与发生受植被影响，反过来又直接或间接影响植被的环境因子（例如放牧、火烧等），具体的分类见表 2—2。

表 2—2 环境因子的分类

<table>
<tr><th>Allee（1949）</th><th>Niebolson（1933）</th><th>Smith（1935）</th><th>MoHYa HKN H（1953）</th><th>综合性</th></tr>
<tr><td rowspan="3">非生物因素</td><td rowspan="3">非反应因素</td><td rowspan="3">非密度制约因素</td><td>稳定因素</td><td>气候因素
光
温度</td></tr>
<tr><td>变动因素
（有周期性变动）</td><td>相对湿度
水</td></tr>
<tr><td>变动因素
（非周期性变动）</td><td>其他因素
气候以外的自然因素
水域环境
土壤环境</td></tr>
<tr><td>生物因素</td><td>反应因素</td><td>密度制约因素</td><td>基本上是变动因素</td><td>生物因素
食物
种内
种间</td></tr>
</table>

2.3 主要环境因子的生态作用

2.3.1 光因子的生态作用

光是太阳的辐射能以电磁波的形式投射到地球表面上的辐射线，是地球上所有生物得以生存和繁衍的最基本的能量源泉。地球上生物生活所必需的全部能量，都直接或间接地来自太阳光。太阳光是一个十分复杂而重要的生态因子，其辐射强度、光质、光照时间长短及周期性变化对生物的生长发育和地理分布有着深刻的影响。

2.3.1.1 光照强度的变化及其对生物的影响

1）光照强度的变化。光照强度在赤道地区最大，随纬度的增加而逐渐减弱，随海拔高度的增加而增强。北半球的温带地区，山的南坡所接受的光照比平地多，而平地又比北坡多。一年中，夏季光照强度最大，冬季最小。一天中，中午的光照强度最大，早晚的光照强度最小。

2）光照强度与陆生植物。在一定范围内，光合作用将随着光照强度的增加而增加。达到一定强度后，再增加光照强度，光合作用效率也不会提高，这时的光照强度称为光饱和点。光合作用合成的有机物刚好与呼吸作用的消耗相等时的光照强度称为光补偿点。此时的光照强度是植物开始生长和进行净生产所需要的最小光照强度。

光照强度在地球表面和生态系统内分布是不均匀的，分布在不同地区的植物长期生活在不同光照条件的环境中，久而久之就会形成各自独特的生态学特性和发育特点，并对光照条件产生特定的要求。根据植物对光照强度适应的生态类型可分为阳性植物、阴性植物和中性植物。阳性植物只有在光照充足的条件下才能正常生长，其光饱和点、光补偿点都较高，常见种类有蒲公英、蓟、杨、柳、桦、槐、松、杉和栓皮栎等。阴性植物对光的需求远较阳性植物低，光饱和点和光补偿点都较低，其光合速率和呼吸速率也比较低，多生长在潮湿背阴的地方或密林内，常见种类有山酢浆草、连钱草、铁杉、云冷杉等。很多药用植物，如人参、三七、半夏和细辛等也属于阴性植物。中性植物对光照具有较强的适应能力，对光的需要介于上述两者之间，常见的许多叶菜类和一些豆科植物即属此类。

光照强度对植物的形态建成和生殖器官的发育影响很大。对植物的形态影响最明显的例子是黄化。植物在暗处生长时不能形成叶绿素，但能形成胡萝卜素和叶黄素，所以呈现黄色或黄白色，黄化现象的名称由此得来。黄化植物有其特殊形态，如节间特别长，叶子不发达、很小，侧枝和侧叶不发育，植物体中的水分含量很高，细胞壁很薄，薄壁组织很发达，细胞间隙小等。在植物完成光周期诱导和花芽开始分化的基础上，光照时间越长，强度越大，形成的有机物越多，越有利于花的发育。强光照通常有利于提高农产品的产量和品质，如使粮食作物营养物质充分积累、籽粒充实度提高，使水果糖分含量增加，色素等外观品质充分形成等。

3）光照强度与水生动植物。光的穿透性限制着植物在海洋中的分布。如果海洋中的浮游藻类沉降到补偿点（植物的光合作用量刚好与植物的呼吸消耗相平衡之处）以下或者被洋流携带到补偿点以下而又不能很快回升到表层时，这些藻类便会死亡。在浮游植物密度很大的水体或含有大量泥沙颗粒的水体中，透光带可能只限于水面下一米处。而在一些受到污染的河流中，水面下几厘米处就很难有光线透入了。扎根海底的巨型藻类通常只能出现在大陆沿岸附近，这里的海水深度一般不会超过百米。生活在开阔大洋和沿岸透光带中的植物主要是单细胞的浮游植物。以浮游植物为食的小型浮游动物也主要分布在这里，因为这里的食物极为丰富。但是动物的分布并不局限在水体的上层，甚至在几千米以下的深海中也生活着各种各样的动物，这些动物靠海洋表层生物死亡后沉降下来的残体为生。

4）光照强度与动物的行为。很多动物的活动都与光照强度有着密切的关系。如大多数鸟类，哺乳动物中的灵长类、有蹄类、松鼠、旱獭和黄鼠，爬行动物中的蜥蜴和昆虫中的蝶类、蝇类和虻类等，适应在白天的强光下活动（昼行性动物）。又如夜猴、蝙蝠、家鼠、夜鹰、壁虎和蛾类等，则适应在夜晚或晨昏的弱光下活动（夜行性动物或晨昏性动物）。昼行性动物所能耐受的光照范围较广，被称为广光性种类。夜行性动物只适应在狭小的光照范围内活动，被称为狭光性种类。还有一些动物既能适应弱光也能适应强光，它们白天黑夜都能活动，被称为广光性种类，如很多种类的田鼠。在自然条件下，动物随着每天日出日落时间的季节性变化而改变其开始活动的时间。例如夜行性的美洲飞鼠，冬季每天开始活动的时间大约是 16：30，而夏季每天开始活动的时间将推迟到大约 19：30。

2.3.1.2 光质的变化及其对生物的影响

太阳光的主要波长范围是 150～4 000 nm，其中人眼可见光的波长在 380～760 nm 之间，可见光谱中根据波长的不同又可分为红、橙、黄、绿、青、蓝、紫 7 种颜色的光。波长小于 380 nm 的是紫外光，波长大于 760 nm 的是红外光，红外光和紫外光都是不可见光。光质在空间变化总的趋势是短波光随纬度增加而减弱，随海拔升高而增加；在时间变化上，冬季长波光增多，夏季短波光增多；一天之内中午短波光较多，早晚长波光较多。

不同的光质对植物的光合作用、色素形成、向光性、形态建成的诱导等影响是不同的（见表 2—3）。植物的叶绿素是绿色的，它主要吸收红、橙光，其次是蓝、紫光，人们把这部分辐射称为生理有效辐射，约占总辐射的40%～50%。绿光很少被吸收利用，被称为生理无效辐射。实验证明，红光有利于糖的合成，蓝光促进蛋白质的合成，蓝紫光与青光对植物的伸长有抑制作用，使植物矮化，青光诱导植物的向光性，红光与远红光是引起植物光周期反应的敏感光质。

表 2—3　光的波段对植物的重要生理生态效应

光的波段	光色	吸收特性	生理生态效应
>1 000 nm	红光	能被组织中的水吸收	热效应
1 000～720 nm	远红光	植物稍有吸收	促进种子萌发，刺激植物延伸
720～610 nm	黄橙光	被叶绿素强烈吸收	对光合作用和光周期现象有很大影响
610～510 nm	蓝光	叶绿素吸收稍有下降	对光合作用和形态建成的影响稍有下降
510～400 nm	绿蓝	被叶绿素与胡萝卜素强烈吸收	强烈影响光合作用，抑制生长并使之矮化
400～315 nm	紫光	被叶绿素与原生质强烈吸收	对光合作用稍有影响，对植物无特殊效应
315～280 nm	紫外	被原生质吸收	强烈影响形态建成、生理过程，刺激某些生物合成
<280 nm	紫外	被原生质吸收	大剂量能使植物致死

动物对不同的光质产生不同的视觉、生理反应，影响其生殖、体色、迁徙、毛羽更换等生长发育过程。如人对黄绿光的反应最敏感，大多数脊椎动物的可见光波范围与人接近，但昆虫则偏于短波光，如二化螟、三化螟、红铃虫等对330～440 nm的紫光最为敏感，有很强的趋向性。

弄清光质的不同生态功能，有助于在生产实践中加以应用。在设施栽培中，选用不同滤光性薄膜可获得不同的光质生态环境，以形成特定作物品种或满足特定生长阶段植物对光质的要求。工厂化养殖中用特定光质的人工光源照射可提高繁殖能力、增加产奶量、加快生长。利用黑光灯和青色荧光灯来诱杀农业害虫，紫外光消毒灭菌，红外光应用于医疗等技术已较普遍。

2.3.1.3　日照长度的变化与生物的光周期现象

地球的公转与自转，带来了地球上日照长短的周期性和昼夜变化。分布在地球各地的动植物长期生活在具有一定昼夜变化格局的环境中，借助于自然选择和进化形成各类生物所特有的对日照长度变化的反应方式，这就是在生物中普遍存在的光周期现象。例如，植物在一定光照条件下的开花、落叶和休眠以及动物的迁徙、生殖、冬眠、筑巢和换毛、换羽等。日照长度的变化对动植物都有重要的生态作用。

1）植物的光周期现象。根据植物对日照长度的反应分为长日照植物、短日照植物、中日照植物和日中性植物。长日照植物是指日照时间超过一定数值（一般14 h以上）才能开花的植物，而且日照时间越长，开花越早。否则便只进行营养生长，不能形成花芽。较常见的有牛蒡、紫菀、凤仙花和除虫菊等，作物中有冬小麦、大麦、油菜、菠菜、甜菜、甘蓝和萝卜等。短日照植物是指日照时间短于一定数值（一般14 h以上的黑暗）才能开花的植物，否则就只进行营养生长而不开花。这类植物通常是在早春或深秋开花，常见种类有牵牛、苍耳和菊类，作物中则有水稻、玉米、大豆、烟草、麻、棉等。中日照植物的开花要求昼夜长短比例接近相等（12 h左右），如甘蔗等。日中性植物在什么日照条件下都能开花，如黄瓜、番茄、番薯、四季豆和蒲公英等。

光周期对植物的地理分布有较大影响。短日照植物大多数原产地是日照时间短的热带、亚热带，长日照植物大多数原产于温带和寒带。如果把长日照植物栽培在热带，由于光照不足，就不会开花。同样，短日照植物栽培在温带和寒带也会因光照时间过长而不开花。了解植物的光周期现象对植物的引种和培植工作非常重要，引种前必须特别注意植物开花对光周期的要求。在园艺工作中也常利用光周期现象人为控制开花时间，以便满足观赏需要。

2）动物的光周期现象。在脊椎动物中，鸟类的光周期现象最为明显，很多鸟类的迁移都是由日照长短的变化所引起。各种鸟类每年开始生殖的时间也是由日照长度的变化决定的。如温带鸟类的生殖腺一般在冬季时最小，处于非生殖状态，随着春季的到来，生殖腺开始发育，且随着日照长度的增加，生殖腺的发育越来越快，直到产卵时生殖腺达到最大。生殖期过后，生殖腺便开始萎缩，直到来年春季才再次发育。在鸟类生殖期间人为改变光周期可以控制鸟类的产卵量。人类采取在夜晚给予人工光照提高母鸡产蛋量的历史已有200多年了。

日照长度的变化对哺乳动物的生殖和换毛也具有十分明显的影响。很多野生哺乳动物（特别是生活在高纬度地区的种类）都是随着春天日照长度的逐渐增加而开始生殖的（长日照兽类），如雪貂、野兔和刺猬等；还有一些哺乳动物总是随着秋天短日照的到来而进入生殖期（短日照兽类），如绵羊、山羊和鹿，它们在秋季交配刚好能使它们的幼仔在春天条件最有利时出生。实验表明，雪兔换白毛也完全是对秋季日照长度逐渐缩短的一种生理反应。

鱼类的生殖和迁移活动也与光有着密切的关系。实验证实，光可以影响鱼类的生殖器官，人为延长光照时间可以提高鲑鱼的生殖能力，这一点已在养鲑实践中得到了应用。日照长度的变化通过影响鱼类内分泌系统而影响其迁移。例如，光周期决定着三刺鱼体内激素的变化，激素的变化又影响着三刺鱼对水体含盐量的选择，后者则是促使三刺鱼春季从海洋迁入淡水和秋季从淡水迁回海洋的直接原因。

昆虫的冬眠和滞育主要与光周期的变化有关，但温度、湿度和食物也有一定影响。例如，秋季的短日照是诱发马铃薯甲虫在土壤中冬眠的主要因素，而玉米螟（老熟幼虫）和梨剑纹夜蛾（蛹）的滞育率则取决于每日的日照对数，同时也与温度有一定关系。很多昆虫的代谢也受日照长度的影响，一些昆虫依据光周期信号总是在白天羽化，另一些昆虫则在夜晚羽化。

2.3.1.4 光污染对环境的危害

光污染有紫外光、激光、红外光、核武器爆炸时的强闪光、夜间行驶汽车的照明灯等，但对环境污染最严重的还是光化学烟雾。它常出现在副热带高压控制下的太阳辐射强、温度高的夏秋季中午，由工业产生的废气、汽车排放的尾气发生光化学作用而形成，主要由臭氧、氮氧化物、过氧乙酰硝酸酯类组成，使大气的能见度降低，并具有特殊的气味。

2.3.2 温度因子的生态作用及生物的适应

任何生物都是生活在具有一定温度的外界环境中并受温度变化的影响。地球上的温度千变万化，在空间上它随纬度、海拔高度、生态系统的垂直高度和各种小生境而变化；在时间上它有一年的四季变化和一天的昼夜变化。温度的这些变化都能给生物带来多方面和深刻的影响。

2.3.2.1　温度对生物生长、发育、繁殖的影响

生物正常的生命活动一般是在相对狭窄的温度范围内进行，大致在零下几度到50℃之间。温度对生物的作用可分为最低温度、最适温度和最高温度，即生物的三基点温度。当环境温度在最低和最适温度之间时，生物体内的生理生化反应会随着温度的升高而加快，代谢活动加强，从而加快生长发育速度；当温度高于最适温度后，参与生理生化反应的酶系统受到影响，代谢活动受阻，势必影响到生物正常的生长发育。当环境温度低于最低温度或高于最高温度时，生物将受到严重危害，甚至死亡。不同生物的三基点温度是不一样的，即使是同一生物，不同的发育阶段所能承受的温度范围也有很大差异。

生物完成生命周期，不仅要完成生长而且还要完成个体的发育。温度与生物发育的关系一方面体现在某些植物需要经过一个低温“春化”阶段，才开花结果，完成生命周期。另一方面体现在有效积温法则上，其主要含意是植物在生长发育过程中必须从环境摄取一定的热量才能完成某一阶段的发育，而且植物各个发育阶段所需要的总热量是一个常数，因此可用公式 $K=N\cdot T$ 表示。其中 N 为发育期即生长发育所需时间，T 为发育期间的平均温度，K 是总积温（常数）。昆虫和其他变温动物也符合这一公式，但无论是植物还是变温动物，其发育都是从某一温度开始的，而不是从零度开始的。生物开始发育的温度称为发育起点温度（或生物学零度）。由于只有在发育起点温度以上的温度对发育才是有效的（T_0表示发育起点温度），所以上述公式必须改写为 $K=N(T-T_0)$。有效积温法则的实际应用可包括以下几个方面：①预测生物发生的世代数；②预测生物地理分布的北界；③预测害虫来年发生程度；④推算生物的年发生历；⑤可根据有效积温制定农业气候区划，合理安排作物；⑥应用积温预报农时。

温度还能影响生物的生殖力和寿命。例如，我国危害水稻的三化螟在温度为29℃，相对湿度为90%时产卵最多；粮库害虫米象在小麦相对湿度为14%，最适温度约29℃下产卵最多，偏离此温度产卵量便下降，偏离越远产卵数越少。温度对变温动物寿命影响的一般规律是在较低温度下生活的动物寿命较长，对恒温动物来说偏离最适温度将会使寿命下降。如，饥饿麻雀在36℃时能活48 h，在10℃和39℃条件下只能分别活10.5 h和13.6 h。

2.3.2.2　极端温度对生物的影响

1）低温对生物的影响。低温对生物的伤害可分为冷害和冻害。冷害（又称寒害）是指喜温生物在0℃以上的温度条件下受害或死亡。例如，海南岛的热带植物紫丁香在气温降至6.1℃时叶片便受害，降至3.4℃时顶梢干枯，受害严重。热带鱼，如鳉在水温10℃时就会死亡，原因是呼吸中枢受到冷抑制而缺氧。冷害是喜温生物向北方引种和扩展分布区的主要障碍。

冻害是指冰点以下的低温使生物体内（细胞内和细胞间隙）形成冰晶而造成的损害。动物对低温的耐受极限（即临界温度）随种而异，少数动物能够耐受一定程度的身体冻结，这是动物避免低温伤害的一种适应方式。动物避免低温伤害的另一种适应方式是存在过冷现象，如昆虫体温下降到冰点以下时，体液并不结冰，而是处于过冷状态，此时出现暂时的冷昏迷但并不出现生理失调，如果环境温度回升，昆虫仍可恢复正常活动。

2）高温对生物的影响。温度超过生物适温区的上限后就会对生物产生有害影响，温度越高对生物的伤害也越大。高温可减弱光合作用，增强呼吸作用，使植物的这两个重要过程

失调。例如，马铃薯在温度达到 40℃时，光合作用等于零，而呼吸作用在温度达到 50℃以前一直随温度的上升而增强，但这种状况只能维持很短的时间。高温还可破坏植物的水分平衡，加速生长发育，促使蛋白质凝固和导致有害代谢产物在体内的积累。高温对动物的有害影响主要是破坏酶的活性，使蛋白质凝固变性，造成缺氧、排泄功能失调和神经系统麻痹等。

2.3.2.3　温度与生物的分布

极端温度（高温和低温）常常成为限制生物分布的重要因素。例如，由于高温的限制，白桦、云杉在自然条件下不能在华北平原生长，苹果、梨、桃不能在热带地区栽培；菜粉蝶不能承受 26℃以上的高温，所以 26℃就是这种昆虫分布的南限。虽然秋季和冬季菜粉蝶可以越过这个界限，但到夏季气温超过 26℃时，卵和幼虫就会全部死亡。高温限制生物分布的原因主要是破坏生物体内的代谢过程和光合呼吸平衡，其次是植物因得不到必要的低温刺激而不能完成发育阶段，如苹果、桃、梨在低纬度地区不能开花结实。

低温对生物分布的限制作用更为明显。对植物和变温动物来说，决定其水平分布北界和垂直分布上限的主要因素就是低温，所以这些生物的分布界限有时非常清楚。例如，橡胶分布的北界是北纬 24°40′（云南盈江），海拔高度的上限是 960 m（云南盈江）；剑麻分布的北界是北纬 26°，海拔高度的上限是 900 m（云南潞西）；油棕为北纬 24°（福建韶安）和海拔 600 m（西双版纳）；椰子为北纬 24°30′（厦门）和海拔 640 m（海南岛）。苹果蚜分布的北界是 1 月等温线为 3～4℃的地区，东亚飞蝗分布的北界是年等温线为 13.6℃的地区，玉米螟则只能分布在气温 15℃以上的日子不少于 70 d 的地区。有些昆虫在大发生时往往会超过它们正常分布的北界，但这只是一种暂时性的分布。

温度对恒温动物分布的直接限制较小，但也常常通过影响其他生态因子（如食物）而间接影响其分布。例如，通过影响昆虫的分布而间接影响食虫蝙蝠和高纬地区鸟类的分布等。很多鸟类秋冬季节不能在高纬地区生活，不是因为温度太低而是因为食物不足和白昼取食时间缩短。

2.3.2.4　变温与温周期现象

1）变温与生物生长。由于地表太阳辐射的周期性变化产生温度有规律的昼夜变化，使许多生物适应了变温环境，多数生物在变温条件下比恒温条件下生长得更好。例如，大多数植物种子在变温条件下发芽较好，植物在昼夜变温中生长、开花结实及产品质量均有提高。

2）变温与干物质积累。变温对于植物体内物质的转移和积累具有良好的作用。白天温度高，光合作用强度大；夜间温度低，呼吸作用弱，物质消耗少，对植物有机物质的积累是有利的。虽然热带地区植物的总生长量高，但其积累的有机物质并不比温带地区高很多。夜间高温的大呼吸量极大地限制了某些植物向南部和低海拔地区分布。较低的夜温和适宜的昼温对植物生长、开花、结实和物质储藏都很有利。

3）温周期现象。在自然界，温度受太阳辐射的影响，存在昼夜之间及季节之间温度差异的周期性变化。植物都生活在温度有日变化的环境中，除赤道地区外，植物也受季节温度变化的影响。植物对温度的这两种节律性变化敏感，而且只有在已适应的昼夜和季节温度变化的条件下才能正常生长，这一现象称为温周期现象。许多植物已经适应了这种有规律的顺序，当它们在人为不变的环境中生长时，就不能表现出正常的性状。

2.3.2.5　热污染和热岛效应

由工业生产、交通运输以及人们的生活中产生的二氧化碳、水蒸气、热废水等所引起的环境增温而影响生态系统结构和功能效应的现象称为热污染。热污染大多发生在人口稠密和能源消费量大的地区。

热污染的另一种形式——城市热岛效应，是一个很典型的环境生态问题。城市人口密集，建筑林立，像一个能以高效率利用太阳能加热周围空气的加热系统，同时城市上空的微尘云和大量二氧化碳，能阻隔热量向外散发。当城市上空风速很弱或静风时，大气层中的热气流都聚集在逆温层下，像保温层一样包围在城市上空，使城市气温高于四周，形成热岛。一般情况下，白天城市气温要比农村高1～3℃，夜间则高3～5℃或更多。

2.3.3　水因子的生态作用及生物的适应

2.3.3.1　水的生态意义

生命起源于水环境，生物进化90%的时间都是在海洋中进行的。生物登陆后，在进化中形成了减少水分蒸发、保持体内水分平衡的多种适应机制。至今，生物广泛分布在不同的环境中，适应了具有不同水因子特性的各种环境。水对生物有如下生态意义：

1）水是任何生物体都不可缺少的重要组成成分。各种生物的含水量有很大的不同。生物体的含水量一般为60%～80%，有些水生生物可达90%以上（如水母、蝌蚪等），而在干旱环境中生长的地衣、卷柏和有些苔藓植物含水量仅有6%左右。

2）水是生命活动的基础。生物的新陈代谢是以水为介质进行的，生物体内营养物质的运输、废物的排除、激素的传递以及生命赖以存在的各种生物化学过程，都必须在水溶液中进行，而所有物质也都必须以溶解状态进出细胞。

3）水对稳定环境温度有重要意义。水的密度在3.98℃时最大，这一特性使任何水体都不会同时全部冻结。当水温降到3.98℃以下时，冷水总是在水体的表层而暖水在底层。因此，结冰过程总是从上到下进行，这对历史上的冰河时期和现今寒冷地区生物的生存和延续来说是至关重要的。此外，水的热容量很大，且吸热和放热过程缓慢，因而水体温度不像大气温度那样变化剧烈，这为生物创造了一个非常稳定的温度环境。

4）不同形态的降水具有不同的生态意义。雨的生态效应不仅由年降水量决定，而且也与年际间变化率、季节分配和降雨强度有关。年降水量是影响植被类型分布的重要因素。我国华南地区年降水量超过2 000 mm，故可生长茂密的雨林和季雨林；西北地区的年降水量一般少于250 mm，个别地区不足100 mm，分布着草原和荒漠植被。雪在春季具有补充土壤水分的作用。干旱地区高山上的积雪，每年在夏季融化后，成为灌溉农业、牧业和生活用水的重要来源。雪的覆盖在一定程度上有保护植物越冬的作用，雪厚1～5 cm时，土温可高于气温3～5℃。大气中的水汽或雾运动时，遇到植物能凝结，为土壤补充水分。

2.3.3.2　水对植物的影响

植物一生中需消耗大量的水分，如一株玉米1 d约需要2 kg水，一生需要200 kg多的水。夏天一株树木1 d的需水量约等于其全部鲜叶重的5倍。植物从环境中吸收的水约有99%用于蒸腾作用，只有1%保存在体内。因此，只有水分充足，才能保证植物的正常生长。

种子萌发时需更多的水分，因为水能软化种皮，增强透性，使细胞呼吸加强，促使种子萌发。水还影响植物各种生理活动，如呼吸作用和同化作用。水分对植物产品的质量也有影响，如土壤含水量少时，淀粉含量减少，而木质素和半纤维素增加，纤维素不变，果胶质减少。水对植物的繁殖也产生深刻影响，如金鱼藻、眼子菜等植物的花粉是靠水搬运和授粉的。

依据植物对水分的依赖程度可把植物分为两种生态类型。①水生植物，体内有发达的维管束系统，以保证身体各部对氧气的需要。其叶片常呈带状、丝状或极薄，有利于增加采光面积和对二氧化碳与无机盐的吸收。植物体具有较强的弹性和抗扭曲能力，以适应水的流动。淡水植物具有自动调节渗透压的能力，而海水植物则是等渗的，包括沉水植物（如狸藻、金鱼藻和黑藻等）、浮叶植物（如凤眼莲、睡莲等）、漂浮植物（如浮萍、无根萍等）和挺水植物（如芦苇、香蒲等）。②陆生植物，包括湿生、中生和旱生植物三种类型。湿生植物抗旱能力小，不能长时间忍受缺水，其生长在光照弱、湿度大的森林下层，或日光充足、土壤水分经常饱和的环境中。中生植物适于生长在水湿条件适中的环境中，其形态结构及适应性均介于湿生植物和旱生植物之间，是种类最多、分布最广和数量最大的陆生植物。旱生植物能忍受较长时间干旱，主要分布在干热草原和荒漠地区。

2.3.3.3 水对动物的影响

动物和植物一样必须保持体内的水分平衡。对水生动物来说，保持体内水分得失平衡主要是依赖水的渗透作用。渗透压调节的重要性就在于能保持各种动物细胞内都有相似的含水量，否则细胞的功能就会受影响。渗透压调节可以限制体表对盐类和水的通透性，通过逆浓度梯度主动地吸收或排出盐类和水分，改变所排出的尿和粪便的浓度与体积。例如，淡水动物体液的浓度对环境是高渗的，体内的部分盐类既通过体表组织弥散，又能随粪便、尿液排出体外。当体内盐类有降低的危险时，它们会使排出体外的盐分降低到最低限度，并通过食物和鳃，从水中主动吸收盐类。海洋生活的大多数生物体内的盐量和海水是等渗的（如无脊椎动物和盲鳗），但有些比海水低渗（如七鳃鳗和真骨鱼类）。低渗使动物易于脱水，于是其在喝水时又将盐吸入。它们排出吸入的多余的盐类的办法是将其尿液量减少到最低限度，同时鱼的鳃可以逆浓度梯度向外分泌盐类。

陆生动物失水途径为皮肤蒸发、呼吸失水和排泄失水，失去的这些水必须从食物、饮水和代谢水那里得到补充，以便保持体内水分平衡。陆生动物在进化过程中形成了各种减少或限制失水的适应。如蜥蜴、蛇等陆生动物皮肤中的脂类可限制水的移动，减缓水穿过皮肤；很多陆生昆虫和节肢动物的体表有一层几丁质的外骨骼，有些种类在外骨骼的表面还有很薄的蜡质层，可以有效地防止水分的蒸发；鸟类、哺乳类中减少呼吸失水的途径是将由肺内呼出的水蒸气，在扩大的鼻道内通过冷凝而回收，许多荒漠鸟兽还具有良好重吸收水分的肾脏；大多数水生生物排出的氮代谢产物是氨（NH_4^+），这也是减少排泄失水的一种途径。减少呼吸和体表蒸发失水增加了在高温下体温调节的困难，因此，必须靠其他方法加以解决。最普通的一种生理机制是使体温有更大的波动范围（与正常的内稳态动物相比，体温波动幅度要大得多）。例如，黄鼠体内的酶系统与大多数动物相比，其发挥作用的温度范围要宽得多，因此，允许体温有较大幅度的变化。实际上，黄鼠就是靠体温达到极高的水平来解决散热问题的，其体温常常比周围环境温度还要高，这样就可维持散热。

2.3.3.4 水环境中主要化学因子对生物的影响

1）溶解氧。水中的含氧量很少，只有7 ml/L，而空气中可达210 ml/L，因此，水生动物的能量代谢水平要比陆生动物低。恒温动物新陈代谢需要较多氧，在水环境中不能满足，所以水生动物中恒温动物较少。尽管水中含氧量比较少，但水中氧分压和大气中的氧分压相平衡，所以水中溶解氧通过水生动物呼吸器官的量和大气中氧通过陆生动物呼吸器官的量是相同的，因此只要接触呼吸器官的水流不断得到补充，水生动物就可以获得必需的氧。

在自然水体中，由于温度和水流的季节变化以及光合作用、呼吸作用、分解作用的速率不同，经常使水中含氧量和氧气饱和程度发生变化。通常海洋里的氧较多；停滞的池塘和沼泽中由于大量有机物质的分解而缺氧；江河中的溶解氧一般情况下是饱和的，但有过多排泄物与污染时则会出现缺氧。溶解氧在一定的温度和盐度条件下接近饱和，但水温越高，盐度含量越大，则氧的溶解量就越低，反之氧的溶解量就越高。氧在水体中的垂直分布含量也不同，表层含量最高。表层以下受到海洋生物生命活动的影响，含氧量变化较大。在正常条件下缺氧层在100～150 m水层，向下则又稍微增加，所以海洋最低含氧量在中间水层。淡水含氧量也有明显的垂直分布差异和季节变化。

根据水生动物和氧的关系可以分为专性厌气动物、兼性厌气动物、需氧性动物。许多水生动物对缺氧环境有一定适应能力，如养殖鱼类在池水缺氧时浮头，通过口腔黏膜利用大气中的氧。但这种适应能力是有一定限度的，当水中氧不足或完全缺氧时，会使大多数动物受影响，并可能引起死亡。有氧呼吸提高新陈代谢的效能，为生物圈的进一步发展提供极有利的条件。

2）pH值。一般水体中二氧化碳含量多，水呈酸性，二氧化碳含量相同而碳酸盐含量多，则水呈碱性，故各水体pH值相差很大。公海中pH是恒定的，在7.8～8.0之间，而孤立的潮间积水坑中pH变化范围就很大。在一定天然水中，pH则接近于常数。我国沿海水的pH值在表层为8.1～8.3，深层为7.8。

水生生物对水环境中的pH有广泛的适应性，根据它们对pH的耐受范围，可分为狭酸碱性动物和广酸碱性动物。大多数淡水动物和海洋动物生活在中性和碱性水中。低于pH3.3或大于pH10.7，动植物就会受伤害。pH过高影响绿色植物对碳的利用，抑制光合作用；pH过低会导致动物血液pH值下降，影响血液载氧能力，造成生理性缺氧。许多生长在潮间积水坑或海岸的藻类能在pH变动范围很大的情况下生存，但它们不能进行正常的生理功能和生长。生物有机体之所以能对外界pH变化有所适应，其主要原因是体内具有化学缓冲系统。

3）氨氮。水中的氮一部分由空气中的氮溶解，另一部分由氮化合物被反硝化细菌还原，以及各种生物残体腐烂分解形成游离氮。不太清洁的河流中含氮较高，湖泊含氮量变化较大。氨通常是在氧不足时由有机物分解而成，在水中含量一般较少（0.025 mg/L），超过会抑制生物生长甚至死亡。自然水体氨的浓度一般不会太高。

氮不能直接被大多数生物所利用，但生物有机体在合成细胞物质时又必须有氮元素参加。这就需要通过一些微生物，如根瘤菌、固氮菌或某些蓝绿藻的固氮作用或用工业方法固定，被植物利用而转变成植物蛋白质，植物被动物消耗而形成动物蛋白质等。动物的排泄物以及动植物的尸体沉积在土壤中，又被多种微生物分解，产生氨基酸混合物，再经一些微生物的氨化作用产生氨。氨经过亚硝酸细菌氧化形成亚硝酸盐，被硝化细菌硝化成硝酸盐被植物吸收。硝酸盐可经异养菌还原成亚硝酸盐，再还原成氨，或被细菌，如假单胞杆菌等还原成气态氮。生物体将分子氮转化为氮化物的过程称为生物固氮作用或氮素循环。氮是水环境的重要物质，水体生产力的高低与氮化合物的质和量密切相关。

4）营养盐类。生物所必需的且需要量较大的溶解无机盐类称为营养盐类。溶解在水域中的盐类很多，主要是硝酸盐、磷酸盐和碳酸盐等，单纯的钙、钠、钾、镁等盐溶液对生物是有害的。各种动物对水环境中营养盐类的需求各不相同，而维持动物体液的正常渗透压及酸碱平衡和调节的主要是钠、钾、氯。

在淡水生态系统中，硝酸盐和磷酸盐在一定范围内起限制作用。在软水的湖泊、河流中，钙和其他盐类也起限制作用。除矿泉外，最硬的淡水中，其含盐量或盐度低于0.5‰。大洋的盐度变化范围小，其中的生物通常是狭盐性的；海湾和河口的咸淡水，盐度和季节变化非常明显，其中的生物通常是广盐性的。海洋中氯化钠和其他盐类的浓度以千分之几十计算，硝酸盐、磷酸盐和其他营养盐类含量稀少，以十亿分之几计算。而且这些营养盐类的浓度按不同地区和不同季节而有明显的变化。绝大多数无脊椎动物以及盲鳗能够浓缩钾而减少硫酸盐。有少数软体动物能浓缩镁。

动物盐类的丧失能主动地从环境中吸取补充，氯化物、钠和钾都可通过鳃来吸收。螯虾可以从钠含量很低（0.02～0.09 mmol/L）的水中吸取钠，从含量与此相近的环境中吸取氯化物；一般蛙能从氯化物含量仅为0.01 mmol/L的水中吸取氯化物。有些氯化物是与呼吸所产生的重碳酸盐交换来的，有些钠是与蛋白质代谢过程中所排泄的铵离子交换来的。水生昆虫的幼虫是用消化管来保存或吸取盐类。

水体中的pH值能影响盐类的吸收，阳离子的吸收随pH值上升而增加，阴离子的吸收随pH值的上升而减少。营养盐类的种类和浓度对生物分布及种群大小等是极为重要的限制因子。

2.3.4 土壤因子的生态作用及生物的适应

土壤是许多生物的生存场所、生存基质和营养库，是绝大多数植物生长的基础。土壤中含有多种多样的生物，如细菌、真菌、放线菌、藻类、原生动物、轮虫、线虫、蚯蚓、软体动物和各种节肢动物等。据统计，在一小勺土壤里就含有亿万个细菌，25 g森林腐殖土中所包含的霉菌如果一个一个排列起来，其长度可达11 km。土壤是所有陆地生态系统的基底或基础，土壤中的生物活动不仅影响着土壤本身，而且也影响着土壤上面的生物群落。生态系统中的很多重要过程都是在土壤中进行的，其中特别是分解和固氮过程。生物遗体只有通过分解过程才能转化为腐殖质和矿化为可被植物再利用的营养物质，而固氮过程则是土壤氮肥的主要来源。这两个过程都是整个生物圈物质循环所不可缺少的过程。

2.3.4.1 土壤的质地和结构及其对生物的影响

土壤的质地和结构与土壤中的水分、空气和温度状况有密切关系，并直接或间接地影响着植物和土壤动物的生活。

1）土壤中的水分。土壤中的水分直接影响各种盐类溶解、物质转化、有机物分解。土壤干旱不仅影响植物的生长，也威胁着土壤动物的生存。土壤中的节肢动物一般都适应于生活在水分饱和的土壤孔隙内，例如，金针虫在土壤空气湿度下降到92%时就不能存活，所以它们常常进行周期性的垂直迁移，以寻找适宜的湿度环境。土壤水分过多会使土壤中的空气流通不畅并使营养物随水流失，降低土壤的肥力。土壤孔隙内充满了水，对土壤动物更为不利，常使动物因缺氧而死亡。降水太多和土壤淹水会引起土壤动物大量死亡。此外，土壤中的水分对土壤昆虫的发育和生殖力有着直接影响，例如，东亚飞蝗在土壤含水量为8%～22%时产卵量最大，而卵的最适孵化湿度是土壤含水量的3%～16%，含水量超过30%，大部分蝗卵就不能正常发育。

2）土壤中的空气。土壤空气中各种成分的含量不如大气稳定，常依季节、昼夜和温度而变化。在积水和透气不良的情况下，土壤空气的含氧量可降低到10%以下，从而抑制植物根系的呼吸和影响植物正常的生理功能，动物则向土壤表层迁移以便选择适宜的呼吸条件。土壤空气中高浓度的二氧化碳（可比大气含量高几十至几百倍）一部分可扩散到近地面的大气中被植物叶子在光合作用中吸收，一部分则可直接被植物根系吸收。但是在通气不良的土壤中，二氧化碳的浓度常可达到10%～15%，如此高浓度的二氧化碳不利于植物根系的发育和种子萌发。二氧化碳浓度的进一步增加会对植物产生毒害作用，破坏根系的呼吸功能，甚至导致植物窒息死亡。

土壤通气不良会抑制好气性微生物，减缓有机物质的分解活动，使植物可利用的营养物质减少。若土壤过分通气又会使有机物质的分解速度太快，这样虽能提供给植物更多的养分，但却使土壤中腐殖质的数量减少，不利于养分的长期供应。只有具有团粒结构的土壤才能调节好土壤中水分、空气和微生物活动之间的关系，从而最有利于植物的生长和土壤动物的生存。

3）土壤温度。土壤温度除了有周期性的日变化和季节变化外，还有空间上的垂直变化。一般说来，夏季的土壤温度随深度的增加而下降，冬季的土壤温度随深度的增加而升高。白天的土壤温度随深度的增加而下降，夜间的土壤温度随深度的增加而升高。但土壤温度在35～100 cm深度以下无昼夜变化，30 m以下无季节变化。土壤温度除了能直接影响植物种子的萌发和实生苗的生长外，还对植物根系的生长和呼吸能力有很大影响。大多数作物在10～35℃的温度范围内其生长速度随温度的升高而加快。温带植物的根系在冬季因土壤温度太低而停止生长，但土壤温度太高也不利于根系或地下储藏器官的生长。土壤温度太高和太低都能减弱根系的呼吸能力，例如，向日葵的呼吸作用在土壤温度低于10℃和高于25℃时都会明显减弱。此外，土壤温度对土壤微生物的活动、土壤气体的交换、水分的蒸发、各种盐类的溶解度以及腐殖质的分解都有着明显影响，而土壤的这些理化性质又都与植物的生长有着密切关系。

土壤温度的垂直分布从冬到夏和从夏到冬要发生两次逆转，随着一天中昼夜的转变也要发生两次变化，这种现象对土壤动物的行为具有深刻影响。大多数土壤无脊椎动物都随着季节的变化而进行垂直迁移，以适应土壤温度的垂直变化。一般说来，土壤动物于秋冬季节向土壤深层移动，春夏季节向土壤上层移动。移动距离常与土壤质地有密切关系。例如，沟金针虫每年有两次上升到土壤表层进行活动。很多狭温性的土壤动物不仅表现有季节性的垂直迁移，在较短的时间范围也能随土壤温度的垂直变化而调整其在土壤中的活动地点。

2.3.4.2　土壤的化学性质及其对生物的影响

1）土壤酸碱度。土壤酸碱度是土壤最重要的化学性质，因为它是土壤各种化学性质的综合反应，对土壤肥力、土壤微生物的活动、土壤有机质的合成和分解、各种营养元素的转化和释放、微量元素的有效性以及动物在土壤中的分布都有着重要影响。土壤酸碱度常用pH值表示。我国土壤酸碱度可分为5级：pH＜5.0为强酸性，pH5.0～6.5为酸性，pH6.5～7.5为中性，pH7.5～8.5为碱性，pH＞8.5为强碱性。

土壤酸碱度对土壤养分的有效性有重要影响，在pH值为6～7的微酸性条件下，土壤养分的有效性最好，最有利于植物生长。在酸性土壤中容易引起钾、钙、镁、磷等元素的短缺，而在强碱性土壤中容易引起铁、硼、铜、锰和锌的短缺。土壤酸碱度还通过影响微生物的活动而影响植物的生长。酸性土壤一般不利于细菌的活动，根瘤菌、褐色固氮菌、氨化细菌和硝化细菌大多生长在中性土壤中，它们在酸性土壤中难以生存。很多豆科植物的根瘤常因土壤酸度的增加而死亡。真菌比较耐酸碱，所以植物的一些真菌病常在酸性或碱性土壤中发生。pH3.5～8.5是大多数维管束植物的生长范围，但生理最适范围要比此范围窄得多。pH＜3或＞9时，大多数维管束植物便不能生存。

土壤动物依其对土壤酸碱性的适应范围可区分为嗜酸性种类和嗜碱性种类。如金针虫在pH值为4.0～5.2的土壤中数量最多，在pH值为2.7的强酸性土壤中也能生存。如麦红吸浆虫，通常分布在pH值为7～11的碱性土壤中，当pH＜6时便难以生存。蚯蚓和大多数土壤昆虫喜欢生活在微碱性土壤中，它们的数量通常在pH值为8时最为丰富。

2）土壤有机质。土壤有机质包括非腐殖质和腐殖质两大类。后者是土壤微生物在分解有机质时重新合成的多聚体化合物，约占土壤有机质的85%～90%。腐殖质是植物营养的重要碳源和氮源，土壤中99%以上的氮素是以腐殖质的形式存在的。腐殖质也是植物所需各种矿物营养的重要来源，并能与各种微量元素形成络合物，增加微量元素的有效性。土壤有机质能改善土壤的物理结构和化学性质，有利于土壤团粒结构的形成，从而促进植物的生长和养分的吸收。

一般说来，土壤有机质的含量越多，土壤动物的种类和数量也越多，因此在富含腐殖质的草原黑钙土中，土壤动物的种类和数量极为丰富，而在有机质含量很少并呈碱性的荒漠地区，土壤动物非常贫乏。

3）土壤中的无机元素。植物从土壤中所摄取的无机元素中有13种对任何植物的正常生长发育都是不可缺少的，其中大量元素有7种（氮、磷、钾、硫、钙、镁和铁）和微量元素6种（锰、锌、铜、钼、硼和氯）。还有一些元素仅为某些植物所必需，如豆科植物必需钴，藜科植物必需钠，蕨类植物必需铝和硅藻必需硅等。植物所需的无机元素主要来自土壤中的矿物质和有机质的分解。腐殖质是无机元素的储备源，通过矿质化过程缓慢地释放可供植物利用的养分。土壤中必须含有植物所必需的各种元素和这些元素的适当比例，才能使植物生长发育良好，因此，通过合理施肥改善土壤的营养状况是提高植物产量的重要措施。

土壤中的无机元素对动物的分布和数量也有一定影响。由于石灰质土壤对蜗牛壳的形成很重要，所以在石灰岩地区的蜗牛数量往往比其他地区多。生活在石灰岩地区的大蜗牛，其壳重约占体重的35%，而生活在贫钙土壤中的大蜗牛，其壳重仅占体重的20%左右。哺乳动物也喜欢在以母岩为石灰岩的土壤地区活动，生活在这里的鹿，其角坚硬，体重也大，这是因为鹿角和骨骼的发育需要大量的钙。含氯化钠丰富的土壤和地区往往能够吸引大量的食草有蹄动物，因为这些动物出于生理的需要必须摄入大量的盐。此外，土壤中缺乏钴常会使很多反刍动物变得虚弱、贫血、消瘦和食欲不振，严重缺钴还可引起死亡。

2.3.4.3 土壤生物

土壤生物包括微生物、动物和植物根系，它们对土壤有机质积累、粉碎、分解、植物生长和生态系统养分循环都有重要作用。

1）土壤微生物。土壤微生物指生活在土壤中的细菌、放线菌、真菌和藻类。其中细菌数量最多，1 g 土壤中约有几百万至几千万个。这些土壤微生物除藻类外，主要能量和营养来源是植物凋落物、动物残体和排泄物以及动植物分泌物。

2）土壤动物。土壤动物区系包括在土壤中至少渡过部分生命史的所有动物。土壤动物种类繁多，包括众多的脊椎动物、软体动物、节肢动物、螨、线虫和原生动物等。土壤动物的综合作用是机械粉碎、纤维素和木质素的分解。蚯蚓对土壤的翻松作用早有研究。蚯蚓取食有机物和泥土，然后将排泄物排于土表或洞穴。

3）植物根系。根系对土壤发育有重要作用。根死亡后，增加土壤下层的有机物质、阳离子交换量，并促进土壤结构的形成。根系腐烂后，留下许多孔道，改善了土壤通气性并有利于重力水下排。根系分泌物，根周围的微生物均能促进矿物及岩石的风化。

根围是指微生物种群数量和种类组成受根影响的那一部分土壤。根向周围土壤分泌碳水化合物、维生素和氨基酸等，这可使根围微生物的数量大大增加。

细根有很高的周转率，森林地上部凋落积累的死地被物可能与死亡的细根量相当或略高，故死亡的细根每年都向死地被物层提供新的有机质。

2.3.5 其他因子的生态作用

2.3.5.1 核辐射对生物的影响

随着生产科研的发展，核试验、核能发电、辐射在医学及生物与生产上的应用，使放射性物质在环境中的散布量越来越多。

核试验爆炸所产生的微粒附着在其他尘埃上，形成放射性颗粒沉降到地面，造成大气、土壤、水体污染。这些放射性颗粒黏附到植物叶子上，不仅对叶子造成辐射伤害，而且被食草动物吃下去后，能直接进入食草动物的食物链，并通过食物链进入人体造成危害；同时人们也可直接从受放射性颗粒污染的大气和水体中，因呼吸和饮水受到危害，引起恶性肿瘤、白血病以及其他疾病，甚至直接伤害人体及影响寿命。

生物受辐射的影响，因放射源的种类和剂量不同而有差异。大剂量辐射能使动物失去繁殖能力或被杀死，而小剂量的、允许剂量范围以内的辐射，能促进动植物生长发育。例如，农作物种子经一定剂量的辐射处理，可获得高产；一定剂量的辐射对恶性肿瘤有一定的抑制和杀伤作用。

2.3.5.2 噪声对生物的影响

噪声是由不同振幅和频率组成的无调嘈杂声，通常将不需要的声音或影响人们工作或休息的声音也称之为噪声。噪声主要来源于三方面：气体动力噪声，如通风机、鼓风机、发动机等传出的声音；机械噪声，如锻锤、纺织厂和重型机械等厂机器产生的噪声；电磁性噪声，如发电机、变压机等发出的噪声。另外还有各种交通工具产生的噪声，如汽车喇叭声、飞机轰隆声、火车汽笛声等；日常生活中的各种噪声，如厨房切菜声、踩缝纫机声，电视机、收音机、高频喇叭、洗衣机、电风扇、空调机、抽油烟机等发出的各种噪声，日益严重地威胁人们身心健康，成为现代城市环境污染的一大公害。

分贝（dB）是衡量噪声对环境污染的尺度。据专家研究，45～60 dB 的噪声对谈话产生中等程度干扰，65 dB 以上噪声，讲话人必须大声叫喊才能被听到，70 dB 噪声开始损害人的听觉，80～90 dB 噪声对听觉有中等程度损伤，90 dB 以上噪声危险就更大。有些人在 85 dB 噪声时就感到不舒服，但大部分人可能到 115～145 dB 噪声时，才会感到难受、痛苦。

噪声对人的影响不仅损伤人的听力、干扰其睡眠，而且由于精神紧张而易引起心脏病、高血压以及神经衰弱等症状，甚至得神经病。噪声对动物也有影响，它使鸟类羽毛脱落，不产卵，甚至内出血死亡。实验证明将豚鼠置于 170 dB 的噪声条件下可以致其死亡。

噪声污染的特点是影响面广，但它是一种暂时性的污染，所以治理比较容易。只要搞清噪声源，产生的原因及其传播方式等具体情况，采取相应措施，就能消除。如消除声源，用消声器或隔声处理等办法，尽量减少噪声危害；进行个人防护，如用耳塞、戴耳罩或头盔等。

2.3.5.3 微波辐射对生物的影响

微波是指波长为 1 mm～1 m 的电磁波，在波谱上其两端分别与超短波及红外线相衔接，主要用于无线电通讯和雷达探测，还用于干燥设备、理疗等。微波辐射产生的污染已成为本世纪一个严重的问题。主要原因是微电子设备的应用越来越广泛，其中电子计算机所产生的微波辐射是主要的污染源，微波辐射强度大，对生物的影响主要是热效应。

生物有机体如在大强度微波全身性辐射后，由于组织将吸收的射频能转换为热能后，产生过热而引起损伤，出现暂时性的头痛、眩晕、情绪不安、睡眠障碍、脉搏和血压不稳定或阵发性心动过速，也可有皮疹和晶状体水肿导致暂时性的视力减退。长期在非致热强度的射频电磁辐射下出现慢性作用，表现为乏力、记忆力减退等神经衰弱综合征和心血管功能紊乱，促进晶状体老化，引起白内障，还可使白细胞以及血小板轻度减少，淋巴细胞染色体畸变率增高。微波直接照射睾丸，可发生暂时性不育，精子存活数暂时减少，功能力降低等。我国已颁布了《微波辐射暂行卫生标准》，这对于治理微波辐射污染，保障人体健康将是有力的保证。

2.4 生态因子作用的一般规律

2.4.1 生态因子的概念

生态因子是指环境中对生物的生长、发育、生殖、行为和分布有直接或间接影响的环境要素。如温度、湿度、食物、氧气、二氧化碳和其他相关生物等。生态因子中生物生存所不可缺少的环境条件，称为生物生存条件。所有生态因子构成生物的生态环境。具体的生物个体和群体生活地段上的生态环境称为生境，其中包括生物本身对环境的影响。生态因子和环境因子是两个既有区别又有联系的概念。环境因子指生物有机体以外的所有环境要素，是构成环境的基本成分。生态因子则指环境要素中对生物起作用的部分。

根据生态因子的性质，可将其分为五类：

一是气候因子，如温度、湿度、光、降水、风、气压和雷电等；

二是土壤因子，包括土壤结构、土壤有机和无机成分的理化性质以及土壤生物等；

三是地形因子，如地面的起伏、山脉的坡度、坡向等，这些因子对植物的生长和分布有明显影响；

四是生物因子，包括生物之间的各种相互关系，如捕食、寄生、竞争和互惠共生等；

五是人为因子，主要指人类对生物和环境的各种作用。人类的活动对自然界和其他生物的影响已经越来越大，越来越带有全球性。把人为因子从生物因子中分离出来是为了强调人的作用的特殊性和重要性。

2.4.2 生态因子作用的一般特征

生态因子的作用主要有以下几个方面：

2.4.2.1 综合作用

任何一个环境中都包含着多种生态因子。各种生态因子不是孤立存在的，而是彼此联系、互相促进、互相制约，共同对生物产生影响。任何一个单因子的变化，必将引起其他因子不同程度变化及其反作用，如光强度的变化必然会引起大气和土壤温度和湿度的改变，这就是生态因子的综合作用。

2.4.2.2 主导因子作用

对生物起作用的诸多生态因子是非等价的，其中必有 1～2 个生态因子对生物起决定性作用，称为主导因子。主导因子发生变化会引起其他因子也发生变化。例如，在光合作用中，光是主导因子，温度和二氧化碳为次要因子；春化作用时，温度是主导因子，湿度和通气条件为次要因子。又如以土壤为主导因子，可将植物分成多种生态类型：有喜钙植物、嫌钙植物、盐生植物、沙生植物；以生物为主导因子，表现在动物食性方面可将动物分为食植动物、食肉动物、食腐动物、杂食动物等。

2.4.2.3 直接作用和间接作用

生态因子对生物的作用有的是直接的，有的是间接的。区分生态因子的直接作用和间接作用对生物的生长、发育、繁殖及分布很重要。间接因子对生物的作用虽然是间接的，但往往是非常重要的，它一般支配着直接因子，而且作用范围广，作用强度大，有时甚至构成地区性影响及小气候环境的差异。如环境中的地形因子，其起伏、坡向、坡度、海拔高度及经纬度等对生物的作用不是直接的，但它们能影响光照、温度、雨水等因子，因而对生物起间接作用。这些地方的光、温度、水则对生物的生长、分布以及类型起直接作用。

2.4.2.4 因子的阶段性作用

生物生长发育不同阶段往往需要不同的生态因子或生态因子的不同强度，因此，某一生态因子的有益作用常常只限于生物生长发育的某一特定阶段，也就是说因子对生物的作用具有阶段性。例如，光照长短在植物的春化阶段并不起作用，但在光周期阶段则是很重要的。有些鱼类不是都终生定居在某一环境中，根据其生活史的各个不同阶段，对生存条件有不同要求。如鱼类的洄游，海洋中生活的大马哈鱼在生殖季节就成群结队洄游到淡水河流中产卵，在淡水中生活的鳗鲡则洄游到海洋中去生殖。

2.4.2.5 不可代替性和补偿作用

生态因子的作用虽然不尽相同，但都不可缺少，一个因子的缺失不能由另一个因子来替代。但在一定条件下，多个生态因子的综合作用过程中，由于某一因子在量上的不足，可以由其他因子来补偿，同样可以获得相似的生态效应。以植物进行光合作用来说，如果光照不足，可以增加二氧化碳的量来补足；软体动物在锶多的地方，能利用锶来补偿壳中钙的不足。生态因子的补偿作用只能在一定范围内作部分补偿，而不能以一个因子代替另一个因子，且因子之间的补偿作用也不是经常存在的。

2.4.3 生态因子的限制性作用

2.4.3.1 限制因子规律

生物的生存和繁殖依赖于各种生态因子的综合作用，但其中必有一种和少数几种因子是关键性因子，这些关键性因子称为限制因子。任何一种生态因子只要接近或超过生物的耐受范围，它就会成为这种生物的限制因子。

如果一种生物对某一生态因子的耐受范围很广，而这个因子在环境中又非常稳定，那么这个因子就不太可能成为限制因子；相反，如果一种生物对某一生态因子的耐受范围很窄，而这种因子又易于变化，那么这种因子就很可能是一个限制因子。如对陆地动物来说，氧稳定又容易得到，很少有限制作用，但氧在水体中的含量是有限的，且经常发生波动，常成为水生生物的限制因子。光是植物进行光合作用的主要因素，但如果没有水、二氧化碳和一定温度，碳水化合物不能合成；反之，只有水、二氧化碳和一定温度而没有光，植物也不能进行光合作用。所以在植物光合作用中的几个因子在不同情况下，任何一个因子都可以成为限制因子。限制因子概念要求我们在研究某个特定环境时，首先应该关注那些影响生物生存和发展的限制因子，这就是这个概念的价值所在。

2.4.3.2 最小因子定律

1840 年，德国化学家 Liebig 在研究谷物产量时发现，植物生长不是受需要量大的营养物质影响（如二氧化碳和水），而是受对植物满足程度最低的那种养分的影响。进一步研究表明，他所提出的理论也同样适用于其他生物种类或生态因子，因此，Liebig 的理论被称为最小因子定律。定律的基本内容是任何特定因子的存在量低于某种生物的最小需要量，是决定该物种生存或分布的根本因素。这与系统论中的“木桶原理”的含义一致，即一个由多块木板拼成的木桶，当其中的一块木板较短时，不管其他木板多高，水桶装水量总是受最小木板的制约。最小因子定律只有在环境条件处于严格稳定的状态下，即在物质和能量的输入和输出处于平衡状态时才能应用。同时，在应用时还应注意因子之间的相互作用，即当一个特定因子处于最小量时，其他处于高浓度或过量状态的物质可能起着补偿作用。

2.4.3.3 耐受性定律

1913 年，美国生态学家 Shelford 提出了耐受性定律。他认为，任何一个生态因子在数量上或质量上的不足或过多，会影响该种生物的生存和分布。每种生物对一种生态因子都有一个生态上的适应范围，即有一个最低点和一个最高点，两者之间的幅度称为生态幅，此即为 Shelford 的耐受性定律。该定律将最低量因子和最高量因子都称为限制因子。生物在最适点或接近最适点才能很好生活，趋向两端时生长发育就减弱，然后被抑制，如图 2—1 所示。

不同生物对一个相同因子有不同的耐受极限，同一生物在不同阶段对同一个因子也有不同的耐受极限。如原生动物一般能忍受高温 50℃左右，形成孢囊时忍受性更高。家蝇在 44.6℃左右出现热瘫痪，到 45～48℃就开始死亡；玉米生长发育所需的温度最低不能低于 9.4℃，最高不超过 46.1℃，耐性限度为 9.4～46.1℃。

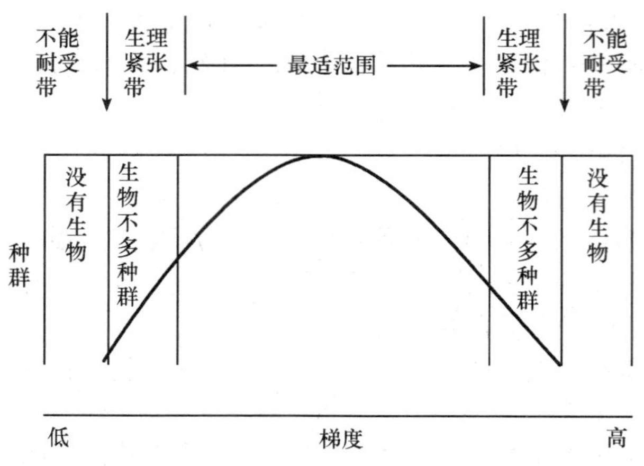

图 2—1　耐受性定律图解

有些生物能适应较大幅度的环境变化，有些生物只能适应较小幅度的环境变化。根据生物对各种生态因子适应的幅度，可将其分为很多类型。根据对温度因子的适应幅度划分有狭温性和广温性；对光因子的适应幅度划分有狭光性和广光性；对水因子的适应幅度划分有狭水性和广水性；对盐因子的适应幅度划分有狭盐性和广盐性；对湿度因子的适应幅度划分有狭湿性和广湿性；对食物因子的适应幅度划分有狭食性和广食性；对栖息地适应幅度划分有狭栖性和广栖性等。

耐受性定律还有几种情况，即生物能对某一生态因子的耐性范围很广，而对另一种生态因子耐性范围很窄；当一种生物对某种生态因子处在非最适度时，另一些生态因子的耐性限度可能会降低；在自然界中，生物并不一定都在最适生态因子范围内生活，一般说对所有生态因子耐受范围都很广的生物，分布也较广，称为广适应生物，反之则称为狭适应生物。

2.4.3.4　生物内稳态和保持内稳态的行为机制

内稳态即生物控制自身的体内环境使其保持相对稳定的机制，它能够降低生物对外界条件的依赖性，大大提高生物对生态因子的适应能力。维持生物体内环境的稳定性是生物扩大环境耐受限度的一种主要机制，并被各种生物广泛利用。但是，内稳态机制却不能完全摆脱环境所施加的限制，因为耐受范围的扩大不可能是无限的。事实上，具有内稳态机制的生物只能增加自己的生态耐受幅度，使自身变为一个广生态幅物种或广适应性物种。依据生物对环境的反应或者依据外部条件变化对生物体内状态的影响，可以把生物区分为内稳态生物和非内稳态生物。对非内稳态生物来说，其耐受限度只简单地取决于其特定酶系统能在什么温度范围内起作用。对内稳态生物来说，其内稳态机制能够发挥作用的范围就是它的耐受范围。

生物的内稳态是通过其生理过程和行为的调整来实现的。恒温动物主要是靠控制体内产热的生理过程来调节自己的体温，而变温动物则主要靠减少热量散失或利用环境热源使身体增温。沙漠蜥在清晨温度比较低时，常使身体的侧面迎向太阳，并把身体紧贴在温暖的岩石上，这样就能尽快地使体温上升到最适于活动的水平。随着白天温度逐渐升高，沙漠蜥会改变身体的姿势，抬起头对着太阳使身体迎热面最小，同时趾尖着地把身体抬高使空气能在身体周围流动散热。虽然高等植物一般都不能移动位置，但许多植物的叶子和花瓣有昼夜的运动和变化。例如，大豆叶的昼挺夜垂的变化或睡眠运动、向日葵花序随太阳的方向而徐徐转动等。

本章小结

本章主要介绍生命产生与进化的过程和盖亚假说，介绍生物的起源，种的概念和生物的协同进化、自然环境、生态因子等基本概念；阐述了生态因子作用的一般特征、作用规律和生物对环境的适应，以及光、温、水、土壤因子的生态作用。使学生了解生物与环境的统一性，生物与环境相互依存、协同进化，树立进化论的观点。

思考题

1. 名词解释

生物多样性　盖亚假说　环境　环境因子　生态因子　限制因子　有效积温　生态幅　内稳态　趋同适应　趋异适应

2. 简述生命的进化和盖雅假说的主要观点。
3. 自然环境包含哪些要素？
4. 什么是生态因子？分为哪几种类型？生态因子的作用有哪些一般特征？
5. 何谓限制因子？说明 Liebig 最小因子定律和 Shelford 耐性定律的主要内容。
6. 光质对植物的作用有哪些方面？
7. 简述光强度和光周期对生物的影响，其研究在生产上有何意义？
8. 为什么昼夜温差大对植物的生长有良好的影响？
9. 哪些因素可能导致植物的生理干旱？
10. 简述土壤因子的生态作用。
11. 生活中如何减少微波辐射对身体的影响？

3 生物圈中的生命系统

本章学习目标

1. 掌握种群、生物群落、生态对策等基本概念，种群的特征、种群的数量变动及种群调节。

2. 熟悉 r-选择和 K-选择理论的主要特征。

3. 了解影响群落结构的因素。

3.1 生物种群的特征及动态

3.1.1 种群概念及特征

3.1.1.1 种群的概念

种群（population）是在一定时空中同种个体的组合。也就是说，种群是在特定的时间和一定的空间中生活和繁殖的同种个体所组成的群体。如湖泊中的许多鲤鱼就组成了鲤鱼种群。

种群虽然是由同种个体组成的，但种群内个体不是孤立的，也不等于个体的简单相加，而是通过种内关系组成一个有机的统一整体。相互之间有着内在的关系，个体之间信息相通，以达到行为协调，共同进行繁衍，表现出该种生物的特殊规律性。从个体到种群是一个质的飞跃。个体的生物学特性主要表现在出生、生长、发育、衰老及死亡等方面。而种群则具有出生率、死亡率、年龄结构、性比、社群关系和数量变化等特征。这些都是个体水平所不具有，而组成种群以后才出现的新的特性。种群由个体组成，而个体则依赖于种群。这说明物种种群的整体性和统一性。

种群这个术语，不但在生态学中使用，而且在遗传学、生物地理学及生物学分支中都广泛应用。有时种群这个术语也用来表示几个不同种个体的集合，一般称这样的种群为混合种群（mixed population），以便与单种种群（single population）相区别。

population是从拉丁语populues派生出来的，含有人和人民的意思，一般译为人口，有人在鱼类学中将该词译为鱼口。还有其他生物学中译为虫口、鸟口等，也就是说各类动物就有各样的“口”了。后来生态学家普遍将其译为种群。也有译为繁群、居群和个体群的。

讨论种群生态学理论时，种群的概念可以抽象的，也可从具体意义上运用。当从具体意义上用种群这个概念时，无论从空间上还是从时间上的界限，多数随科研工作的需要而划分，大至全世界的鹤类种群，小到池塘中的鲫鱼种群。实验室饲养的一群同种动物，称为实验种群。

总之，种群是物种存在的基本单位，生物学分类中的门、纲、目、科、属等分类单位是学者依据物种的特征及其在进化过程中的亲缘关系来划分的，唯有种（specie）才是真实存在的，而种群则是物种在自然界存在的基本单位。因为组成种群的个体是会随着时间的推移而死亡和消失的，所以，物种在自然界中能否持续存在的关键就是种群能否不断地产生新个体以代替那些消失了的个体。从生态学观点来看，种群不仅是物种存在的基本单位，还是生物群落的基本组成单位，也是生态系统研究的基础。

3.1.1.2 种群的特征

自然种群有三个基本特征：

1）空间特征。种群都要占据一定的分布区。组成种群的每个有机体都需要有一定的空间进行繁殖和生长。因此，在此空间中要有生物有机体所需的食物及各种营养物质，并能与环境之间进行物质交换。不同种类的有机体所需空间性质和大小是不相同的。大型生物需要较大的空间，如东北虎活动范围需300～600 km^2。体型较小、肉眼不易看到的浮游生物，在水介质中获得食物和营养，需要的空间较小。种群数量的增多和种群个体生长的理论说明，在一个局限的空间中，种群中个体在空间中越来越接近，而每个个体所占据的空间也越来越小。种群数量的增加就会受到空间的限制，进而产生个体间的争夺，因而出现领域性行为和扩散迁移等。所谓领域性行为是指种群中的个体对占有的一块空间具有进行保护和防御的行为。衡量一个种群是否繁荣和发展，一般要视其空间和数量的情况而定。

2）数量特征。占有一定面积或空间的个体数量，即种群密度（population density），它是指单位面积或单位空间内的个体数目。另一表示种群密度的方法是生物量，它是指单位面积或空间内所有个体的鲜物质或干物质的重量。

种群密度可分为绝对密度（absolute density）和相对密度（relative density）。前者指单位面积或空间上的个体数目，后者是表示个体数量多少的相对指标。其测定方法主要分两种，一种是绝对密度测定。可分为总数量调查法和取样调查法。总数量调查法是计数某面积内全部生活的某种生物的数量。对较大型的生物可直接调查其总数量，用航测也可得到一定面积内的动物总数量。取样调查法是指在总数量调查比较困难的情况下所采用的一种方法，因此只计数种群中的一小部分，用以估计整体。该调查方法包括样方法、标记重捕法和去除取样法等。还有一种是相对密度测定，这类方法很多，也可分两类：一类是直接数量指标，如捕捉法；另一类是间接数量指标，如通过兽类的粪堆计数估计兽类的数量，以鸟类的鸣叫声估计鸟类数量的多少等。还有很多指标可以估计动物的相对数量。

3）遗传特征。组成种群的个体，在某些形态特征或生理特征方面都具有差异。种群内的这种变异和个体遗传有关。一个种群中的生物具有一个共同的基因库，以区别于其他物种，但并非每个个体都具有种群中储存的所有信息。种群的个体在遗传上不一致。种群内的变异性是进化的起点，而进化则使生存者更适应变化的环境。

3.1.2 种群的增长

3.1.2.1 种群的基本参数

影响种群密度的 4 个种群基本参数是出生率（natality）、死亡率（mortality）、迁入（immigration）和迁出（emigration），它们可称为初级种群参数（primary population parameters）。出生率和迁入是使种群增加的因素，而死亡率和迁出是种群减少的因素。当然，种群中的年龄分布（age distribution）、性比（sexual ratio）、种群增长率（population growthrate）等，共同决定着种群数量的变化。

1）出生率和死亡率。出生率是一个广义的术语，是泛指任何生物产生新个体的能力，通过生产、孵化、出芽或分裂等多种形式，都可用出生率这个术语。出生率常分最大出生率（maximum natality）和实际出生率（realized natality），或称生态出生率（ecological natality）。最大出生率是指种群处于理想条件下的出生率。在特定环境条件下种群实际出生率称为实际出生率。完全理想的环境条件，即使在人工控制的实验室中也很难建立，因此，所谓物种固有不变的理想最大出生率一般情况下是不存在的。但在自然条件下，当出现最有利的条件时，它们表现的出生率可视为“最大的”出生率。可以用它作为度量的指标，对各种生物进行比较。如果能知道某种动物种群平均每年每个雌体能出生几个个体，这对预测种群以后的动态有更重要的意义。这里所说的出生率都是对种群而言，即种群的平均繁殖能力。种群中某些个体往往会出现超常的生殖能力，但不能代表种群的最大出生率。

2）迁入迁出。扩散（dispersion）是大多数动植物生活周期中的基本现象。扩散有助于防止近亲繁殖，同时又是在各地方种群（local population）之间进行基因交流的生态过程。有些自然种群持久地输出个体，保持迁出率大于迁入率，有些种群只依靠不断的输入才能维持下去。植物种群中迁出和迁入的现象相当普遍，如孢子植物借助风力把孢子长距离地扩散，不断扩大自己的分布区。种子植物借助风、昆虫、水及动物等因子，传播其种子和花粉，在种群间进行基因交流，防止近亲繁殖，使种群生殖能力增强。

研究迁入和迁出的困难在于种群边界的划定往往是人为的。许多种生物，其分布是连续的，没有明显的界限来确定其种群分布范围，往往是研究者按自己的研究目的来进行划分。

3）种群的年龄结构和性比。种群的年龄结构（age structure）就是不同年龄组（age classes）在种群中所占比例或配置状况，它对种群出生率和死亡率都有很大影响。就植物而言，年龄结构就是植物种群结构的主要因素。因此，研究种群动态和对种群数量进行预测预报都离不开对种群年龄分布或年龄结构的研究。同样种群的性比或性别结构（sexual structure）也是种群统计学研究的主要内容之一，因为性别只有雌雄两种，它比年龄结构简单得多。因为这两个结构的特征联系比较密切，常常同时进行分析。

种群所栖息区域在其他条件相等的情况下种群具有繁殖能力年龄的成体比例越大，种群的出生率就越高；而种群中缺乏繁殖能力的年老个体比例越大，种群死亡率就越高。按其生殖年龄可把种群中的个体区分为三个生态时期：繁殖前期（prereproductive period）、繁殖期（reproductive period）和繁殖后期（postreproductive period）。各年龄期比例的变化，势必影响种群的出生率。许多动物即使在繁殖期内，不同年龄期的个体的繁殖能力也不相同。死亡率在一些老龄个体占多数的种群较高，而在幼龄组占优势的种群死亡率就低，往往比出生率变化明显。

分析年龄结构的有效方法是利用年龄锥体（age pyramid）或称年龄金字塔。它是以从下到上的一系列不同宽度的横柱做成的图。横柱高低位置表示幼年到老年的不同年龄组，横柱的宽度表示各个年龄组的个体数或其所占的百分比。按 Bodenhéimer（1958）的划分，年龄锥体可分为三个基本类型，如图 3—1 所示。左侧的锥体具有宽的基部，而顶部狭窄，表示幼体的百分比很高，就是说种群中有大量的幼体。而老年的个体却很少。这样的种群出生率大于死亡率，是迅速增长的种群（expaning population）；中间的钟型，说明种群中幼年个体和中老年个体数量大致相等，其出生率和死亡率也大致平衡，种群数量稳定可称之为稳定型种群（stable population）；右侧锥体呈壶型，基部比较窄而顶部比较宽，表示幼体所占的比例很小，而老年个体的比例较大，种群死亡率大于出生率，是一种数量趋于下降的种群，可称为下降型种群（diminishing population）。

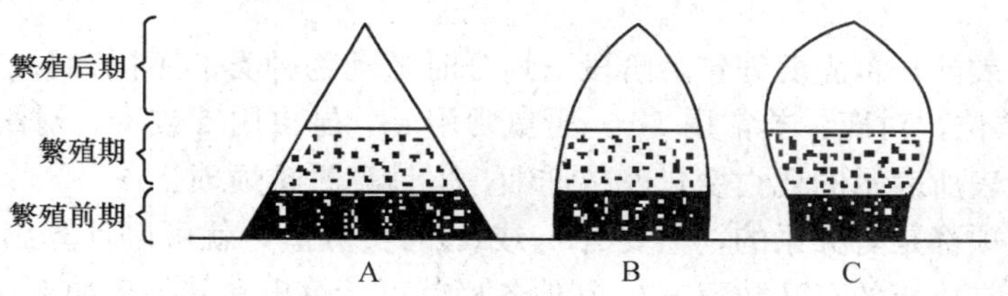

图 3—1　年龄锥体的三种基本类型

A. 增长型种群　B. 稳定型种群　C. 下降型种群（仿 Kormondy，1976）

4）生命表及存活曲线。生命表（life table）是描述死亡过程的有用工具。生命表开始出现在人口统计学（human demography）中，至今在生态学中已广泛应用。有关人的生命表文献很多，但动、植物的生命表较少。生命表能综合判断种群数量变化，也能反映出从出生到死亡的动态关系。生态学工作者应学会它的编制方法。

生命表根据研究者获取数据的方式不同而分为两类：动态生命表（dynamic life table）和静态生命表（static life table）。前者是根据观察一群同时出生的生物的死亡或存活动态过程所获得的数据编制而成，又称同龄群生命表（cohort life table）、水平生命表（horizonal life table）或称特定年龄生命表（age-specific life table）。后者是根据某个种群在特定时间内的年龄结构而编制的。它又称为特定时间生命表（time-specific life table），或垂直生命表（vertical life table）。

现以 Conell（1970）对藤壶（belanus glandula）的调查资料为例，说明生命表的编制方法。1959 年出生的藤壶幼虫，在 1、2 个月后就固着于岩石上，在此以后，逐年调查其个体数，利用所得数据编制成生命表。这些藤壶到 1968 年全部死亡（见表 3—1）。

生命表有若干栏，每栏都用符号代表，这些符号的生态学含义：x＝按年龄分段；n_x＝在 x 期开始时存活数目；L_x＝在 x 期开始时存活的分数；d_x＝从 x 到 $x+1$ 期的死亡数目；q_x＝从 x 到 $x+1$ 期的死亡率；e_x＝x 期开始时的平均生命期望或平均余年。

表 3—1　　藤壶的动态生命表

年龄（年）x	各年龄开始的存活数目 n_x	各年龄开始的存活分数 L_x	各年龄死亡的个体数 d_x	各年龄死亡率 q_x	生命期望 e_x
0	142	1.000	80	0.563	1.58
1	62	0.437	28	0.452	1.97
2	34	0.239	14	0.412	2.18
3	20	0.141	4.5	0.225	2.35
4	15.5	0.109	4.5	0.290	1.89
5	11	0.077	4.5	0.409	1.45
6	6.5	0.046	4.5	0.692	1.12
7	2	0.014	0	0.000	1.50
8	2	0.014	2	1.000	0.50
9	0	0			

（引自 Krebs，1978）

在编制生命表前，首先要划年龄阶段，划分时随动物种类的不同而异。如对人常用 5 y 或 10 y 为时间单位，对鹿、羊常用 1 y，野鼠常用 m，昆虫用 d 或 w，对细菌则用 h。年龄期越短，其生命表所表示的死亡变化就越详细，但计算时越烦琐。

生命表中各项都是有关系的，只要有 n_x 或 d_x 的实测值，就可以计算出其他各项。藤壶生命表的实测值是历年的存活数目 n_x，其他各栏就可计算出来其关系如下：

$$N_{x+1} = n_x - d_x$$

$$q_x = \frac{d_x}{n_x}$$

$$L_x = \frac{n_x}{n_0}$$

用表 3—1 的数据：

$$n_3 = n_2 - d_2 = 34 - 14 = 20$$

$$q_2 = \frac{d_2}{n_2} = \frac{14}{34} = 0.412$$

$$L_5 = \frac{n_5}{n_{10}} = \frac{11}{142} = 0.077$$

L_x 这一项是最重要的，它表示存活率。在人口统计的生命表或许多动物的生命表中，都习惯于从 1 000 开始，但藤壶的生命表采用的是从 1 开始，其含义是相同的。取 L_x 项，由上到下，对照 x 项看，就可看到藤壶统计群（Cohort）的数量逐渐减少或死亡的过程，即 L_x 由 1 降到 0.437，再到 0.239…直到全部死亡，即存活率为 0。q_x 项为另一重要指标，它表示死亡率随年龄而变化的过程。藤壶生命表中 0～1 龄的死亡率很大，随后，死亡率逐渐降低，但 5 龄以后就到逐渐老死的年龄，死亡率又开始上升。e_x 表示生命期望，它是指进入 x 龄期的个体，平均还能存活多长时间的估计值，因此称为生命期望或平均余年。如藤壶生命表中 e_x=1.12，表示藤壶进入 6 龄时平均还能活 1.12 年。

计算生命期望（life expectancy）或期望寿命的方法，首先要求出每年龄期的平均存活数目 L_x：

$$L_x = \frac{n_x + n_{x+1}}{2}$$

用表 3—1 中的数据：

$$L_1 = \frac{n_1 + n_2}{2} = \frac{62 + 34}{2} = 48$$

$$L_2 = \frac{n_2 + n_3}{2} = \frac{34 + 20}{2} = 27$$

…

将这些结果列成表 3—2，然后由表底向上逐渐累积 L_x的值，得到 T_x值，该值是进入 x 龄期所有个体存活的总个体值，按下式计算：

$$T_x = \sum_{n_x}^{\infty} 1_x$$

表 3—2　　根据表 3—1 的数据计算平均生命期望值

x	n_x	L_x	T_x	e_x
0	142	102	224	1.58
1	62	48	122	1.97
2	34	27	74	2.18
3	20	17.75	47	2.35
4	15.5	13.25	29.25	1.89
5	11	8.75	16	1.45
6	6.5	4.25	7.25	1.12
7	2	2	3	1.50
8	2	1	1	0.50
9	0	0	0	

按照表 3—2：

$$T_4 = 14 + 15 + 16 + 17 + 18 + 19 = 29.25(\text{个体 1y})$$

$$T_2 = 12 + 13 + 14 + 15 + 16 + 17 + 18 + 19 = 74(\text{个体 1y})$$

最后，用 T_x除以存活个体数目 n_x，就能得到平均期望寿命 e_x，即：

$$e_x = T_x / n_x$$

根据表 3—1 计算：

$$e_5 = 16/11 = 1.45$$

$$e_2 = 74/34 = 2.18$$

平均生命期望 e_x的应用价值可从人寿保险事业中体现出来。保险公司办人寿保险重要的是正确的估计男人、女人、各种年龄和从事各种职业的人进入各年龄期的平均期望寿命，估计过高或过低，同样都是对成本核算不利，利用上述方法，可得出正确的成本核算。

静态生命表是根据某一特定时间，对种群作一个年龄结构的调查，并根据其结果编制而成。例如，马鹿（cervus elaphus）生命表（见表 3—3）就是根据 1987 年其种群的年龄结构编制的（Lowe，1969）。动态生命表的动物个体，都经历同样的环境条件，而静态生命表的各年龄组的个体都是在不同年或其他单位出生，经历了不同环境条件。因此，编制静态生命表就等于假定种群所经历的环境是年复一年地没有变化，但实际上是不可能的。正因为如此，有的学者对静态生命表持怀疑态度，因为这两类生命表所描述的死亡过程是不一样的。

表 3—3　　马鹿特定时间生命表

x	L_x	d_x	e_x	q_x	x	L_x	d_x	e_x	q_x
1	1 000	282	5.81	282.0	1	1 000	137	5.19	137.0
2	718	7	6.89	9.8	2	863	85	4.84	97.3
3	711	7	5.95	9.8	3	778	84	4.42	107.8
4	704	7	5.01	9.9	4	694	84	3.89	120.8
5	697	7	4.05	10.0	5	610	84	3.36	134.4
6	690	7	3.09	10.1	6	526	84	2.82	159.3
7	684	182	2.11	266.0	7	442	85	2.26	189.5
8	502	253	1.70	504.0	8	357	176	1.67	501.6
9	249	157	1.91	630.6	9	181	122	1.82	627.7
10	92	14	3.31	152.1	10	59	8	3.54	141.2
11	78	14	2.81	179.4	11	51	9	3.0	164.6
12	64	14	2.31	218.7	12	42	8	2.55	197.5
13	50	14	1.82	279.9	13	34	9	2.03	246.8
14	36	14	1.33	288.9	14	25	8	1.56	328.8
15	22	14	0.86	636.3	15	17	8	1.06	492.4
16	8	8	0.50	1 000.0	16	9	9	0.5	1 000.0

动态生命表和静态生命表的相互关系可以用图 3—2 来表示，图中的纵坐标表示年龄，横坐标表示时间。连续追踪 t_0，t_1…时间段中出生的动物的命运，就是动态生命表。在同一时期要获得相当大的一种新生的个体是很困难的。因此就根据某一特定时间区间，如 t_1时间区间内所作年龄结构的静态生命表。

存活曲线对研究种群死亡过程是很有意义的。Deevey（1947）以相对年龄，即以平均寿命的百分比表示年龄 x，作横坐标，存活 L_x的对数作纵坐标，画成存活曲线图，能够比较不同寿命的动物。比较结果，把存活曲线划分为 3 种基本类型，如图 3—3 所示。

A 型为凸型存活曲线，表示种群在接近于生理寿命之前，只有个别死亡，即几乎所有个体都能达到生理寿命，死亡率直到末期才升高。B 型呈对角线的存活曲线，表示各年龄期的死亡率是相等的。C 型为凹型的存活曲线，表示幼体的死亡率很高，以后的死亡率低而稳定。

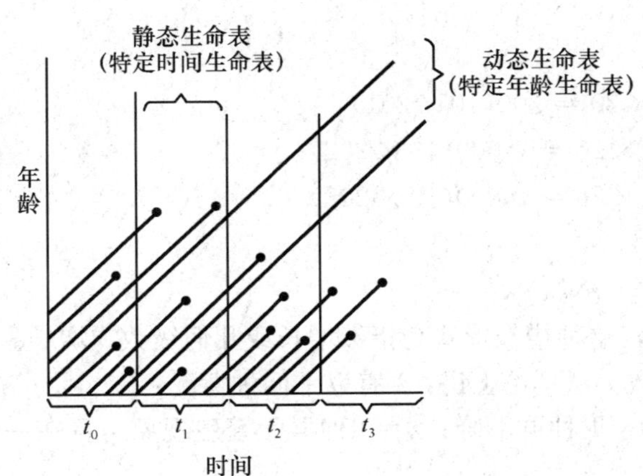

图 3—2 动态生命表和静态生命表的关系
(仿 Begon and Mortfer，1981)

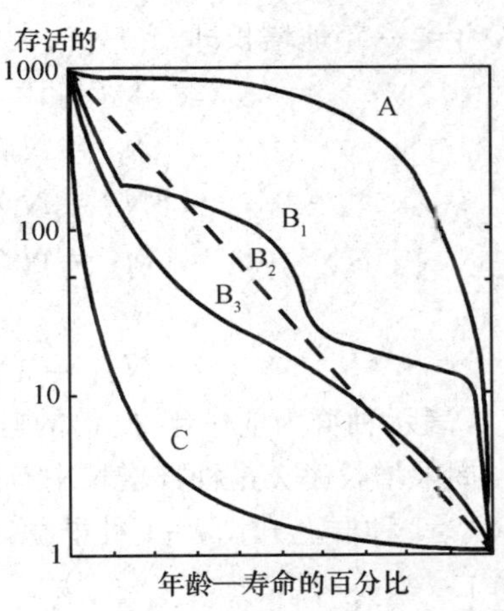

图 3—3 存活曲线的类型
(仿 Odum，1971)

人类和许多高等动物以及许多一年生植物常属 A 型，多年生一次结实植物和许多鸟类接近 B 型，许多海洋鱼类、海产无脊椎动物及寄生虫等接近 C 型，大多数动物属 A、B 型之间。在全变态昆虫的生活周期中，各阶段的死亡率差别很大，可能出现类似 B_1 的阶梯形存活曲线，这反映它们生活史中存在若干最危险的时期。现实的动物种群不可能完全符合 Deevey 所描述的 3 种基本类型的典型存活曲线，但这些典型曲线的模式还是有意义的，人们可以在此基础上进行种内或种间比较的研究。

3.1.2.2 种群增长的基本模式

1）种群在无限环境中的指数增长。在无限环境中，因种群不受任何条件限制，如食物、空间等能充分满足，则种群就能发挥其内禀增长能力，数量迅速增加，呈现指数式增长格局，这种增长规律称为种群的指数增长规律（the law exponential growth）。种群在无限环境中表现出的指数增长可分为两类：

a. 世代不相重叠种群的离散增长模型。世代不相重叠是指生物的生命只有一年，一年只有一次繁殖，其世代不重叠。如一些水生昆虫，每年雌虫只产一次卵，卵孵化长成幼虫，蛹在泥土中度过干旱季节，到第二年蛹才变为成虫，交配产卵。因此，世代是不重叠的，种群增长是不连续的。这种最简单的种群增长模型的概念结构，包括四个假设：种群增长是无界的，即种群在无限的环境中生长，不受资源、空间等条件的限制；世代不相重叠，增长是不连续的，或称离散的；种群没有迁入和迁出；种群没有年龄结构。其数学模型通常是把世代 $t+1$ 的种群 N_{t+1} 与世代 t 的种群 N_t 联系起来的差分方程：

$$N_{t+1} = \lambda N_t \text{ 或 } N_t = N_0 \lambda \cdot t$$

式中 N 为种群大小，t 为时间，λ 是种群周限增长率。

上述模型的生物学含义是假定在一个繁殖季节 t_0 开始，初始种群大小为 N_0（要求雌雄个体数量相等）其出生率为 B，总死亡率为 D。到下一代 t_1 时，其种群数量 N_1 为：

$$N_1 = N_0 + B - D$$

如初始种群 $N_0=10$，$N_1=200$，即一年增加 20 倍（$\lambda=N_1/N_0=20$），若种群在无限环

境中年复一年地增长即：

$$N_0 = 10$$
$$N_1 = N_0\lambda = 10 \times 20 = 200(10 \times 201)$$
$$N_2 = N_1\lambda = 200 \times 20 = 4\ 000(10 \times 202)$$
$$N_3 = N_2\lambda = 400 \times 20 = 8\ 000(10 \times 203)$$
$$\cdots$$
$$N_{t+1} = \lambda N_t \text{ 或 } N_t = N_0\lambda \cdot t$$

λ 表示种群为前一年 20 倍的速率增长，这种增长形式为指数增长或几何级数式增长。

周限增长率 λ 是种群增长中有用的参数。从理论上讲，λ 有以下四种情况：

$\lambda>1$ 种群上升；$\lambda=1$ 种群稳定；$0<\lambda<1$ 种群下降；$\lambda=0$ 种群无繁殖现象，且在一代中灭亡。

b. 世代重叠种群的连续增长模型。种群世代有重叠，种群数量以连续的方式改变，通常用微分方程来描述。

模型的假设：种群以连续方式增长，其他各点和上述模型相同。对于在无限环境中瞬时增长率保持恒定的种群，种群增长率仍表现为指数增长过程，即：

$$\frac{dN}{dt} = rN$$

其积分式为：

$$N_T = N_0 \mathrm{ert}$$

式中 N_0，N_t的定义同前，e 为自然对数的底，r 是种群的瞬间增长率。以 b 和 d 分别表示种群的瞬时出生率和死亡率，则瞬时增长率 $r=b-d$（假定无迁出和迁入）。例如，初始种群 N_0为 100，r 为 0.5/♀・y，则以后的种群数见表 3—4。

表 3—4

年	种群的大小
0	100
1	$100e^{0.5}=165$
2	$100e^{1.0}=272$
3	$100e^{1.5}=448$
4	$100e^{2.0}=739$
…	…

若以种群数量 N_t 对时间 t 作图，种群增长曲线呈“J”形，如图 3—4a 所示，因此种群的指数增长又称为“J”形增长。但以 $\lg N_t$ 对时间作图，则成为直线，如图 3—4b 所示。

种群的瞬时增长率 r 是描述种群在无限环境中呈几何级数式瞬时增长能力的。以前所述的内禀增长能力 rm 就是种群在特定条件下 r 的最大瞬时增长率。

瞬时增长率 r 与周限增长率 λ 间的关系，其关系式是：

$$\lambda = er$$

或

$$r=\ln\lambda$$

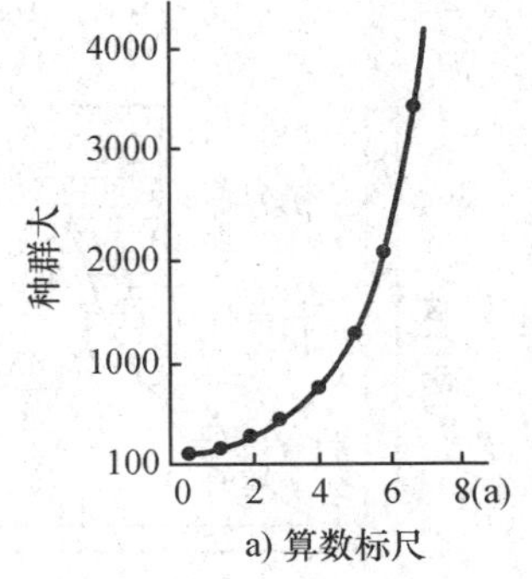

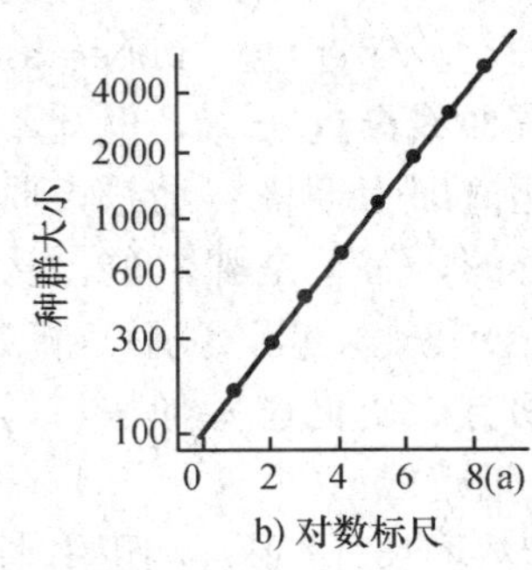

图 3—4　假定种群的几何级数式增长 $N_0=100$，$r=0.5$（仿 Krebs，1978）

如果把周限逐渐缩短，由 1 y→1 m→1 d…到无限短时，其周限增长率 λ 就接近于或等于 r，因周限增长率是有开始和结束期限的，而瞬时增长率是连续时、瞬时的。周限增长率的数值总是大于相应的瞬时增长率。例如，以图 3—5 的假定种群：$r=0.5$，$\lambda=er=e0.5=1.65$，这就是种群以每年为前一年 1.65 倍的速率增长。种群的周限增长率和瞬时增长率见表 3—5。

表 3—5　周限增长率和瞬时增长率的关系

r	λ	种群变化
$r>0$	$\lambda>1$	种群上升
$r=0$	$\lambda=1$	种群稳定
$r<0$	$0<\lambda<1$	种群下降
$r=-\infty$	$\lambda=0$	雌体无生殖，种群灭绝

（孙儒泳，1987）

2）种群在有限环境中的逻辑斯谛增长。自然种群不可能长期按几何级数增长。当种群在一个有限空间中增长时，随着密度的上升，对有限空间资源和其他生活条件利用的限制，种内竞争增加，必然要影响到种群的出生率和死亡率，从而降低了种群的实际增长率，一直到停止增长，甚至使种群下降。种群在有限环境条件下连续增长的一种最简单的形式是逻辑斯谛增长（logistic growth）。逻辑斯谛增长又称为阻滞增长，主要有两个方面：

a. 模型的假设：①假设环境条件允许种群有一个最大值，此值称为环境容纳量或负荷量（carrying capacity），常用"K"表示。当种群大小达到 K 值时，种群则不再增长，即 $dK/dt=0$。②种群增长率降低的影响是最简单的，即其影响随着密度上升而逐渐地、按比例地增加。例如，种群中每增加一个个体就对增长率降低产生 $1/K$ 的影响。若 $K=100$，每个个体则产生 1/100 的抑制效应，或者说，每一个个体利用了 $1/K$ 的空间，若种群有 N 个个体，就利用了 N/K 的空间，而可供继续增长的剩余空间就只有（$1-N/K$）了。③种群中密度的增加对其增长率的降低作用是立即发生的，无时滞（time lags）的。④种群无年龄结构及无迁出和迁入现象。

b. 数学模型：根据以上的假设，种群在有限环境下的增长将不是"J"形，而是"S"

形，如图 3—5 所示。S 形增长曲线同样有两个特点：S 形曲线有上渐近线（upper asymptote），即 S 形增长曲线渐近于 K，但却不会超过最大值水平，此值即为环境容纳量；曲线变化是逐渐的、平滑的，而不是骤然的。从曲线的斜率来看，开始变化速度慢，以后逐渐加快；到曲线中心有一拐点，变化速率加快，以后又逐渐变慢，直到上渐近线。

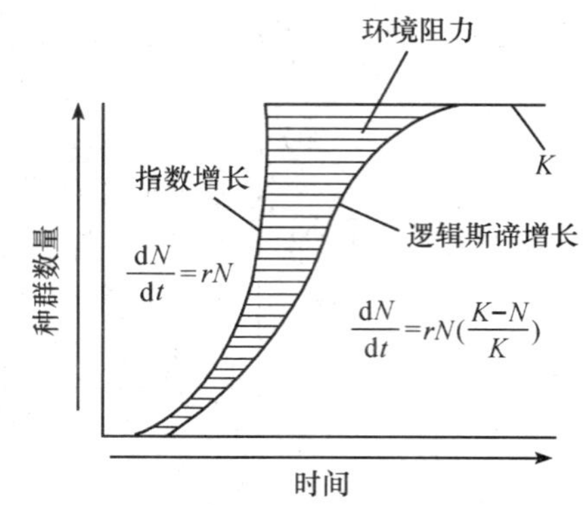

图 3—5　种群增长型（仿 Kendeigh，1974）

综上所述，指数增长（J 形）和逻辑斯谛增长（S 形）的曲线的情况主要是生活史较简单的种类和将动物引入新栖息地时才出现的情况。但“S”形曲线是否稳定在 K 值目前还没有证据。自然界很复杂，实际增长曲线的变型很多。不过两个数学模型在某种程度上说明种群增长发展趋势和某些调节机制。

3.1.3　种群的数量变动及生态对策

3.1.3.1　种群的数量动态

自然界种群的数量变动，比较明显的是季节消长和年变动。决定种群数量变动过程的因素很多，不是某一个因素，而是多因素的综合作用，正因为种群数量变动的机制复杂，许多学者提出了不同的学说，来解释种群动态机理。

1）种群数量的季节消长。种群数量消长规律（seasonal change law in number）是种群数量动态规律之一。一般具有季节性生殖的种类，种群的最高数量常落在一年中最后一次繁殖之末，以后其繁殖停止，种群因只有死亡而无生殖，致使种群数量下降，直到下一年繁殖开始，这时是种群数量最低的时期。欧亚大陆寒带地区许多小型鸟类和兽类，由于冬季停止繁殖，到春季开始繁殖前，其种群数量最低。到春季开始繁殖后数量一直上升，到秋季因寒冷而停止繁殖以前，其种群数量达到一年的最高峰。图 3—6 是大山雀（parus major）种群数量的季节消长情况。对这类动物进行多年的数量动态研究时，一年只需要进行两次数量统计，即春、秋各一次。

湖泊中的浮游生物多属于季节性的数量变化，图 3—7 是美国俄亥俄州爱德华水库中浮游生物数量的季节变化。从图中可看出浮游植物的数量变化与浮游动物的数量变化有关，1948 年浮游动物的种群数量很大，而使浮游植物的数量在整个夏季都处于极低水平，而 1949 年由于浮游动物数量降低，浮游植物在夏季大量发展。

体型较大，一年只繁殖一次的动物，如狗獾、旱獭等，其繁殖期在春季，产仔后数量达到高峰，以后由于死亡，数量逐渐减少。对这类动物的数量调查通常也要进行两次。

各种生物所具有的种群数量的季节消长特点，主要是环境因子季节变化的影响，而使生活在该环境中的生物产生与之相适应的季节性消长的生活节律。如电厂的冷却水体中，由于水体增温改变了该水体生物的生活史节律，如生物产卵季节提前等。

2）种群数量的年变化。种群数量在不同年份的变化，有的具有规律性，称之为周期性，有的则无规律性。有关种群动态的研究工作证明，大多数种类的年变化表现为不规律的波动，有周期性数量变动的种类是有限的。研究植物种群动态的资料较少，因此以下着重介绍

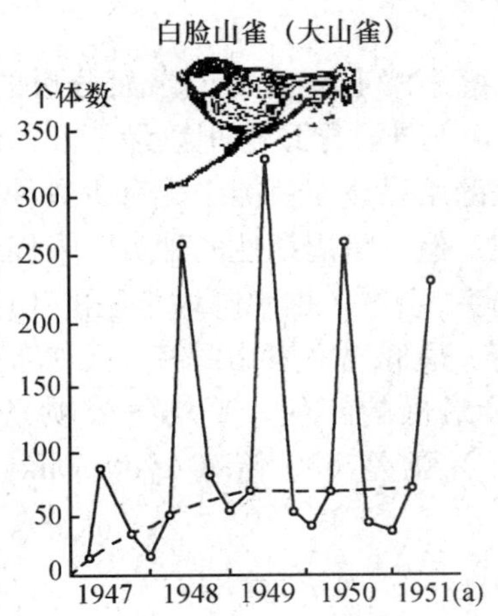

图 3—6 英国牛津附近森林中大山雀种群数量的季节消长（仿 Lacd，1954）

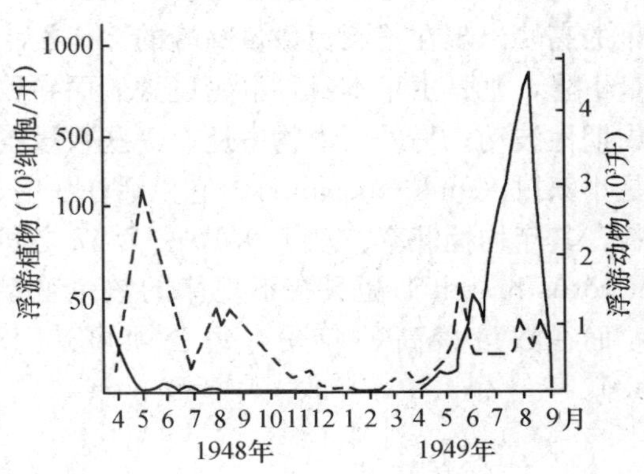

图 3—7 美国俄亥俄州爱德华水库中浮游生物的季节变化（Wright，1954）

动物种群数量的年变化。

在环境相对稳定的条件下，种子植物及大型脊椎动物具有较稳定数量变动。常见的乔木，如杨、柳每年开花结果一次，其种子数量相对稳定。又如大型有蹄类动物，一般每年产1～2 个仔，其种群数量相对稳定。如蝙蝠出生率很低，多数一年只产一仔，但其寿命较长，约为 18～20 a。对蝙蝠的长期观察说明，其数量变动很小。如加拿大盘羊（oriscamadensis）36 a 的种群数量变动，其最高与最低量的比率仅为 4.5。而美洲赤鹿（cervus canadensis）在 20 余年冬季数量统计中，其最高量与最低量之比只有 1.8。

在动物中具有周期波动的种群数量变动为数甚少，但也有些典型例子。如图 3—8 是北极狐和赤狐的 3～4 a 周期的数量变动，与旅鼠的周期变动相一致。图中的箭号表示旅鼠的大发生年。近年来相关研究已对旅鼠积累了更可靠的统计数据，表明旅鼠（lemmus trimucronatus）数量波动幅度甚大，其最高与最低量比率达 612 倍（Pitelka，1973）。Pitelka 认为，过去出现的波幅估计更大，超过 1 000 倍。资料说明旅鼠每隔 3～4 a 数量都会出现一次大增长。寒漠中脆弱的植被常在旅鼠大发生的年代遭到彻底的破坏，一块块裸露地面陆续出现，到周期的第 4 a，旅鼠出现特大的高峰，在野外到处可见到成群结队的旅鼠在裸露的地面上觅食。经过一个漫长的季节，到第二年夏天，几乎看不到一只旅鼠。旅鼠种群的周期性

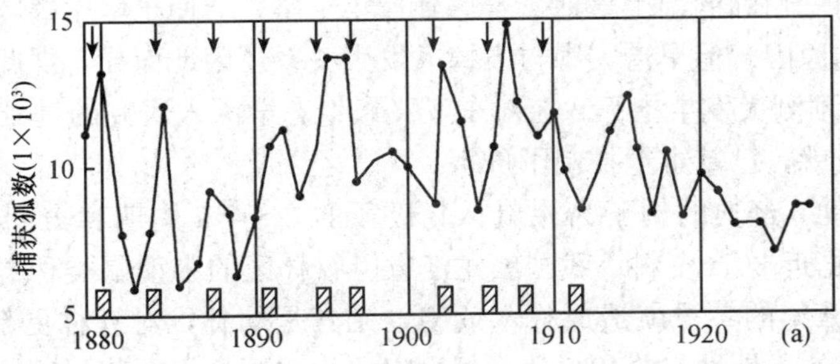

图 3—8 从挪威搜集的北极狐和赤狐数量的波动曲线

变动的原因是复杂的，也可能是由于捕食者的作用。

有关 9～10 a 周期的报道不多。图 3—9 是根据哈德逊湾毛皮公司记录而分析的结果。猞猁的高峰出现在美洲兔数量高峰的 2 a 之后，兔的数量上升，导致猞猁数量上升；而兔的数量下降，则是由于本身种群密度太大而导致大量死亡的结果。在鱼类中，有少数种类表现出周期性波动。另外，动物中还有一些数量波动很剧烈，但不呈周期性的种类，人们最熟知的是小家鼠（mus musculus）。它生活在住宅、农田和打谷场中，据中国科学院的 16 a 统计资料，其年均捕获率波动于 0.10～17.57 之间，即最高—最低比率为几百倍。又如布氏田鼠（microtus brandti）也具有不规律的数量变动。其数量最低的年代，平均每公顷只有 1.3 只，而在数量最高的年份，每公顷可达 786 只，两者竟差 600 倍（Аунәевәикучерук，1948）。

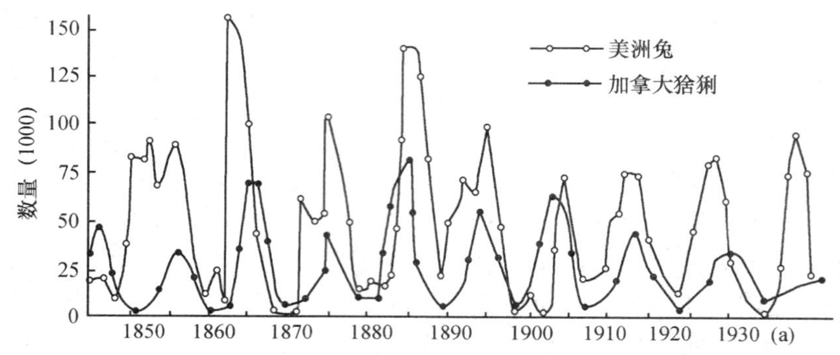

图 3—9　北美美洲兔和猞猁的种群数量的 9～10 a 周期性变动（仿 Smith，1980）

人们比较关心农林业害虫。德国的昆虫学家 Schwerdt feger（1935）对针叶林鳞翅目害虫的长期数量统计表明，其数量变动是不规则的，其波动幅度比较大。

种群中有出生和死亡，其成员在不断更新之中，但是这种变动都往往围绕着一个平均密度，即种群受某种干扰而发生数量的上升或下降，但有重新回到原水平的倾向。这种情况就是动态平衡。

3）不规则波动。我国是世界上具有最长气象记录的国家，马世骏（1985）探讨过大约 1 000 a 来有关东亚飞蝗危害和气象资料的关系，明确了东亚飞蝗在我国的大发生没有周期性现象（过去曾认为该种是有周期性的），同时还指出干旱是大发生的原因。通过分析还明确了黄、淮等大河三角洲的湿生草地，若遇到连年干旱，会使土壤中蝗卵的存活率提高，这是造成其大发生的原因。但旱涝灾害与飞蝗大发生关系还因地而异，据此他将我国蝗区分为 4 类，并分区提出预测大发生指标。在对东亚飞蝗生态学深入研究的基础上，我国飞蝗防治工作取得了重大成就，已基本上控制了危害。

4）周期性波动。经典的例子为旅鼠、北极狐的 3～4 a 周期和美洲兔、加拿大猞猁的 9～10 a 周期。根据近 30 a 资料，我国黑龙江省伊春林区的小型鼠类种群也具有明显的 3～4 a 周期，每遇高峰年的冬季就造成林木危害，尤其是幼林，对森林更新危害很大；并且，其周期与红松结实的周期性丰收相一致。根据以鼠为主要食物的黄鼬的每年毛皮收购记录证明，黄鼬也有 3 a 周期性，但高峰比鼠晚一年。有趣的是前苏联远东阿穆尔地区森林脑炎发病率也有 3 y 的周期性。其原因是鼠类数量高，种群中缺乏免疫力的幼鼠层增加；鼠是革蜱的主要宿主，而革蜱是森林脑炎病毒的主要传播媒介。紧随鼠高峰之后，次年会出现革蜱的数量高峰和革蜱种群中脑炎病毒感染高峰，使林区中居民受革蜱叮咬而感染森林脑炎的病人数量增加。因此，对鼠种群数量动态的研究就成为森林脑炎流行病预测的重要指标之一。

5）种群的暴发。不规则或周期性波动的生物都可能出现种群的暴发。最闻名的暴发见于害虫和害鼠。例如，关于蝗灾我国古籍和西方圣经都有记载，“蝗飞蔽天，人马不能行，所落沟堑尽平……食田禾一空”等，非洲蝗灾至今仍有出现。索马里 1957 年一次蝗灾估计有蝗虫约 1.6×10^{10} 只之多，总质量达 50 000 t；1967 年我国新疆北部农区小家鼠大发生，估计造成粮食损失达 1.5×10^{8} kg。

水中一些浮游生物（如腰鞭毛虫、裸甲藻、棱角藻、夜光藻等）暴发性增殖引起水色异常的现象也是种群暴发的一种。赤潮主要发生在近海，又称红潮。它是由于有机物污染，即水中氮、磷等营养物过多，形成富营养化所致。其危害主要有藻类死体分解，大量消耗水中的溶解氧，使鱼贝等窒息而死。有些赤潮生物产生毒素，杀害鱼贝，甚至距离海岸 64 km 的人，也会受到由风带来毒素的危害，造成呼吸和皮肤不适。

3.1.3.2 种群对环境变化的生态对策

1）生态对策的概念。所谓生态对策（bionomic strategies）就是一个物种或一个种群在生存斗争中对环境条件采取适应的行为；在长期稳定的环境中生活的种群尽可能均匀地利用环境；在迅速出现随后又消逝的环境中，生物能及时地寻找有利的继续生存的地点。可以相对将生物划分为两类对策型，即 r-选择（r-selection）和 K-选择（K-selection）。二者是进化生态学中一个重要问题，如图 3—10 所示。它和种间关系相互作用有一定关系。生态学对策在现代生态学中受到普遍的关注。

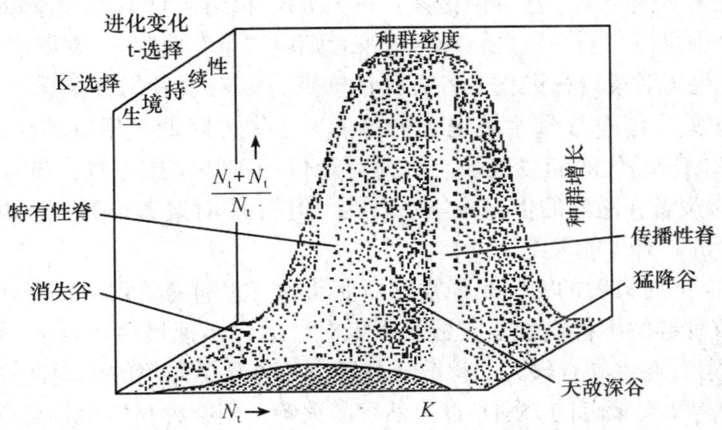

图 3—10 种群动态概略模型，种群增长与种群密度和生境持续性关系的一般特征（引自 May，1976）

2）r-选择和 K-选择。MacArthur 和 Wilson 首先按栖息环境和进化对策把生物分成 r-对策者和 K-对策者两大类。他们认为环境是一个连续的谱系。其一种是气候稳定，很少有难以预测的天灾的地区，如热带雨林就属于这种情况。它是生态饱和的系统，动物密度很高，竞争激烈；另一种是气候不稳定，难以预测的天灾多的地方，如寒带或干旱地区，它们居于生态上的真空，没有密度影响，没有竞争类型。在前一类环境中，动物种群数量达到或接近环境容纳量水平，即与种群逻辑斯谛增长模型的饱和度 K 值接近，因此称为 K-选择。该类适应对策为 K 对策。在后一环境中，种群密度处于 K 值以下的增长段，因此，种群常常处于增长状态，是高增长率的，称为 r-选择，该类适应对策为 r 对策。

1970 年，E. Pianka 把这种思想表达得更详细、更深入，并扩展到应用于所有生物。他比较了 r-选择和 K-选择的有关特征（见表 3—6）。

表 3—6　种群的生态适应对策

	r-选择	K-选择
气候	多变，难以预测和不确定	稳定，可预测，较稳定
死亡率	灾变性的，无规律，非密度制约	有规律性，密度制约
种群大小	常低于 K 值	稳定，密度在 K 值附近
竞争	通常不紧张	经常保持紧张
寿命	短，通常少于 1 a	长，通常大于 1 a
体型	小	大
生殖	一次生殖	多次生殖
发育	快	慢
r_m 值	高	低

从大分类单位作对策比较，可以把昆虫视为 r-选择的，而脊椎动物则是 K-选择的。两者是两个进化方向的不同类型，其间各有各的过渡，有的更接近于 r-对策，有的更接近 K-对策，也就是说两者间有一个连续的谱系，称为 r-K 连续体（r-K continuum）。如果说 K 对策者在生存斗争中是以“质”取胜，而 r 对策者则以“量”取胜。r 对策者死亡率高。

r 和 K 两类生态对策，在进化中各有其优缺点。K-对策者的种群保持在 K 值附近，但不超过，因为超过 K 值有导致生境退化的可能。生育力降低，相应的存活力增强，因此，K-对策者防御和保护幼代的能力较强。因为有亲代的关怀，虽生育力低，但其寿命长。这些特征保证 K-对策者在激烈的生存斗争中取胜。但当 K-对策者种群一旦遭到破坏，回到平衡的能力是有限的，有可能灭绝。

与上述相反，r-对策者的密度是经常剧烈变动的，它们的死亡率很高，竞争力也弱，高的 r_m 值必然导致种群的不稳定性。在数量很低时，通过迅速增殖而恢复到较高的水平。密度很高时，r-对策者通常具有较大的扩散迁移能力，离开了恶化的生境，并在别的地方建立新的种群。这使得 r-对策者的个别种群虽然容易灭绝，但物种整体却是富有恢复力的。

T. Southwood（1974）总结了 r/K 两种对策者种群动态特征的区别，提出一个模式，如图 3—11 所示，对角线代表 N_{t+1} 与 N_t 相等，种群平衡。K-对策者曲线有两个交点 X 和 S，X 是不稳定的平衡点，可称为灭绝点；S 是稳定的，如果种群下降到 X 点以下就有灭绝的危险。相反，r-对策者由于低密度下增殖快，所以只有一个平衡点 S，种群容易在 S 点上下作剧烈的波动。这个图还说明天敌对于这个对策者的作用不大。对于 r-对策者，它的增殖迅速，其天敌增殖缓慢，故不能控制 r-对策者的数量。待到天敌种群能发挥作用时，它们已迁出原地，在新的地方形成新种群。对于K-对策者，因为体型大，竞争力强，天敌作用也难发挥，但多数动物处于中间类型，天敌也能发挥作用。

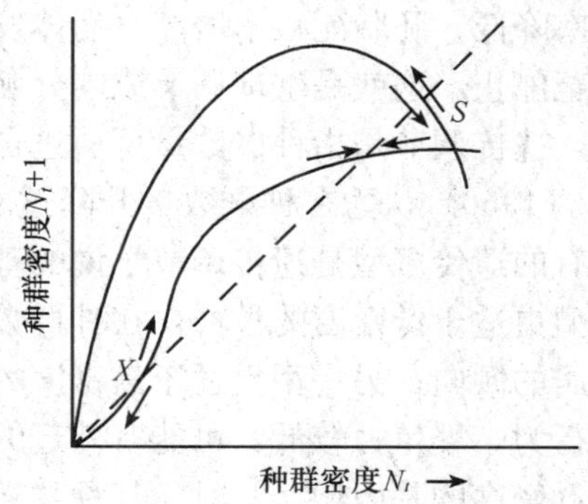

图3—11　r-对策者和K-对策者的种群增长曲线（仿梅，1980）
K—选择　r—选择

3.1.4　种群调节

各种种群数量变动有一定规律性，在不同条件下也各有其变异性。种群数量变动的主要标志就是种群出生率和死亡率的变化过程，及迁入迁出的相互作用的综合结果。因此，凡是影响上述因素的，都对种群数量有影响。在自然界中决定种群数量变化的因素是各种各样。由于种群数量变动的机制很复杂，因而有许多学说来解释种群动态的机理。有的强调内因，有的则强调外因。

3.1.4.1　密度制约和非密度制约因素

由于各种因素对自然种群的制约，不可能无限制地生长，最终趋向于相对平衡，而密度因素是调节其平衡的重要因素。根据种群密度与种群大小的关系，可分为密度制约（density dependent）和非密度制约（density independent）两类。如种间竞争、捕食者、寄生以及种内调节等生物因素，是随着种群本身的密度而变化的，称为密度制约因素。又如天气条件、污染物以及其他环境的理化等非生物因素，有时能影响种群数量，甚至可以使生物绝灭，但与种群本身的密度是无关的，称为非密度制约因素。

3.1.4.2　密度调节

密度调节（regulation of density）是指密度因子对种群大小的调节过程，它包括种内、种间和食物调节3项内容。

1）种内调节。种内调节是指种内成员间因行为、生理和遗传的差异而产生的一种密度制约性调节方式。自动调节学派按其各自强调的重点又可进一步分为：行为调节、生理调节和遗传调节。

行为调节是种内个体间通过行为相容与否调节其种群动态结构的一种方式。Wyune-Edwards指出动物社群等级（social rank or hierarechy）和领域性（terri toriality）等社群行为是一种调节种群密度的机制。通过社群行为调节，限制生境中有机体的数量，使食物供应和繁殖场所在种群内都得到合理分配，把剩余个体从适宜生境中排挤出去，使种群密度不致上升太高。植物的社群行为常表现在种内个体对植物资源的竞争上，建群种的个体往往成为该群体的支配者，居上层林冠，控制着其他个体对光资源的获取量；而那些地位低的弱者，位于林冠下层，其生长发育受到抑制，使种群的生殖率下降，从而调节了种群密度。森林植物的自疏现象也是一个很好的证明。

生理调节是指种内个体间因生理功能的差异，致使生理功能强的个体在种内竞争中取胜，淘汰弱者。Christian（1950）的内分泌学说就是生理调节的理论基础。他认为当种群数量上升时，种内个体间的社群压力（social stress）增加，个体间处于紧张状态，加强了对中枢神经系统的刺激，主要影响脑下垂体和肾上腺的功能。一方面使生长素减少，生长代谢受阻，个体死亡率增加，机体防御能力减弱；另一方面性激素分泌减少，生殖受到抑制，出生率降低，胚胎死亡率增高，幼体发育不佳等。种群增长由于这些生理上的反馈机制而下降甚至停止。这就是生理调节或内分泌调节的主要机制。

遗传调节是指种群数量可通过自然选择压力和遗传组成的改变而进行调节的过程。Chitty（1960）认为在种群数量升降过程中，种群的遗传质量也在变化之中。他指出，种群中具有的遗传多型是遗传调节学说的基础，如图 3—12 所示。最简单的是遗传两型现象，其中一型更适于低密度的种群，在种群数量低时占优势。它具有较少的进攻行为，繁殖力高，有留居的倾向；另一型更适于高密度的种群，在种群数量高时占优势。其特点是具有多的进攻性行为，繁殖力较低，可能有外迁的倾向。当种群数量较低并处于上升期时，自然选择适合于低密度的基因型。此时，其种群繁殖力增强，当种群数量很大时，自然选择转而对适于高密度的基因型有利。这时个体间进攻性加强，死亡率增加，繁殖率下降，有的个体可能外迁，这些变化会促使种群密度降低。遗传调节学说提出，种群密度的改变是其种群的遗传素质改变的结果。

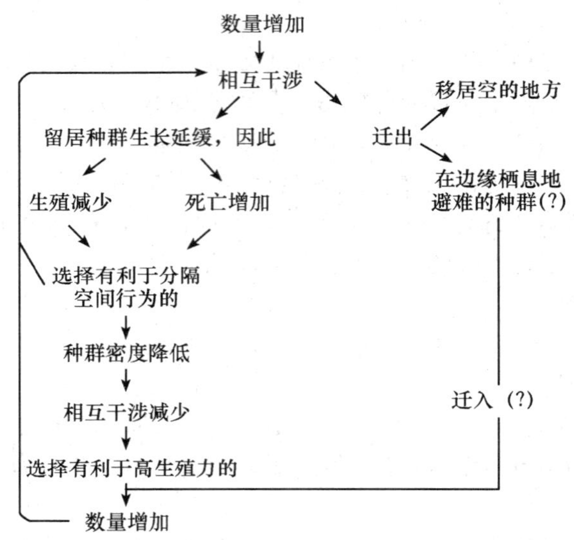

图 3—12　Chitty 的遗传调节学说模式图（仿 Smith，1974）

2）种间调节。种间调节是密度调节内容之一，它是指捕食、寄生和种间竞争共同资源因子对种群密度的制约过程。主张这些生物因素对种群密度调节起重要作用的是生物学派。

澳大利亚昆虫学学者 Nicholson（1933）发表了名为《动物种群平衡》的文章，它是种群生态学中最具论战性的文章。他主要的论点是种群平衡学说。他认为种群是一个“自我管理”的系统，它们按自身的性质及环境的状况调节其自身密度。当种群密度很高时，调节因素的作用必须加强，当密度低时，调节因素的作用就减弱。他认为，调节因素的作用必须受到被调节种群密度的制约。调节种群密度的因素只能是密度制约因素，且调节种群密度的因素始终是竞争，包括食物、生存空间及捕食者和寄生者的竞争。Smith（1935）赞成 Nicholson 的观点。他对种群调节问题阐述得更详细。他认为，种群具有稳定性、连续性变化的特征。种群密度虽然不断变化，但始终围绕一个“特征密度”而变化。特征密度本身也是可以改变的，Smith 重新强调了平衡的思想。不同的种类具有不同的平衡密度，同一物种的平衡密度也随不同的环境而改变。因为当种群离开平衡密度时就有返回平衡密度的倾向，因此，围绕平均密度的变化就是“自然平衡”。支持生物学派的证据有不同来源，有的强调食物在决定种群动态中的作用；有的强调寄生物与宿主的相互作用；有的则强调食草动物与植物的相互关系。

3）食物调节。食物因素也是一种种间关系，动物是异养生物，以动、植物为食。捕食和被食、寄生以及草食性动物和植物的关系，都是食物联系。英国鸟类学家 Lack 是这方面的代表，他赞同 Nicholson 关于平衡必须由密度制约因素来维持的观点。他通过对鸟类种群动态分析，证明幼鸟的死亡率始终高于成鸟。雀形目一龄的幼鸟的死亡率高达 82%～92%，以后保持在 40%～60%。在鸟类野外种群中，很少能活到生理寿命。他认为引起鸟类密度制约性死亡的动因可能有 3 个，即食物短缺、捕食和疾病。他认为食物是决定性的因素。理由是只有少数成鸟死于捕食或疾病；在食物丰富的地方，鸟的数量就高；每种鸟都食不同的食物，如不把食物看成限制因子，就难以理解这种食物分化现象；鸟类因食物而格斗，尤其在冬季，对大多数脊椎动物来说，食物短缺是重要的限制因子。Lack 的观点是把 Nicholson 的思想用于鸟类种群，认为调节鸟类种群的最重要因素是食物的短缺，食物是作用于死亡率的密度制约因素，主要作用于幼鸟。

有些学者支持 Lack 的观点，苏联的鱼类学家 НИКОЛВСКИЙ（1963）认为，鱼类在自然界食物供应量有变化的情况下，其种群有自动调节的适应性，Kemp（1970）和 Kejth（1970）研究红松鼠（tamiasciurus hudsonicus）种群与松树球果产量的关系，证明了食物的决定性意义。

3.1.4.3　非密度调节

非密度调节指非生物因子对种群大小的调节。气候因子对种群影响甚大，最早提出气候因子是调节昆虫种群密度因子的是以色列的博登海默（1928）。他认为天气条件通过影响发育与存活来决定种群密度。他通过研究证明，昆虫的早期死亡率有 80%～90%是由天气条件而引起的。

早期的气候学派的主要观点是以下 3 点：种群参数受天气条件的强烈影响；种群数量的大发生与天气变化明显相关；强调种群数量变动，否定稳定性。

20 世纪 50 年代气候学派与生物学派之间的争论达到高潮。当时气候学派的主要维护者是澳大利亚的 Andrewartha 和 Birch。他们在果园中研究蓟马（thrips imaginus）种群长达 14 y（1932—1946），他们发现，决定蓟马种群在 11—12 月最大密度的是天气条件，而与生物因子关系不大。他们提出自然种群的数量可能因 3 个方面而受到限制：即资源短缺，如食物、栖息地等；资源难以获得，指生物捕食能力无法获得自然界中存有的物质资源；种群增长率为正值的时间过短。因此，他们反对用“平衡密度”“稳定状态”等概念，其观点是非“密度制约论”。

种群调节理论是理论生态学中最关键的问题，也是解决群落与生态系统生态学中许多问题的中心，它又与许多实践问题密切相连。种群调节问题也是最复杂的生态学理论问题。因为种群的数量动态与动物的营养、繁殖、死亡、迁移等活动都有关系，不仅外部环境条件影响种群密度，而且构成种群成员的生理、行为，甚至遗传的性质也都影响种群的调节。各派学者在自己实践工作中发展了种群生态学，提出不同的学说，难免有片面性和局限性，但逐渐由只强调外因而走向注重内外因相结合，这种发展趋势十分明显。因此，各种学说不是互相排斥的，而是有机地综合各种观点，这对于深入探讨和解决实践问题是很有用的。

3.2 种群关系

3.2.1 种内关系

3.2.1.1 集群

集群（aggregation 或 society、colony）现象普遍存在于自然种群当中。同一种生物的不同个体，或多或少都会在一定的时期内生活在一起，从而保证种群的生存和正常繁殖。因此，集群是一种重要的适应性特征。在一个种群当中，一些个体可能生活在一起而形成群体，但是另一部分个体却可能是单独生活的。例如，尽管大部分狮子以家族方式进行集群生活，但是另一些个体则是单独生活着。

根据集群后群体持续时间的长短，可以把集群分为临时性和永久性两种类型。永久性集群存在于社会动物当中。所谓社会动物是指具有分工协作等社会性特征的集群动物。社会动物主要包括一些昆虫（如蜜蜂、蚂蚁、白蚁等）和高等动物（如包括人类在内的灵长类等）。社会昆虫由于分工专化的结果，同一物种群体的不同个体具有不同的形态。例如，在蚂蚁社会当中，有大量的工蚁和兵蚁以及一只蚁后。工蚁专门负责采集食物、养育后代和修建巢穴；兵蚁专门负责保卫工作，具有强大的口器；蚁后则成为专门产卵的生殖机器，具有膨大的生殖腺和特异的性行为，采食和保卫等机能则完全退化。大多数的集群属于临时性集群，临时性集群现象在自然界中更为普遍，如迁徙性集群、繁殖集群等季节性集群以及取食、栖息等临时性集群。

生物产生集群的原因复杂多样。这些原因包括 5 个方面。①对栖息地的食物、光照、温度、水等生态因子的共同需要。如潮湿的生境使一些蜗牛在一起聚集成群；一只死鹿，作为食物和隐蔽地，使招揽来的许多食腐动物，形成群体。②对昼夜天气或季节气候的共同反应，如过夜、迁徙、冬眠等群体。③繁殖的结果。由于亲代对某环境有共同的反应，将后代（卵或仔）产于同一环境，后代由此一起形成群体。如鳗鲡，产卵于同一海区，幼仔一起聚为洄游性集群，从海区游回江河。家族式的集群也是由类似原因所引起的，但是家族当中的个体之间具有一定的亲缘关系。④被动运送的结果。例如强风、急流可以把一些蚊子、小鱼运送到某一风速或流速较为缓慢的地方，使其形成群体。⑤由于个体之间社会吸引力相互吸引的结果。集群生活的动物，尤其是永久性集群动物，通常具有一种强烈的集群欲望。这种欲望正是由于个体之间的相互吸引力所引起的。当一只离群的鸽子遇到一群素不相识的鸽子时，毫无疑问，这只离群的鸽子将很快地加入到素不相识的鸽子群当中。有时候，由于强烈的聚群欲望，离群的个体在没有其他同种生物可以聚群时，有些动物甚至加入到其他物种的群体，以满足其聚群欲望，如离群的海鸥加入到海燕群。

动物群体的形成可能是完全由环境因素所决定的，也可能是由社会吸引力所引起，根据这两种不同的形成原因，动物群体可分为两大类，前者称为集会，后者称为社会。

动物界许多动物种类都是群体生活的，说明群体生活具有许多方面的生物学意义。群体优点的适应价值促进了动物社会结构的进化，目前已经知道许多种昆虫和脊椎动物的集群能够产生有利的作用。同一种动物在一起生活所产生的有利作用，称为集群效应。集群的生态学意义主要有以下几个方面：

1）集群有利于提高捕食效率；

2）集群可以共同防御敌害；

3）集群有利于改变小生境；

4）集群有利于某些动物种类提高学习效率；

5）集群能够促进繁殖。

3.2.1.2 领域性

动物个体、配偶或家族通常都只是局限在一定区域活动。如果这个区域受保卫，不允许其他动物，通常是同种动物的进入，那么这个区域或空间就称为领域。动物占有领域的行为则称为领域行为或领域性。反之，若活动区域不受保卫，则称为家域。领域行为是种内竞争资源的方式之一。占有者通过占有一定的空间而拥有所需要的各种资源。

一些领域是暂时的，例如，大部分鸟类都只是在繁殖期间才建立和保卫领域；一些领域则是永久的，如生活在森林中的每一对灰林鸮在繁殖期间都会占有一块林地，此后终生占有，不允许其他个体的进入。动物建立领域往往只是排斥其他相同物种个体的进入。同种动物的资源需求相同，排斥其他相同物种个体的进入能够减少竞争，领域占有者因而占有更多的资源。但是，当不同物种之间的资源利用方式非常相似，领域行为也发生在不同物种之间，这种领域行为称为种间领域行为。例如，分布在美洲的黄头乌鸫和红翅乌鸫两种鸟类，利用相似的食物并且筑巢在相似的地方，因此它们的领域是相互排斥的。

3.2.1.3 社会等级

社会等级是指动物种群中各个动物的地位具有一定顺序的等级现象。社会等级形成的基础是支配行为，或称支配—从属关系。例如，家鸡饲养者很熟悉鸡群中的彼此啄击现象，经过啄击形成等级，稳定下来后，低级的一般表示妥协和顺从，但有时也通过再次格斗而改变顺序等级。稳定的鸡群往往生长快，产蛋也多，其原因是不稳定鸡群中个体间经常的相互格斗要消耗许多能量，这是社会等级制在进化选择中保留下来的合理性的解释。社会等级优越性还包括优势个体在食物、栖所、配偶选择中均有优先权，这样保证了种内强者首先获得交配和产后代的机会，所以从物种种群整体而言，有利于种族的保存和延续。

3.2.1.4 通信

社会组织的形成，还需要以个体之间的相互传递信息为基础。信息传递，或称通信是某一个体发送信号，另一个体接受信号。并引起后者反应的过程。根据信号的性质和接受的感官，可以把通信分为视觉的、化学的和听觉的等。信息传递的目的很广，如个体的识别，包括识别同种个体、同社群个体、同家族个体等，亲代和幼仔之间的通信，两性之间求偶，个体间表示威吓、顺从和妥协，相互警报，标记领域等。从进化观点而言，所选择的应是传递方便、节省能量消耗，误差小、信号发送者风险小，生存所必需的信号。

3.2.2 种间关系

3.2.2.1 相互作用类型

以前讨论的是单种种群的数量和空间行为方面的相互关系。在本节主要讨论异种种群之间的相互关系，或称为种间相互作用（population interaction）。

不同种之间的关系复杂，从其性质上可简单地归纳为两类，一种是互利的，即两个种的个体相互帮助，相互依赖而生存。一种是对抗性的，即一个种的个体直接杀死另一个种的个体。在这两个极端类型中还存在着各种过渡类型。表 3—7 列举了两个物种之间相互作用的基本类型。“＋”表示对存活或其他种群特征有收益；“－”表示对种群生长或其他特征受抑制，而“0”表示无关紧要和没有意义的相互影响。这种分法只是概念上的一般表述，实际情况要复杂得多。

表 3—7　　两物种间相互作用的基本类型

作用类型	物	种	一般特征
	0	1	
中性作用	0	0	两个种群彼此不受影响
竞争	－	－	两个种群竞争共同资源而带来负影响
偏害作用	－	0	种群 1 受抑制，2 无影响
捕食作用	＋	－	种群 1 是捕食者，种群 2 为被食者
寄生作用	＋	－	种群 1 是寄生者，种群 2 为宿生
偏利作用	＋	0	种群 1 是偏利者，2 无影响
互利共生	＋	＋	相互作用对两种都有利

1）正相互作用。正相互作用（positive interaction）可按其作用程度分为三类：

a. 偏利共生（commensalism）：是指种间相互作用仅对一方有利，对另一方无影响。附生植物和被附生植物之间是一种典型的偏利共生关系，如地衣、苔藓等附在树皮上，但对附生植物种群无多大影响。动物的例子很多，如某些海产蛤贝的外套腔内共栖着豆蟹（pinnotheres），它在那里偷食其宿主的残食和排泄物，但不构成对宿主的危害。许多生物学家认为，关系更为密切的互利共生和寄生关系是由偏利共生演化而来。

b. 原始协作（protocooperation）：是指两种群相互作用，双方获利，但协作是松散的，分离后，双方仍能独立生存。如蟹背上的腔肠动物对蟹能起伪装保护作用，而腔肠动物又利用蟹作运输工具，从而在更大范围内获得食物。又如某些鸟类啄食有蹄类身上的体外寄生虫，而当食肉动物来临之际，又能为其报警。这对共同防御天敌十分有利。

c. 互利共生（mutualism）：是指两物生物长期共同生活在一起，彼此互相依赖、相互共存、双方获利。如果离开对方就不能生存。如白蚁及其肠道内的鞭毛类的共生。如果没有鞭毛类的共生，白蚁就消化不了木质素。实验说明，用人工除去白蚁肠道里的鞭毛类，它们就会活活饿死。鞭毛类以白蚁吞入的木质作为食物和能量的来源，同时它分泌出能消化木质素的酶来协助白蚁消化食物。互利共生多见于需要极不相同的生物之间。还比较常见的是自养生物和异养生物间的互利共生。

2）负相互作用。负相互作用（negative interaction），包括竞争、捕食、寄生和偏害等。前三者的研究较深入，在此不作介绍。偏害作用的例子也是常见的，异种抑制作用和抗生作用都属此类。异种抑制一般指植物分泌一种能抑制其他植物生长的化学物质的现象。如胡桃树（juglans nigra）分泌一种叫做胡桃醌（juglone）的物质，它能抑制其他植物生长，因此，在胡桃树下的土表层中是没有其他植物的。胡桃醌属于植物代谢过程中产生的次生性化学物质。抗生作用是一种微生物产生一种化学物质来抑制另一种微生物的过程。如青霉素就是点青霉所产生的一种细菌抑制剂，也常称为抗菌素。

3.2.2.2 种间竞争

现在讨论的种间竞争，不包括捕食与寄生现象，而是专指两种生物因为具有共同的食物、空间、水分等所产生的竞争关系。

1）竞争原理。生物在进化发展的过程中，两个生态上接近的种类激烈竞争，其结果是一个种完全排挤掉另一个种，或使其中一个种占有不同的空间和食性上的特化，或其他生态习性上的分离，通称生态分离（ecological separation），也可能是两种之间形成平衡而共存。

Gause 以两种分类上和生态上很接近的草履虫为实验材料，直接观察两个种的竞争结果。他取双小核草履虫（paramecium aurelia）和大草履虫（P. caudutum）两个种相等数目的个体，用一种杆菌（bacillus pyocyaneus）作为饲料。当单独培养时，两种均呈“S”形增长曲线，但当两种混合培养时，即同时放在一个基本恒定的环境里培养时，开始两种都增长。随后双小核草履虫数量增加，而大草履虫个体数下降，并于 16 d 后，只有双小核草履虫生存，而大草履虫完全灭亡，如图 3—13 所示。这两种草履虫之间没有分泌有害物质，主要是一种增长快，另一种增长慢，由于共同竞争食物而排挤掉其中一种。Gause 在此研究基础上形成所谓 Gause 假说或称竞争排斥原理，即生态学上完全相同的种，不能长久地共存，最终一个种被另一个种所取代。

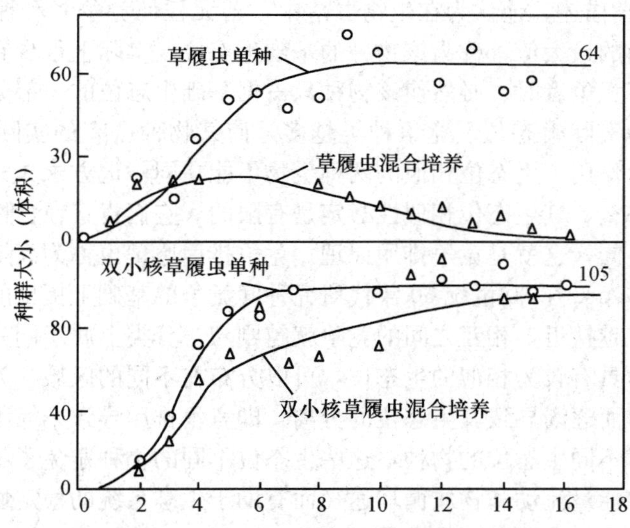

图 3—13 两种草履虫单独和混合培养时的种群动态（仿 Odum，1971）

2）种间竞争模型。洛特卡—沃尔泰勒（Lotka-volterra）方程，就是描述种间竞争的模型。其基础是逻辑斯谛模型，因该模型由 Lotka1925 年在美国，Volterra1926 年在意大利分别独立地提出，故此称洛特卡—沃尔泰勒模型。

模型的结构：种群 1 和种群 2 单独存在时，均符合逻辑斯谛增长规律。即：

$$\frac{dN_1}{dt} = r_1 N_1 \left(\frac{K_1 - N_1}{K_1}\right)$$

$$\frac{dN_2}{dt} = r_2 N_2 \left(\frac{K_2 - N_2}{K_2}\right)$$

种群 1 和种群 2 为两个互相竞争的种群，两个种群的竞争系数为 α 和 β。α 表示在种群 1 的环境中，每存在一个种群 2 的个体对种群 1 产生的效应；β 表示在种群 2 的环境中，每存在一个种群 1 的个体，对种群 2 产生的效应。其数学模型为：

$$\frac{dN_1}{dt} = r_1 N_1 \left(\frac{K_1 - N_1 - \alpha N_2}{K_1}\right)$$

$$\frac{dN_2}{dt} = r_2 N_2 \left(\frac{K_2 - N_2 - \beta N_2}{K_2}\right)$$

3.2.2.3　种间竞争——生态位理论

生态位理论虽然已在种间关系、种的多样性、种群进化、群落结构，群落演替以及环境梯度分析中得到广泛应用，但许多学者对生态位的概念长期争论不休。因此，关于生态位的定义也是多样化的。有的学者认为大致可把生态位定义归为 3 类：一是格林尼尔的“生境生态位”，他认为生态位应定义为物种的最小分布单元，其中的结构和条件能够维持物种的生存；二是埃尔顿的“功能生态位”，他认为生态位应是有机体在生物群落中的功能作用和位置，特别强调与其他种的营养关系，他指的生态位主要是营养生态位；三是哈奇森的“超体积生态位”，他认为生态位是一个允许物种生存的超体积，即是 n 维资源中的超体积，是对“生境生态位”的数学描述。他认为在生物群落中，若无任何竞争者和捕食者存在时，该物种所占据的全部空间的最大值，称为该物种的基础生态位，实际上很少有一个物种能全部占据基础生态位。当有竞争者时，必然使该物种只占据基础生态位的一部分。这一部分实有的生态位空间，称之为实际生态位。竞争种类越多，使某物种占有的实际生态位可能越来越小。由于竞争的排斥作用，生态位相似的两种生物不能在同一地方永久共存；如果它们能够在同一地方生活，那么，其生态位相似性必定是有限的，它们肯定在食性、栖息地或活动时间等某些方面有所不同，这就是竞争排斥原理。竞争排斥原理也称为高斯假说，因为该理论是俄罗斯生物学家 Gause 在 20 世纪 30 年代研究种间竞争的基础上提出的。竞争排斥原理说明物种之间的生态位越接近，相互之间的竞争就越剧烈。分类上属于同一属的物种之间由于亲缘关系较接近因而具有较为相似的生态位，可以分布在不同的区域。如果它们分布在同一区域，必然由于竞争而逐渐导致其生态位的分离，即竞争排斥导致亲缘种的生态分离。大多数生态系统具有许多不同生态位的物种，这些生态位不同的物种避免了相互之间的竞争，同时由于提供了多条的能量流动和物质循环途径而有助于生态系统的稳定性。但是，在许多动物之间，却存在着生态位重叠因而具有部分竞争。

对于自然种群，符合竞争排斥原理的例子也很多。在太平洋的许多岛屿上都曾分布有缅鼠。后来，随着交通运输事业的发展，黑家鼠和褐家鼠也常随船只来到这些岛屿。由于“外来客”与“老住户”食性相近，彼此之间便出现激烈的竞争，结果，竞争能力较差的缅鼠被排挤而发生灭绝。还有另一个著名的例子。当北美灰松鼠进入到英国后，原产在大不列颠岛及其周围大部分地区的栗松鼠由于竞争而灭绝。这些例子说明外来种进入某地时，可能与当地生态位相似的物种发生竞争，这是引种工作所应重视的问题。竞争排斥原理对于养殖业也有指导意义。例如，青、草、鲢、鳙四大家鱼由于相互之间的空间或食物生态位具有差别，因此，可以混合养殖在同一水域，不会发生竞争导致抑制产量和降低经济效益。

3.3 生物群落

3.3.1 生物群落的定义及特征

3.3.1.1 群落的定义

生物群落（biotie community）是指在一定时间内，居住在一定区域或生境内的各种生物种群相互联系、相互影响的有规律的一种结构单元。它们和相邻的生物群落，有时界限分明，有时则混合难分。其结合较松散，但都由其组成的种类及一些个体的特点而显现出有一些特性。生物群落可简单的分为植物群落（plant community）、动物群落（animal community）和微生物群落（microbial community）三大类。

群落概念是生态学中最重要的理论之一，因为它强调的是在自然界共同生活在一起的各种生物能有机地、有规律地在一定时、空中共处，而不是各自以独立物种的面貌任意散布在地球上。它强调生物间有物质循环和能量转化的联系，因而它具有一定的组成和营养结构，在时间过程中，经常改变其外貌，并具有发展和演替的动态特征。它不是物种的简单总和，在群落内由于存在协调控制的机能，因而在绝对的变化过程中，保持相对的稳定性。因此，生物群落被认为是生态学研究对象中的一个高级层次。它是一个新的整体，它具有个体和种群层次所不能包括的特征和规律，是一个新的复合体。群落概念的产生，使生态学研究出现了一个新领域，即群落生态学（community ecology）。它是研究生物群落与环境相互关系及其规律的学科。它是生态学的一个分支。

关于群落的性质，长期以来一直存在着两种对立的观点。争论的焦点在于群落到底是一个有组织的系统，还是一个纯自然的个体集合。“机体论”学派（organismic school）认为群落是一个真实的有机实体，它是组成群落的各个种群有组织的集合体。而不是人为分类的产物。法国的Braun-Blanquet、美国的Clements和英国的Tansley支持上述观点。而“个体论”学派（individualistic school）则认为群落在自然界中并非是一个实体，而是生态学家从一个呈连续变化着的植被中搜集来的一组生物而已。其所以重复出现，只是由于对环境的同样需求。认为群落并不是自然界的基本组织单位。苏联、美国和法国的一些学者们支持上述观点。近代生态学的研究中，采用一些定量方法的研究证明，群落并不是一个个分离的、有明显边界的实体，而是在空间和时间上的一个系列。这一事实，更支持了“个体论”的观点。

3.3.1.2 群落的特征

群落具有组成群落的各个种群所不具有的特征，这些特征是只有在群落水平上才具有的。群落的基本特征主要表现在以下几方面：

1）具有一定的物种组成。每个群落都是由一定的植物、动物、微生物种群组成的。因此，物种组成是区别不同群落的首要特征。一个群落中物种的多少及每一物种的个体数量，是度量群落多样性的基础。

2）具有一定的外貌和结构。生物群落是生态系统的一个结构单元，它本身除具有一定的物种组成外，还具有其外貌和一系列结构特点，包括形态结构、生态结构与营养结构。例如，生活型组成、种的分布格局、成层性、季相、捕食者和被捕食者的关系等。但其结构常常是松散的，不像一个有机体结构那样清晰，有人称之为松散结构。

3）具有形成群落环境的功能。生物群落对其居住环境产生重大影响，并形成群落环境。如森林中的环境与周围裸地就有很大的不同，包括光照、温度、湿度与土壤等都经过了生物群落的改造。即使生物非常稀疏的荒漠群落，其土壤等环境条件也被明显改变。

4）不同物种之间的相互影响。群落中的物种有规律地共处，即在有序状态下共存。虽然生物群落是生物种群的集合体，但不是这些种的任意组合便是一个群落。一个群落必须是经过生物对环境的适应和生物种群之间的相互适应、相互竞争形成的具有一定外貌、种类组成和结构的集合体。

5）一定的动态特征。生物群落是生态系统中有生命的部分，生命的特征是不停地运动，群落也是如此。其运动形式包括季节动态、年际动态、演替与演化。

6）一定的分布范围。任一群落分布在特定地段或特定环境中，不同群落的生境和分布范围不同。无论从全球范围看还是从区域角度讲，不同生物群落都是按一定的规律分布的。

7）群落的边界特征。在自然条件下，有些群落具有明显的边界，可以清楚地加以区分。有的则不具有明显边界，而处于连续状态。前者见于环境梯度变化较陡，或者环境梯度突然中断的情形。后者见于环境梯度连续缓慢变化的情形。大范围的变化如草甸草原和典型草原的过渡带，典型草原和荒漠草原的过渡带等；小范围的如沿一缓坡而渐次出现的群落替代等。但在多数情况下，不同群落之间都存在过渡带，这一过渡带被称为群落交错区，它有明显的边缘效应。

3.3.2 生物群落的种类组成

3.3.2.1 群落的物种组成

任何群落都是由一定生物所组成，每种生物都具有其结构和功能上的独特性，它们对周围的生态环境各有一定要求和反应。它们在群落中各处不同地位、起不同作用，但群落中所有种都是彼此相互依赖、相互作用而共同生活在一起的一个有机整体。组成生物群落的种类成分是形成群落结构的基础。群落中种类组成是一个群落的重要特征。

群落中的种类组成和环境条件是密切相关的，环境条件的丰富与否，是指物质与能量交换中原始物质的丰富程度。营养物质的丰富程度不同，种类数目可以相差很大。

动物通常依附于植物而生活，因为动物直接或间接以植物为食，尤其陆地生物群落。植物为许多动物提供隐蔽所、栖息地和繁衍后代的场所。因此，陆地生物群落中植物种类的多样性和结构的复杂性能直接影响动物种类和数量。如把森林中鸟类数量和农田中的相比，前者可多于后者10倍左右。随着植物群落的发育愈发完整而丰富，动物种类也随之增多。动物在生物群落中有自己的地位和作用，如传播花粉和种子的作用。红松种子常被松鼠转移储存而得到传播，某些种子被动物取食，经排泄而得到散布。动物在生态系统中是能量流动、物质循环和信息交流中的重要环节。动物一方面依赖于植物，同时又是植物发展必不可少的条件。

微生物和土壤动物是生物群落的重要成员。它们的活动使土壤通气，调节水分，分解有机物质，促进能量和物质循环过程。

不同的生物群落的种类组成，可以从不同角度进行分析，可以从系统分类方面加以统计分析，还可以进一步按照组成群落的生物所属区系地理成分加以分析。通过对生物生态习性的研究，可以从生物所属生态类型来认识群落生物组成的特点。

3.3.2.2 群落中的优势种

1）优势度。群落中所有的物种，并非有相等的重要性。在群落中上百、上千的物种，往往只有少数几种因其大小、数量或活动上起着主要的影响或控制作用。陆地生物群落通常以植物为主体，在针叶林、阔叶林或针阔混交林中，往往都有几种植物处于优势地位。它们不仅决定群落的外形和结构，而且在能量代谢上起主要作用。决定群落中各个成员重要性程度，即优势程度。确定优势程度的指标，通常通过优势度（dominace）和重要值（importance value）来反映；而优势度和重要值的求取，则需要用物种的密度（density）、盖度（coverage）、频度（frequency）和生产量（production）等指标。

密度是指单位面积上物种的个体数，用公式表示。

$$D=\frac{N}{S}$$

式中 D——密度；

N——样地内某物种的个体数；

S——样地面积。

盖度是植物枝叶所覆盖的土地面积，也叫投影盖度，简称盖度。它是一个重要的植物群落指标。盖度可以用百分比表示，也可用等级单位表示。森林调查常用 10 级制表示，有的采用 5 级制。

植物基部着生面积称为基部盖度，草本植物的基部盖度以离地 0.03 m 处的草丛断面积计算，树种的基部盖度以某一树种的胸高（离地 1.3 m）断面积与样地内全部树种总断面积之比来计算，这种基部盖度又称为显著度（dominance），有人称之为优势度。

频度是指群落中某个物种在调查范围内出现的频率。常按包含该种个体的样方数占全部样方数的百分比来计算，即频度＝某物种出现的样方数/样方总数×100％。它受样方数目和大小的影响。通常是样方数目越多，样方面积越小。所得结果能真实地反映个体分布状况。

生产量是指一定空间的有机体在单位时间内生产出来的有机物质的重量，它能表示物种对资源的利用情况，并可把大小相差悬殊的物种在同一尺度上进行比较。

2）重要值与优势度。在植物群落学的研究中，常用重要值作为综合指标，它包括 3 个方面：

$$\text{相对密度}(\%)=\frac{\text{物种 } i \text{ 的个体数}}{\text{所有物种的总个体数}}\times 100$$

$$\text{相对频度}(\%)=\frac{\text{物种 } i \text{ 的出现频率}}{\text{所有物种的出现率之和}}\times 100$$

$$\text{相对优势度}(\%)=\frac{\text{物种 } i \text{ 的底面积之和}}{\text{所有物种的总底面积之和}}\times 100$$

$$\text{重要值}=[\text{相对密度}+\text{相对频率}+\text{相对优势度}]/300$$

因为等号右侧的 3 个指标都是百分率，从 0～300。所以重要值的变动范围就是从 0～

100。物种的重要值越大，在群落中的作用就越大。也有人根据多度，是一个数量上的率，盖度、频度、高度、重量等多个指标，进行综合评定，计算公式如下：

优势度＝[相对多度(%)＋相对盖度(%)＋相对频度(%)＋相对高度(%)]/400

3）优势种的确定。群落中优势度大的即为群落的优势种（dominant species）。它在群落动能中占重要位置。可用多度的相对等级来代表。也可用物种在群落中所占的比例来表示。群落主要层中的优势种决定着群落的内部结构和特殊环境，是群落的创造者和建设者，称之为建群种（edificator）。如果群落主要层的优势种由多个物种组成，这些物种称之为共建种（coedificator）。群落中优势度较小的物种，一般称为附属种（subordinate）。附属种虽然也参加群落的建设，但对群落内部环境的影响作用较小。

3.3.2.3　群落中物种多样性

1）物种多样性的概念。物种多样性（species diversity）包括两种含义，一是说明群落中物种的多少，即丰富度（species richness）。群落中所含种类数越多，群落的物种的多样性就越大。另一方面是群落中各个种的相对密度，又可称为群落的异质性（neterogeneity），它与均匀性一般成正比。在一个群落中，各个种的相对密度越均匀，群落的异质性就越大。

某一地区群落中的种类数目在很大程度上取决于物种所处生境的地理位置。如从极地向热带推移，种类数是逐渐增加的。如在热带森林中，每一公顷有上百种的鸟类，而在温带同样面积的森林中，只有十几种。其次随海拔高度增加而种类数也逐渐减少。污染的环境种类数、物种均匀度和多样性均受到影响。

2）多样性的测定方法。种的多样性包括两个含义，种的多样性测定也可分为两类。一类是用统计分布对种相对多度进行拟合，如费希尔（Fisher）的对数级数和普雷斯顿（Preston）的对数正态分布；另一类多样性指数包括异质性内容，如辛普森指数（Simpson's index）和香农—威纳指数（Shapon-Wiener index）。

费希尔的对数级数：进行群落结构调查时，往往会发现个体数量很高的优势中，其种类数很少，而个体数量不多的稀有种，其种类数却很多。费希尔利用对数序列总结这些数据是一种具有最终的总数的积分序数列，它的各项可以写成：

$$ax^2,\ \frac{ax^2}{2},\ \frac{ax^3}{3},\ \frac{ax^4}{4},\ \cdots$$

ax 为总捕获量中仅有一个个体的种数；$ax^2/2$ 为总捕获量中具有两个个体的种数；以此类推。级数各项之和等于捕获中全部种数。对数序列数据是由两个变量所决定，采样中总物种的数目以及取样中的个体总数目，其关系式可写成：$S=a\ln(1+N/a)$，其 S 为样方中的种数、N 为样方中的个体数，a 为多样性指数。a 值越大，多样性就越高，反之，多样性就低。

香农—威纳指数：以上的多样性指数仅包括种的多少，而香农—威纳指数是借用了信息论的方法来测量群落的异质性。在群落多样性的测度上，借用这个信息论中的不稳定性测量方法，就是预测下一个采集的个体属于什么种，如果群落的多样性程度越高，其不稳定性就越大。香农—威纳指数公式：

$$H=-\sum_{i=1}^{s}(\log_2 P_i)P_i$$

式中 H——样品的信息含量（彼得/个体），即群落多样性指数；

S——种数；

P_i——样品中属于第 i 种的个体比。

辛普森指数：测定多样性的方法还可由概率论导出。辛普森指出，从不限大小的群落中随机地取得两个标本，它们属于同一种的概率是多少？如从寒带森林，随机地取两株树，它们属于同一种的概率就很高。相反，如在热带雨林取样，两株树属同一种的概率就很低。应用这种方法，就可以得到一个多样性指数，等于随机取样的两个个体属于不同种的概率，即辛普森指数。

如果某种 i 的个体比例在群落中用 P_i 表示，那么，随机取同种两个个体的联合概率就应为［（P_i）（P_i）］，或（P_i）2。如果将群落中全部种的概率总和起来，就可得到辛普森指数。

$$O = 1 - \sum_{i=1}^{s} (P_i)^2$$

式中 O——辛普森多样性指数；

P_i——群落中物种 i 的个体比例。

辛普森指数对稀有种的作用较小，而对普通种的作用较大，其变化范围自 0～（1－1/S)，S 为种数。

3.3.3 生物群落的结构

3.3.3.1 群落的外貌与生活型

1）群落的外貌。群落外貌（physiognomy）是指生物群落的外部形态或表相而言。它是群落中生物与生物间，生物与环境间相互作用的综合反映。陆地群落的外貌主要取决于植被的特征。植被是整个地球表面上植物群落的总和。植物群落是植被的基本单元。水生群落的外貌主要决定于水的深度和水流特征。

陆地群落的外貌是由组成群落的植物种类形态及其生活型（life form）所决定的。要描述群落的外貌，首先必须了解植物的生活型，它是指植物对于综合环境条件的长期适应，而在外貌上表现出来的植物类型。自然或半自然的群落中，所有的植物种类不可能都属于同一生活型，而是由多种生活型的植物所组成。通过分析群落中各种植物所属生活型的类型，每一类生活型中植物种类及其个体数量，以及它们所占据的空间，无论对植物群落结构，还是群落生活与环境的关系，都能对群落的研究予以更深入的了解。

2）生活型类型。关于生活型的划分，早期的或人们习惯用的生活型分类是根据植物的形状、大小、分枝等外貌特征，同时考虑植物的生命期的长短，把植物分为乔木、灌木、藤木植物、附生植物和草本植物等。目前广泛采用的是阮基耶尔（Raunkiaer，丹麦的植物学家）系统。他按休眠芽或复苏芽所处的位置高低和保护方式，把高等植物划分为 5 个生活型。在各类群之下，他根据植物体的高度，芽有无芽鳞保护，落叶或常绿，茎的特点等特征，再细分为若干较小的类型。现就 5 个类型加以简介：

高位芽植物（phanerophytes），芽或顶端嫩枝是位于离地面较高处的枝条上，如乔木、灌木等。其中根据体型的高矮又可分为大型、中型、小型和矮小型等类型。

地上芽植物（chamaephytes），植物的芽或顶端嫩枝位于地表或接近地表处，因而受土表或残落物保护。

地面芽植物（hemicryptophytes），植物在不利季节，其地上部分死亡，但被土壤和残落物保护的地下部分仍活着，并在地面有芽。

隐芽植物（cryptophytes），或称地下芽植物（geophytes），植物芽位于土表以下，或位于水中。

一年生植物（therophytes），植物只能在良好的季节中生长，它们以种子的形式度过不良季节。

3.3.3.2 群落的垂直结构

由于环境的逐渐变化，导致对环境有不同需求的动、植物生活在一起，这些动、植物各有其生活型，其生态幅度和适应特点也各有差异。它们各自占据一定的空间，并排列在空间的不同高度和一定土壤深度中。群落这种垂直分化就形成了群落的层次，称为群落垂直成层现象（vertical stratification）。每一层片都是由同一生活型的植物所组成。群落的分层现象主要取决于植物的生活型。动物也有分层现象，但不明显。水生环境中，不同的动、植物也在不同深度水层中占有各自位置。

群落的成层现象保证了生物群落在单位空间中更充分地利用自然条件。成层现象发育最好的是森林群落，林中有林冠（conopy）、下木（understory tree）、灌木（shrub）、草本（herb）和地被（ground）等层次。林冠直接接受阳光，是进行初级生产过程的主要地方，其发育状况直接影响到下面各层次。如果林冠是封闭的，林下灌木和草本植物就发育不好；如林冠是开阔的，林下的灌木和草本植物就发育良好。

以陆生植物为例，成层现象包括地上和地下部分。决定地上部分分层的环境因素主要是光照、温度等条件；而决定地下分层的主要因素是土壤的物理化学性质，特别是水分和养分。由此看出，成层现象是植物群落与环境条件相互关系的一种特殊形式。环境条件越丰富群落的层次就越多，层次结构就越复杂。环境条件差，层次就少，层次结构也就越简单。

3.3.3.3 群落的水平格局

群落结构的另一特征就是水平格局（norizonal pattern），其形成与构成群落成员的分布状况有关。陆地群落的水平格局主要决定于植物的分布格局。观察群落的结构时，经常可以发现在一个群落某一地点，植物分布是不均匀的。均匀型分布的植物是少见的。如生长在沙漠中的灌木，由于植株间不可能太靠近，可能比较均匀，但大多数种类是成群型分布。在森林中，林下阴暗的地点，有些植物种类形成小型组合，而林下较明亮的地点是另外一些植物种类形成的组合。在草原中也有同样的情况，在并不形成郁闭植被的草原群落，禾本科密草丛中有其伴生的少数其他植物，草丛之间的空间，则由各种不同的杂草和双子叶杂草所占据。群落内部的这种小型组合可以称为小群落（microcoenosis），它是整个群落的一小部分。小群落形成的原因主要是环境因素在群落内不同地点上分布不均匀的结果。如小地形和微地形的变化、土壤湿度和盐渍化程度的不同，以及群落内植物环境，如上遮阴不均匀等。同时，植物种类本身的生物学特点也有很大作用，特别是种的繁殖、迁移和竞争等特征，对形成小群落，也有重要作用。

群落水平分化成各个小群落，它们的生产力和外貌特征也不相同，在群落内形成不同的斑块。一个群落内出现多个斑块的现象称为群落的镶嵌性（mosaicism），是群落水平分化的一个结构部分。而且，在其形成的过程中，依附其所在群落，因而有人称之为从属群落（subordinate community）。

动物群落因其自身的生物学适应范围，随着栖息环境的布局而有相应的水平分布格局。

3.3.3.4 群落的时间格局

很多环境因素具有明显的时间节律，如昼夜节律和季节节律，所以群落结构也随时间而有明显的变化，这就是群落的时间格局（temporal pattern）。群落中各种植物的生长发育也相应地有规律地进行。其中主要层的植物季节性变化，使得群落表现为不同的季节性外貌，即为群落的季相（aspect）。季相变化的主要标志是群落主要层的物候变化。特别是主要层的植物处于营养盛期时，往往对其他植物的生长和整个群落都有着极大的影响，有时当一个层片的季相发生变化时，可影响另一层片的出现与消亡。这种现象在北方的落叶阔叶林内最为显著。早春乔木层片的树木尚未长叶，林内透光度很大，林下出现一个春季开花的草本层片；入夏乔木长叶，林冠荫蔽，开花的草本层片逐渐消失。这种随季节而出现的层片，称为季节层片。由于季节不同而出现依次更替的季节层片，使得群落结构也发生了季节性变化。群落中由于物候更替所引起的结构变化，又被称为群落在时间上的成层现象。它们在对生境的利用方面起着补充作用，从而有效地利用了群落的环境空间。

动物群落季相变化的例子也很多，如人们所熟知的候鸟春季迁徙到北方营巢繁殖，秋季南迁越冬。动物群落的昼夜相也很明显，如森林中，白天有许多鸟类活动，但一到夜里，鸟类几乎都处于停止活动状态。但一些鸮类开始活动，使群落的昼夜相迥然不同。水生群落的昼夜相不像陆地群落的那样容易看到，但许多淡水和海洋群落中的一些浮游生物有着明显的昼夜相。

3.4 生物群落的演替

生物群落常随环境因素或时间的变迁而发生变化。植物群落的变化，首先是组成群落的各种植物都有其生长、发育、传播和死亡的过程，其次植物之间相互关系则直接或间接地影响这个过程。同时外界环境条件也在不断地变化，这种变化也时时影响着群落变化的方向和进程。生物群落虽有一定的稳定性，但它随着时间的进程处于不断变化中，它是一个运动着的动态体系。如在原群落存在的地段，由于火灾、水灾、砍伐等不同原因而使群落遭受破坏，在火烧的迹地上，最先出现的是具地下茎的禾草群落，继而被杂草群落所代替，依次又被灌草丛所代替，直到最后形成森林群落。这样一个群落被另一个群落所取代的过程，称为群落的演替（community succession）。

3.4.1 生物群落演替类型

3.4.1.1 类型的划分

植物群落演替的类型，常因不同学者依据的类型原则划分为各种演替类型：

1）按裸地性质。可分为原生演替（primary successions）和次生演替（secondary successions）。前者是指在原生裸地上开始进行的群落演替，其演替系列称为原生演替系列（primary seres）。后者是指在次生裸地上开始进行的群落演替。其演替系列称为次生演替系列（secondary seres）。

2）按基质性质。分为水生基质演替系列和旱生基质演替系列。

3）按水分关系。分为水生演替系列（hydroseres）、旱生演替系列（xeroseres）和中生演替系列。后者是介于前两者之间中生的生境开始的演替系列。

4）按时间划分。可分为快速演替（quick succession），是在几年或几十年期间发生的演替；长期演替（long-terms succession）是延续几十年，有时是几百年期间内发生的演替；世纪演替（era succession）延续的时间是以地质年代计算的，是与大陆和植物区系进化相联系的演替。

5）按植被的状况和动态趋势。可分为灾难性演替（catastrophe succession），即与植被破坏相联系的演替；发育演替（development succession），即未破坏植被目前均衡状态的演替。

6）按主导因素划分。可分为群落发生演替（syngenesic succession），是植物在幼年生境定居的过程；内因生态演替（endogenus succession）或内因动态演替（endogenous dynamicsuccession），受环境变化制约，但这种变化是植物群落成分生命活动的结果；外因生态演替（exoecogenus succession）或外因动态演替（exodynamic succession）或异因发生演替（heterogenous succession），是由环境条件变化所引起的；地因发生演替或整体发生演替（geogentie succession），由于更大的统一体发生变化的结果而引起植被变化过程。这种主导因素的分类被认为是非常值得重视的。

3.4.1.2　典型演替类型

1）沙丘群落的演替，属原生演替类型。沙丘上的先锋群落由一些先锋植物和无脊椎动物构成。随着沙丘裸露时间的延长，在上面的先锋群落依次为桧柏松林、黑栎林、栎—山核桃林所取代，最后发展为稳定的山毛榉—槭树林群落，如图 3—14 所示。群落演替开始于极端干燥的沙丘之上，最后形成冷湿的群落环境，形成富有深厚腐殖质的土壤，其中出现了蚯蚓和蜗牛。不同演替阶段上的动物种群是不一样的。少数动物可以跨越两个或三个演替阶段，多数动物只存留一个阶段便消失了。原生演替的过程进行得很缓慢。据奥森（1958）估计，从裸露的沙丘到稳定的森林群落（山毛榉—槭树林），大约经历 1 000 a 的历史，但在人为干扰条件下，这种演替过程将会缩短。

2）水生群落的演替。从湖底开始的水生群落的演替，属原生演替类型。现以淡水池塘或湖泊演替为例，其演替过程包括以下几个阶段，如图 3—15 所示：

a. 自由漂浮植物阶段。主要表现为有机质的沉积。由于沿岸植物深入到池中，池中的浮游植物和其他生物的生命活动所产生的有机物在池底沉积起来，天长日久，使湖底逐渐抬高。

b. 沉水植物阶段。在水深 5～7 m 处，出现的沉水的轮藻属（chara）植物，构成湖底裸地上的先锋植物群落。由于它的生长，湖底有机质积累较快、较多，同时它们的残体在嫌气条件下，分解不完全，湖底进一步抬高。继而金鱼藻（ceratophy llum）、狐尾藻（myriophyllum）等高等水生植物种类出现，它们生长繁殖能力强，垫高湖底的作用能力更强。鱼类等典型的水生动物减少，而两栖类和水蛭等动物增多。

c. 浮叶根生植物阶段。随着湖底变浅，浮叶根生植物出现，如眼子菜属（potamoge-

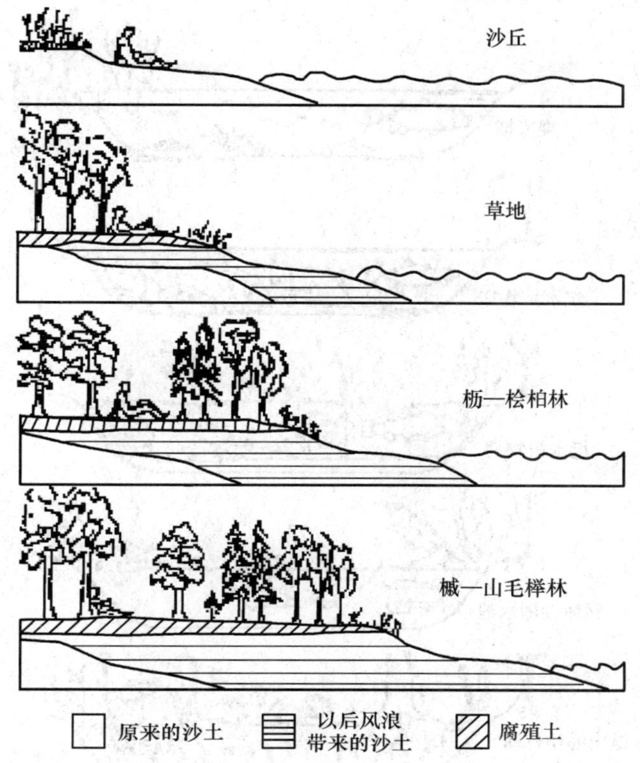

图 3—14 密执安湖湖岸沙丘的群落演替示意图（仿 Allee，1949）

ton)、睡莲属（nymphaea)、荇菜属（nymphoides）等。它们的宽阔叶子在水面上形成连续不断覆盖，使得光照条件不利于沉水植物。这些植物死亡的组织具有较丰富的物质，腐败较缓慢，加快池底的抬高过程。

d. 挺水植物阶段。水体继续变浅，挺水植物如芦苇（phragmites)、香蒲（typha)、白菖（acorus）等的出现，它们根茎极为茂密，常纠结在一起，不仅使池底迅速抬高，而且还可以形成一些浮岛。开始出现一些陆生环境的特征。这一阶段鱼类进一步减少，而两栖类和水生昆虫进一步增加。

e. 湿生草本植物阶段。湖水中升起的地面，含有极丰富的有机质，土壤水分近于饱和。湿生的沼泽植物开始生长，如莎草（cyperus)、苔草（carex)、蔗草（scirpus）等属的一些种类组成。由于地面蒸发和地下水位下降，土壤很快变得干燥，湿生的草类很快为旱生草类所代替。

f. 木本植物阶段。在湿生草本植物群落中，首先出现湿性灌木，继而乔木侵入逐渐形成森林。原有的湿生生境，逐渐改变为中生生境。群落内的动物种类也逐渐增多，脊推动物和无脊椎动物，以及微生物等均有分布，尤其是大型经济兽类，以森林为隐蔽所赖以生存和繁衍。

整个水生演替过程也就是湖泊填平过程，它通常是从湖泊周围向湖泊中央顺序发生的。演替的每一个阶段都为下一阶段创造了条件，使得新的群落得以在原有群落的基础上形成和

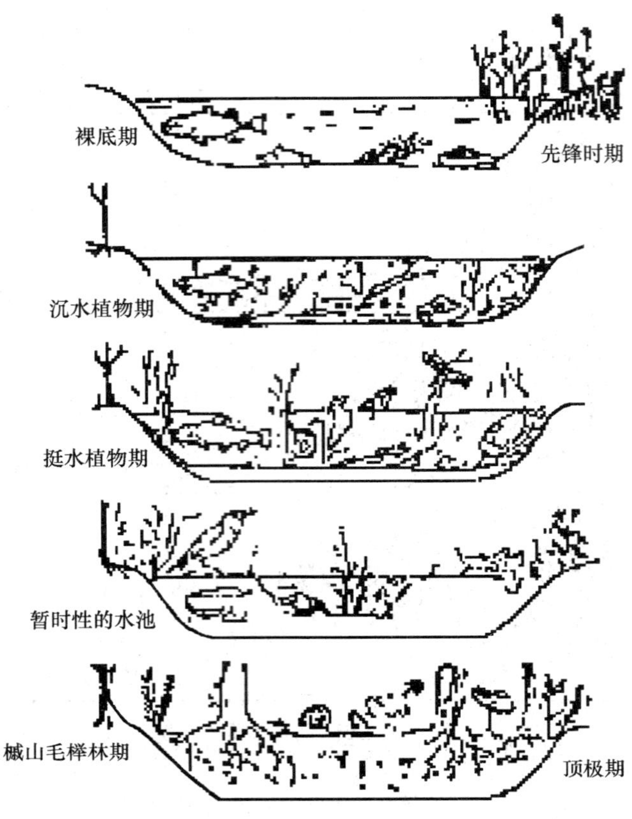

图 3—15　由水池转变到森林的主要演替期示意图（仿 Clarke，1954）

产生。

3）森林群落的演替。在天然条件下，缺少外界因素或人为严重干扰的各类植物群落，统称为原生植被。原生植被受到破坏，就会发生次生演替。它最初发生是外界因素的作用引起的。如森林砍伐、草原放牧、耕地放荒等。

森林受到严重破坏之后，其恢复过程较缓慢，一般都要经过草本植物期、灌木期和盛林期。采伐演替的特点，取决于森林群落的性质，采伐方式，采伐强度以及伐后对森林环境的破坏等。现以云杉林采伐为例，云杉是我国北方针叶林中优良用材，也是西部和西南部地区亚高山针叶林中的一个主要森林群落类型。在云杉林被采伐后，一般要经过采伐迹地阶段，也就是森林采伐的消退期；小叶树种阶段适合于一些喜光的阔叶树种，如桦树、山杨等；云杉定居阶段，由于桦树、山杨等上层树种缓和了林下小气候条件的剧烈变动，又改善了土壤环境，因此，阔叶林下已经能够生长耐阴性的云杉和冷杉幼苗；云杉恢复阶段，经过一个时期，云杉的生长超过了桦树和山杨，于是云杉组成森林的上层，桦树和山杨因不能适应上层遮阴而开始衰亡。过了较长时间，云杉又高居上层，造成茂密的遮阴，在林内形成紧密的酸性落叶层。于是又形成了单层的云杉林。森林采伐后的复生过程，并不单纯取决于演替各阶段中不同树种的喜光或耐阴等特性，还决定于综合生境条件变化的特点。

群落的演替，无论是旱生演替系列或是水生演替系列，都显示演替总是从先锋群落经过一系列的阶段，达到中生性的顶极群落。这样沿着顺序阶段向着顶极演替的过程，称之为进展演替（progressive succession），反之，如果是由顶极群落向先锋群落演替，则称为逆行演替（retrogessive succession）。后者是在人类活动影响下发生的，其特点具有大量的、特殊适应于不良环境的特有种、群落结构简单化、群落生产力降低等特点，如草原代替森林，就有逆行演替性质。

对于次生群落的改造和利用已引起人们的注意。各种次生群落中都有一些可利用的植物，如含油脂的、生物碱的以及含各类芳香油的原料植物或其他用途的植物。在研究次生演替的同时，对于各种次生群落，要按其可利用的价值分别对待。对其有一定经济价值的种类，采用留优去劣的办法加以培育，以提高整个群落的产量和质量。另外，还可采用人工播种或种植的方法，扶植一些有经济价值的种类，对原有群落加以改造。在直接利用次生群落时，首先要了解次生群落只是次生演替系列的一个阶段，虽具有生长较快和有较大可塑性特点，但也要注意它的不稳定性。否则就达不到利用的目的。

根据美国纽约州的研究，在森林演替过程中，动物的演替也是明显的。田鼠、百灵、黄雀等是草本植物期的代表动物。随着树木的出现，成层现象趋于明显，前期的代表动物被白足鼠等代替。每一个演替期都有其特有的代表动物。

3.4.2 生物群落演替理论

3.4.2.1 演替顶极的概念

随着群落的演替，最后出现一个相对稳定的顶极群落期，叫做演替顶极（climax）。顶极概念的中心点就是群落的相对稳定性。它是围绕着一种稳定的、相对不变化的平均状况波动。顶极的稳定性需要在动态的生态系统的机能中保持平衡。

为了使一个顶极群落中的种群保持稳定，必须在出生率和死亡率之间，在新增加个体与死亡个体之间有一种平衡。理论上，这种出生率与死亡率的平衡要经过很长时间才能成为顶极群落的所有种群的特征。这种平衡也必须应用于整个群落的物质和能量的吸收与释放。这种稳定性，称之为动态平衡或稳定状态。顶极就意味着一个自然群落中的一种稳定状态。

3.4.2.2 顶极群落的不同学说

1）单顶极学说（monoclimax theory）。该学说是美国生态学家Clements（1916、1936）所提倡的，他认为在任何一个地区，一般的演替系列的终点，是一个单一的、稳定的、成熟的植物群落，即顶极群落。它取决于该地区的气候条件，主要表现在顶极群落的优势种，能很好地适应于该地区的气候条件，这样的群落称之为气候顶被群落（climatic dimax）。只要是气候不急剧改变，只要没有人类活动和动物显著影响或其他侵入方式的发生，它便一直存在，而且不可能存在任何新的优势植物。这就是所谓的单元顶极（mono dimax）理论。根据这种理论的解释，一个气候区域之内只有一个潜在的气候顶极群落。这一区域之内的任何一种生境，如给予充分时间，最终都能发展到这种群落。这种学说被称为单元顶极学说。

Clements等人提出的单元顶极学说，曾对群落生态学的发展起了重要的推动作用。但当人们进行野外调查工作时，却发现任何一个地区的顶极群落都不止一种，但它们还是明显处于相当平衡的状态下，就是说，顶极群落除了取决于各地区的气候条件以外，还取决于那里的地形、土壤和生物等因素。

2）多元顶极学说（polyclimax theory）。该学说的早期提倡者是英国的生态学家Tansly

(1939)，他认为任何一个地区的顶极群落都是多个的，它取决于土壤湿度、化学性质及动物活动等因素。因此，演替并不导致单一的气候的顶极群落。在一个地区不同生境中，产生一些不同的稳定群落或顶极群落，从而导致形成一个顶极群落的镶嵌体。它由相应的生境镶嵌所决定。这是说，在每一个气候区内的一个顶极群落是气候顶极群落，但在相同地区并不排除其他顶极群落的存在。根据这一概念，任何一个群落，在被任何一个单因素或复合因素稳定到相当长时间情况下，都可认为是顶极群落。它所以维持不变，是因为它和稳定生境之间达到全部协调的程度。

两个学派不同之处是单元顶极理论认为，只有气候才是演替的决定因素，其他因素是次要的，但可阻止群落发展为气候顶极。而多元顶极理论则强调生态系统中各个因素的综合影响，除气候外的其他因素，也可以决定顶极的形成。

3）顶极群落—格局学说（climax pattern hypothesis）。或称顶极群落配置学说。怀悌克在多元顶极学说的基础上，提出一个顶极群落—格局学说。他认为植物群落虽然由于地形、土壤的显著差异及干扰必然产生某些不连续，但从整体上看，植物群落是一个相互交织的连续体。他强调景观中的种群各以自己的方式对环境因素的相互作用进行独特的反应。一个景观的植被所含的边界明确的块状镶嵌，就是由一些连续交织的种群参与联系而构成的复杂群落格局。生境梯度决定种群格局，因此，生境变化，种群的动态平衡也将改变。由于生境的多样性，而植物种类又繁多，所以顶极群落的数目是很多的。前两种学说都承认群落是一个独立的不连续的单位，而顶极群落—格局学说则承认群落是独立的连续单位。

不论单顶极学说、多顶极学说还是顶极群落—格局学说，都承认顶极群落经过单向的变化后，已经是达到稳定状态的群落。而顶极群落在时间上的变化和空间上的分布，都是和生境相适应的。顶极实质上是最后达到相对稳定阶段的一个生态系统。这个系统全部或部分遭到破坏，只要有原来的因素存在，它又能重建。关于顶极理论，目前仍在争论之中。

3.4.3 生物群落演替的制约因素

生物群落的演替是群落内部关系（包括种内和种间关系）与外界环境中各种生态因子综合作用的结果。到目前为止，人们对于演替的机制了解得还不够。要搞清演替过程中每一步发生的原因以及有效地预测演替的方向和速度，还有大量的工作要做。因此，下面列出的仅是部分原因。

3.4.3.1 植物繁殖体的迁移、散布和动物的活动性

植物繁殖体的迁移和散布普遍而经常地发生着。因此，任何一块地段，都有可能接受这些扩散来的繁殖体。当植物繁殖体到达一个新环境时，植物的定居过程就开始了。植物的定居包括植物的发芽、生长和繁殖 3 个方面。我们经常可以观察到这样的情况：植物繁殖体虽到达了新的地点，但不能发芽；或是发芽了，但不能生长；或是生长到成熟，但不能繁殖后代。只有当一个种的个体在新的地点上能繁殖时，定居才算成功。任何一块裸地上生物群落的形成和发展，或是任何一个旧的群落为新的群落所取代，都必然包含有植物的定居过程。因此，植物繁殖体的迁移和散布是群落演替的先决条件。

对于动物来说，植物群落成为它们取食、营巢、繁殖的场所。当然，不同动物对这种场所的需求是不同的。当植物群落环境变得不适宜它们生存的时候，它们便迁移出去另找新的合适生境；与此同时，又会有一些动物从别的群落迁来找新栖居地。因此，每当植物群落的

性质发生变化的时候，居住在其中的动物区系实际上也在作适当的调整，使得整个生物群落内部的动物和植物又以新的联系方式统一起来。

3.4.3.2　群落内部环境的变化

这种变化是由群落本身的生命活动造成的，与外界环境条件的改变没有直接关系；有些情况下是群落内物种生命活动的结果，为自己创造了不良的居住环境，使原来的群落解体，为其他植物的生存提供了有利条件，从而引起演替。比如，据 E. L. Rice 研究在美国俄克拉荷马州的草原弃耕地恢复的第一阶段中，向日葵的分泌物对自身的幼苗具有很强的抑制作用，但对第二阶段的优势种的幼苗却不产生任何抑制作用。于是向日葵占优势的先锋群落很快为群落所取代。由于群落中植物种群，特别是优势种的发育而导致群落内光照、温度、水分状况的改变，也可为演替创造条件。例如，在云杉林采伐后的林间空旷地段，首先出现的是喜光草本植物。但当喜光的阔叶树种定居下来并在草本层以上形成郁闭树冠时，喜光草本便被耐阴草本所取代。以后当云杉伸于群落上层并郁闭时，原来发育很好的喜光阔叶树种便不能更新。这样，随着群落内光照由强到弱及温度变化由不稳定到较稳定，依次发生了喜光草本植物阶段、阔叶树种阶段和云杉阶段的更替过程，也就是演替的过程。

3.4.3.3　种内和种间关系的改变

组成一个群落的物种在其内部以及物种之间都存在特定的相互关系。这种关系随着外部环境条件和群落内环境的改变而不断地进行调整。当密度增加时，不但种群内部的关系紧张化了，且竞争能力强的种群得以充分发展。竞争能力弱的种群则逐步缩小自己的地盘，甚至被排挤到群落之外。这种情形常见于尚未发育成熟的群落。

处于成熟、稳定状态的群落在接受外界条件刺激的情况下也可能发生种间数量关系重新调整的现象，进而使群落特性或多或少地改变。

3.4.3.4　外界环境条件的变化

虽然决定群落演替的根本原因存在于群落内部，但群落之外的环境条件诸如气候、地貌、土壤和火等常可成为引起演替的重要条件。气候决定着群落的外貌和群落的分布，也影响到群落的结构和生产力。气候的变化，无论是长期的还是短暂的，都会成为演替的诱发因素。地表形态（地貌）的改变会使水分、热量等生态因子重新分配，转过来又影响到群落本身。大规模的地壳运动（冰川、地震、火山活动等）可使地球表面的生物部分完全毁灭，从而使演替从头开始。小范围的地表形态变化（如滑坡、洪水冲刷）也可以改造一个生物群落。土壤的理化特性对于置身于其中的植物、土壤动物和微生物的生活有密切的关系；土壤性质的改变势必导致群落内部物种关系的重新调整。火也是一个重要的诱发演替的因子，火烧可以造成大面积的次生裸地，演替可以从裸地上重新开始；火也是群落发育的一种刺激因素，它可使耐火的种类更旺盛地发育，而使不耐火的种类受到抑制。当然，影响演替的外部环境条件并不限于上述几种。凡是与群落发育有关的直接或间接的生态因子都可成为演替的外部因素。

3.4.3.5　人类的活动

人对生物群落演替的影响远远超过其他所有的自然因子，因为人类社会活动通常是有意识、有目的地进行的，可以对自然环境中的生态关系起着促进、抑制、改造和建设的作用。放火烧山、砍伐森林、开垦土地等，都可使生物群落改变面貌。人还可以经营、抚育森林，管理草原，治理沙漠，使群落演替按照不同于自然发展的道路进行。人甚至还可以建立人工群落，将演替的方向和速度置于人为控制之下。

本章小结

本章讲述的主要内容包括生态学与生命系统的层次，种群的特征、种群的数量变动及生态对策、种群调节，种内、种间关系，生物群落的特征、种类组成和结构特点，外在干扰和生物因素对群落结构的影响，生物群落的演替理论和生物群落演替的制约因素。

通过本章的学习，重点培养学生了解生态学与生命系统的层次；比较 r-选择和 K-选择理论，指数增长模型和逻辑斯谛增长模型；了解生物的种内、种间关系，如何利用种群的相关理论指导濒危动植物的保护；了解生物群落的种类组成及其研究意义；了解影响群落结构的主要因素；比较生物群落演替的单元顶极论与多元顶极论。

思考题

1. 如何理解生命系统的层次性?
2. 什么是种群? 与个体相比，种群具有哪些重要的群体特征?
3. 试比较指数增长模型和逻辑斯谛增长模型。
4. 什么是生态对策? r-选择和 K-选择理论的主要特征?
5. 什么是生物群落? 群落种类组成及其研究意义?
6. 影响群落结构的因素有哪些?

技能实训 1　金鱼对盐浓度的耐受性

一、实验目的

使学生了解生态因子对生物的影响。

二、实验原理

Shelford 耐受性定律。

三、实验内容

用不同浓度盐溶液处理金鱼，分析盐度对金鱼存活的影响，分析 50％致死浓度。

技能实训 2　样方法估计种群密度

一、实验目的

了解野外调查时对种群密度的研究方法。

二、实验内容

在实验室模拟样方大小对密度估计的影响。

技能实训 3　群落种的密度、盖度和生物多样性的测定

一、实验目的

通过本实验使学生掌握群落各种数量特征和基本特征的测定方法，加深对群落基本特征的理解，绘制种—面积曲线，使学生认识多样性指数的生态学意义及掌握测定种的多样性的方法。

二、实验内容

在室外由学生自己选择群落，测定各项群落学指标。

4 生态系统

本章学习目标

1. 了解生态平衡、生态系统的能量流动、物质循环和信息传递的特点。
2. 熟悉生态系统的组成与结构。
3. 了解生态系统的干扰与恢复的基本知识。

4.1 生态系统的概念及组成与结构

4.1.1 生态系统的概念

生态系统这一概念是由英国生态学家 A. G. Tansley（1935）首先提出的。他认为，生态系统的基本概念是物理学上使用的“系统”整体。这个系统不仅包括有机复合体，也包括形成环境的全部物理因素复合体。生态系统就是在一定空间中共同栖居着的所有生物（即生物群落）与其环境之间由于不断地进行物质循环和能量流动过程而形成的统一整体。

生态系统可以是一个很具体的概念，一个池塘，一片森林或一块草地都是一个生态系统。同时，它又是在空间范围上抽象的概念。生态系统和生物圈只是研究的空间范围及其复杂程度不同。小的生态系统联合成大的生态系统，简单的生态系统组合成复杂的生态系统，而最大、最复杂的生态系统就是生物圈。

4.1.2 生态系统的组成

生态系统的组成成分是指系统内所包括的若干类相互联系的各种要素。从理论上讲，地球上的一切物质都可能是生态系统的组成成分。地球上生态系统的类型很多，它们各自的生物种类和环境要素也存在着许多差异。然而，各类生态系统却都是由两大部分、四个基本成分所组成。两大部分就是生物部分和非生物部分，四个基本成分是指生产者、消费者、还原者和非生物环境，如图 4—1 所示。

4.1.2.1 非生物环境

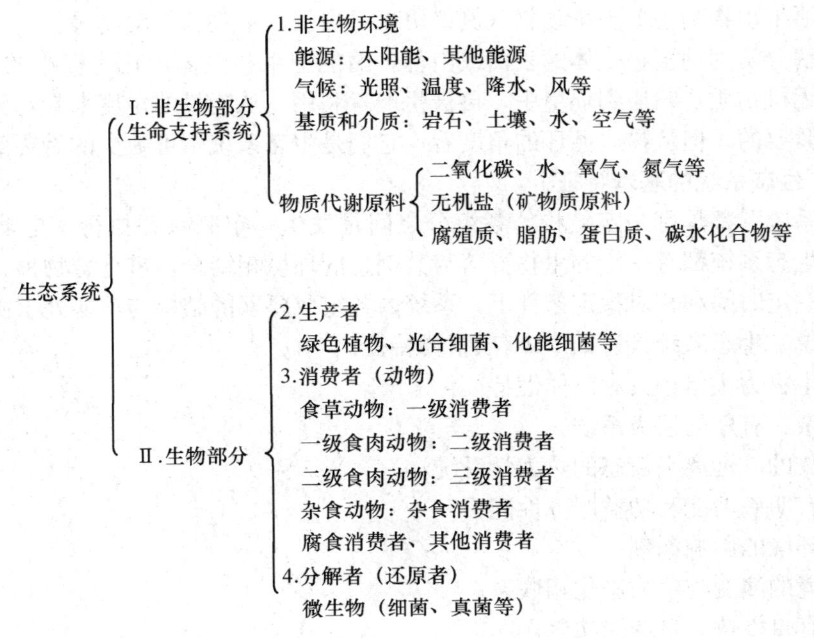

图 4—1 生态系统的组成成分

非生物环境即无机环境，包括参加物质循环的无机元素和化合物，如碳、氮、二氧化碳、氧气、钙、磷、钾；包括联系生物和非生物成分的有机物质，如蛋白质、糖类、脂类和腐殖质等；也包括气候因子，如光照、热量、水分、空气等；还有就是其他物理条件，如温度、压力等。

4.1.2.2 生产者

生产者也叫初级生产者，包括所有的绿色植物和利用化学能的细菌等，它们是生态系统中最积极和最稳定的因素。生产者主要是指绿色植物，绿色植物能利用光能把二氧化碳和水转变成碳水化合物，即通过光合作用把一些能量以化学键能的形式储存起来，为以后利用。这里也包括一些光合细菌。利用化学能的细菌在合成有机物时，利用的不是太阳能，而是某些物质在化学变化过程中产生的能量。太阳能和化学能只有通过生产者，才能源源不断输入到生态系统中，成为消费者和还原者的唯一能量来源。

4.1.2.3 消费者

消费者是不能用无机物质制造有机物质的生物。它们直接或间接地依赖于生产者所制造的有机物质。这些是异养生物。根据食性的不同可分为以下几类：

草食动物是以植物为营养的动物，又称植食动物，是初级消费者，如昆虫、啮齿类、马、牛、羊等；肉食动物是以草食动物或其他动物为食的动物。肉食动物又可分为一级肉食动物，又称二级消费者，以草食动物为食的捕食性动物；二级肉食动物，又称三级消费者，以一级肉食动物为食的动物。

4.1.2.4 分解者

分解者又称还原者，是分解已死的动植物残体的异养生物。主要是细菌、真菌和某些营腐生生活的原生动物和小型土壤动物（例如甲虫、白蚁、某些软体动物等）。

它们把酶分泌到动植物残体的表面或内部，酶能把生物残体消化为极小的颗粒或分子，最终分解为无机物质，归还到环境中，再被生产者利用。从能量的角度来看，分解者对生态系统是无关紧要的，但从物质循环的角度看，它们是生态系统不可缺少的重要部分。

4.1.3 生态系统的基本特征

任何“系统”都具有一定结构，各组分之间是发生一定联系并执行一定功能的有序整体。每一个生态系统都有一定的生物群落与其栖息的环境相结合，进行着物种、能量和物质的交流。在一定时间和相对稳定条件下，系统内各组成要素的结构与功能处于协调的动态之中。总的来说，生态系统具有如下 10 项重要特征：

（1）以生物为主体，具有整体性特征；

（2）复杂、有序的层级系统；

（3）开放的、远离平衡态的热力学系统；

（4）具有明确功能和功益服务性能；

（5）受环境的影响深刻；

（6）环境的演变与生物进化相联系；

（7）具有自维持、自调控功能；

（8）具有一定的负荷力；

（9）具有动态的、生命的特征；

（10）具有健康、可持续发展特性。

4.1.4 生态系统的结构

生态系统的结构包括两个方面的含义：一是组成成分及其营养关系；二是各种生物的空间配置状态。具体地说，生态系统的结构包括物种结构，营养结构、空间结构和时间结构。

4.1.4.1 生态系统的物种结构

不同生态系统其物种结构差异很大，如水域生态系统的生产者主要是需借助显微镜才能分辨的浮游藻类或部分可见水生植物；而森林生态系统中的生产者却是高达几米、几十米的乔木和各种灌木。一般来说，生态系统中的物种结构主要是以群落中的优势种类、在生态功能上的主要种类或类群作为研究对象。生态系统中通常包括优势种、建群种、伴生种、偶见种，还有就是关键种和冗余种，尤其是关键种和冗余种对系统结构和功能的稳定具有重要意义。

1）关键种。不同的物种在生态系统中所处的地位不同，一些珍稀、特有、庞大的对其他物种具有不成比例影响的物种，在维护生物多样性和生态系统稳定方面起着重要作用。如果它们消失或削弱，整个生态系统就可能发生根本性的变化，这样的物种称为关键种。

Paine 指出，关键种的丢失和消除可以导致一些物种的丧失，或者一些物种被另一些物种所替代。群落的改变既可能是由于关键种对其他物种的直接作用（例如被捕食），也可能是间接影响。关键种数目可能是稀少的，也可能很多；对功能而言，可能只有专一功能，也可能具有多种功能。

根据关键种的不同作用方式，可以有关键捕食者、关键被捕食者、关键植食动物、关键竞争者、关键互惠共生种、关键病原体（寄生物）和关键改造者 7 种类型。

2）冗余种。冗余种概念近年来被广泛地应用在生态系统、群落和保护生物学中。冗余意味着相对于需求有过多的剩余。在一些群落中有些种是冗余的，这些种的去除不会引起生态系统内其他物种的丢失，同时，对整个群落和生态系统的结构和功能不会造成太大的影响。

需要指出的是同一个植物种在不同的群落中可以不同的群落成员型出现。如在内蒙古高原中部排水良好的壤质栗钙土上，大针茅（stipa grandis）是建群种，而羊草（aneurolepidium chinense）是亚优势种或伴生种，但在地形略为低凹、有地表径流补给的地方，羊草则是建群种，大针茅退居次要。同理，当强度放牧时，冷蒿（artemisia frigida）则为建群种，羊草和大针茅成为次要成分。

3）物种在生态系统中的作用。生态系统内物种在系统中所起的作用目前较为公认的有两种假说：①铆钉假说，即将生态系统中的每个物种比作一架精制飞机上的每颗铆钉。任何一个物种丢失，同样会使生态过程发生改变。该假说认为生态系统中每个物种都具有同样重要的功能。一个铆钉或一个关键种的丢失或灭绝都会导致严重事故或系统的变故。②冗余假说，该假说认为生态系统中物种作用有显著的不同，某些物种在生态功能上有相当程度的重叠。从物种的角度看，一个生态系统中物种的作用是不同的：一种是起主导作用的，比作是公共汽车的“司机”，而另外一个是那些被称为“乘客”的物种。若丢失前者，将引起生态系统的灾变或停摆；而丢失后者则对生态系统造成的影响很小。那些高冗余的物种对于保护生物学工作来说，则有较低的优先权。但这并不意味着冗余种是不必要的，在一个生态系统中，短时间看，冗余种似乎是多余的，但经过在变化环境中长期发展，那些次要种和冗余种就可能在新的环境下变为优势种或关键种，从而改变和充实了原来的整个生态系统。冗余是对生态系统功能丧失的一种保险。

4.1.4.2 生态系统的营养结构

生态系统的营养结构是一种以营养为纽带，把生物和非生物紧密结合起来，构成以生产者、消费者、还原者为中心的三大功能类群。它们和环境之间发生密切的物质循环和能量流动。由于生态系统是一个功能单位，强调的是系统中的物质循环和能量流动，因而营养结构是生态系统结构研究的主要方面。食物链、食物网及其相互关系就是生态系统的营养结构。

1）食物链。生产者所固定的能量和物质，通过一系列取食和被食的关系在生态系统中传递，各种生物按其食物关系排列的链状顺序称为食物链。“大鱼吃小鱼，小鱼吃虾米”就是食物链形象的说明。

生态系统的食物链不是固定不变的，它不仅在进化历史上有改变，在短时间内也有改变。自然界中很少有一种生物完全依赖另一种生物而生存，常常是一种动物可以多种生物为食物，同一种动物可以占几个营养层次，如杂食动物。而且，动物的食性又因环境、年龄、季节的变化而有所不同，如青蛙的幼体在水中生活，以植物为食，而成体以陆上活动为主，并以动物为食。因此，食物链往往具有暂时的性质，只有在生物群落组成中成为核心的、数量上占优势的种类，食物联系才是比较稳定的。

生态系统中，按照生物之间的关系可将食物链分成四种类型：①捕食食物链（放牧食物链），这种食物链以生产者为基础，继之以植食性动物和肉食性动物。后者与前者是捕食性关系。其构成方式是：植物→植食性动物→肉食性动物。在水域和陆地环境都可以见到这种食棉蚜虫时，被捕食的蚜虫会立即释放警报信息，于是周围的蚜虫纷纷跌落。

3）植物之间的化学信息。在植物群落中，一种植物通过某些化学物质的分泌和排泄而影响另一种植物的生长甚至生存的现象是很普遍的。一些植物通过挥发、淋溶、根系分泌或残株腐烂等途径，把次生代谢物释放到环境中，促进或抑制其他植物的生长或萌发，影响竞争能力，从而对群落的种类结构和空间结构产生影响。人们早就注意到，有些植物分泌化学亲和物质，使其在一起相互促进，如作物中的洋葱与食用甜菜、马铃薯和菜豆、小麦和豌豆，种在一起能相互促进；有些植物分泌植物毒素或防御素使其对邻近植物产生毒害，或抵御邻近植物的侵害，如榆树和栎树、白桦和松树也有相互拮抗的现象。

4）行为信息及其传递。许多植物的异常表现和动物异常行动传递的某种信息，可通称为行为信息。蜜蜂发现蜜源时，就有舞蹈动作的表现，以“告诉”其他蜜蜂去采蜜。蜂舞有多种形态和动作，以此来表示蜜源的远近和方向。如蜜源较近时，作圆舞姿态，蜜源较远时，作摆尾舞等。其他工蜂则以触觉来感觉舞蹈的步伐，得到正确飞翔方向的信息。地鸻是草原中的一种鸟，当发现敌情时，雄鸟就会急速起飞，扇动两翼，给在孵卵的雌鸟发出逃避的信息。

5）营养信息及其传递。在生态系统中生物的食物链就是一个生物的营养信息系统，各种生物通过营养信息关系联系成一个互相依存和相互制约的整体。食物链中的各级生物要求一定的比例关系，即生态金字塔规律。根据生态金字塔规律，养活一只草食动物需要几倍于它的植物，养活一只肉食动物需要几倍数量的草食动物。前一营养级的生物数量反映出后一营养级的生物数量。在草原牧区，草原的载畜量必须根据牧草的生长量而定，使牲畜数量与牧草产量相适应。如果不顾牧草提供的营养信息，超载放牧，就必定会因牧草饲料不足而使牲畜生长不良和引起草原退化。

4.3 生态系统平衡的调节机制

4.3.1 生态平衡的概念

在一般情况下，如果能量和物质的输入大于输出，生物量会增加，反之，生物量会减少。如果输入和输出在较长时间趋于相等，生态系统的结构和功能长期处于稳定状态，此时，生物物种和种类组成及数量比例持久地没有明显变动。在外来干扰下，能通过自我调节恢复到原初的稳定状态，生态系统的这种状态就叫做生态系统的平衡，也就是生态平衡。简言之，生态平衡就是指生态系统通过发育和调节所达到的一种稳定状况，它包括结构上的稳定、功能上的稳定和能量输入、输出上的稳定，是一种动态平衡。在自然条件下，生态系统总是朝着种类多样化、结构复杂化和功能完善化的方向发展，直到使生态系统达到成熟的稳定状态。

4.3.2 生态系统平衡的基本特征

生态系统不同发育期在结构和功能上是有区别的。在生态学中，把一个生态系统从幼年期到成熟期的发展过程称为生态系统发育。在没有人为干扰的情况下，生态系统发育的结果是结构更加多样复杂、各种组分间的关系协调稳定、各种功能渠道更加畅通。其基本特征主食物链。如草原上的青草→野兔→狐狸→狼和湖泊中的藻类→甲壳类→小鱼→大鱼。②碎食食物链，这种食物链是以碎食为基础。所谓碎食是高等植物的枯枝落叶等形式，被其他生物所利用，分解成碎屑，然后再被多种动物所食构成。其构成方式：碎食物→碎食物消费者→小型肉食性动物→大型肉食性动物。在森林中，有90%的净生产是以食物碎食方式被消耗的。③寄生性食物链，这种食物链是由宿生和寄生物构成的，它以大型动物为基础，继之以小型动物、微型动物、细菌和病毒。后者与前者是寄生性关系。例如，哺乳动物或鸟类→跳蚤→原生动物→细菌→病毒。④腐生性食物链，这种食物链以动、植物的遗体为基础，腐烂的动、植物遗体被土壤或水体中的微生物分解利用，后者与前者是腐生性的关系。

2）食物网。在生态系统中，一种生物不可能固定在一条食物链上，它往往同时属于数条食物链，生产者如此，消费者也如此。如牛、羊、兔和鼠都摄食禾草，这样禾草就可能与4条食物链相连。再如，黄鼠狼可以捕食鼠、鸟、青蛙等，它本身又可能被狐狸和狼捕食。这样，黄鼠狼也同时处在数条食物链上，如图4—2所示。食物链彼此交错联结，形成一个网状结构，这就是食物网。食物网从形象上反映了生态系统内各生物有机体之间的营养位置和相互关系。

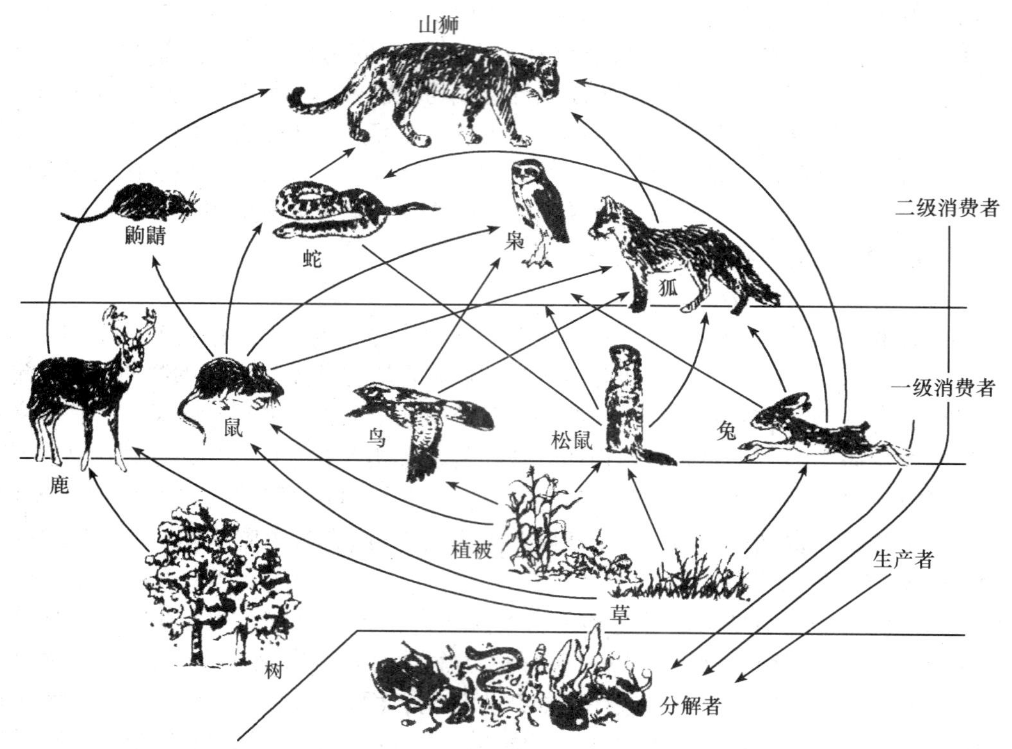

图4—2　一个陆地生态系统的部分食物网

生态系统中各生物成分之间通过食物网发生直接和间接的联系，保持着生态系统结构和功能的相对稳定性。生态系统内部营养结构不是固定不变的，而是不断发生变化的。如果食物网中某一条食物链发生了障碍，可以通过其他的食物链来进行必要的调整和补偿。有时营养结构网络上某一环节发生了变化，其影响会波及整个生态系统。生态系统通过食物营养，把生物与生物、生物与非生物环境有机地结合成一个整体。

近年来的研究表明，从陆地、淡水到海洋生态系统中食物网都很复杂，但都有一定的格局。为了简化食物网结构，可以把营养阶层相同的不同物种或相同物种不同发育阶段归并在一起作为一个营养物种。它由取食同样的被食者和具有同样的捕食者，在营养阶层上完全相同的一类生物所组成。营养物种可能是一个生物物种，也可能是若干个物种。根据物种在食物网中所处的位置可分为三种基本类型：①顶位种，它是食物网中不被任何其他天敌捕食的物种；②中位种，它在食物网中既是捕食者，又是被食者；③基位种，它不取食任何其他生物。

4.1.4.3 生态系统的空间结构

自然生态系统一般都有分层现象。成层结构是自然选择的结果，它显著提高了植物利用环境资源的能力。如在发育成熟的森林中，上层乔木可以充分利用阳光，而林冠下为那些能有效利用弱光的下木所占据。穿过乔木层的光有时仅占到达树冠的全光照的1/10，但林下灌木层却能利用这些微弱的、并且光谱组成已被改变了的光。在灌木层下的草本层能够利用更微弱的光，草本层往下还有更耐阴的苔藓层。

动物在空间的分布也有明显的分层现象。最上层是能飞行的鸟类和昆虫；下层是兔和田鼠的活动场所；最下层是蚂蚁等在土层上活动；土层下还有蚯蚓和蝼蛄等。动物之所以有分层现象，首先与食物有关，生态系统不同的层次提供不同的食物；其次还与不同层次的微气候条件有关。如在欧亚大陆北方针叶林区，在地被层和草本层中，栖息着两栖类、爬行类、鸟类（丘鹏、榛鸡）、兽类（黄鼬）和啮齿类；在森林的灌木层和幼树层中，栖息着莺、苇莺和花鼠等；在森林的中层栖息着山雀、啄木鸟、松鼠和貂等；而在树冠层则栖息着柳莺、交嘴和戴胜等。也有许多动物可同时利用几个不同层次，但总有一个最喜好的层次。

水域生态系统分层现象也很清楚。大量的浮游植物聚集于水的表层；浮游动物和鱼、虾等多生活在水中；在底层沉积的污泥层中有大量的细菌等微生物。水域中某些水生生物也有分层现象，如湖泊和海洋的浮游动物即表现出明显的垂直分层现象。影响浮游动物垂直分布的原因主要取决于阳光、温度、食物和含氧量等。多数浮游动物是趋向弱光的，因此，它们白天多分布在较深的水层，而在夜间则上升到表层活动。此外，在不同季节也会因光照条件的不同而引起垂直分布的变化。

各类生态系统在结构的布局上有一致性，即上层阳光充足，集中分布着绿色植物的树冠或藻类，有利于光合作用，故上层又称为绿带或光合作用层。在绿带以下为异养层或分解层，又常称褐带。生态系统中的分层有利于生物充分利用阳光、水分、养料和空间。

4.1.4.4 生态系统的时间结构

生态系统的结构和外貌也会随时间不同而变化，这反映出生态系统在时间上的动态性。一般可用三个时间段来量度，一是长时间量度，以生态系统进化为主要内容；二是中等时间量度，以群落演替为主要内容；三是以昼夜、季节和年份等短时间量度的周期性变化。短时间周期性变化在生态系统中是较为普遍的现象。绿色植物一般在白天阳光下进行光合作用，在夜晚只进行呼吸作用。海洋潮间带无脊椎动物组成则具有明显的昼夜节律。生态系统短时间结构的变化，反映了植物、动物等为适应环境因素的周期性变化，从而引起整个生态系统外貌上的变化。这种生态系统结构的短时间变化往往反映了环境质量高低的变化，因此，对生态系统结构时间变化的研究具有重要的实践意义。

4.1.5 生态系统的类型

对于千差万别的生态系统如何划分，目前还没有统一的原则。人们可从不同角度对其进行划分，常见的是以以下两方面为依据进行类型划分：一是按生态系统空间环境性质把生态系统分为淡水生态系统（如河流，湖泊，水库等）、海洋生态系统和陆地生态系统；二是按人类对生态系统的影响大小分为自然生态系统和人工生态系统。自然生态系统通常指几乎未受到人为干扰的极地生态系统，某些原始的森林生态系统等，而人工生态系统则是指城市生态系统，农业生态系统等。这两类生态系统的划分是相对的，人工生态系统中有自然因素，自然生态系统目前也几乎全部受到了人类的不同程度的干扰。

4.2 生态系统的基本功能

生态系统的结构及其特征决定了它的基本功能，这就是生物生产、能量流动、物质循环和信息传递。生态系统的这些基本功能是相互联系，紧密结合的，而且是由生态系统中的生命部分——生物群落来实现的。

4.2.1 生物生产

生态系统中的生物生产包括初级生产和次级生产两个过程。前者是生产者（主要是绿色植物）把太阳能转变为化学能的过程，故又称之为植物性生产。后者是消费者（主要是动物）的生命活动将初级生产品转化为动物能，故称之为动物性生产。在一个生态系统中，这两个生产过程彼此联系，但又是分别独立进行的。

4.2.1.1 生态系统的初级生产

生态系统初级生产的能源来自太阳辐射能，生产过程的结果是太阳能转变为化学能，简单无机物转变为复杂的有机物。可以说，生态系统中的能量流动开始于绿色植物通过光合作用对太阳能的固定，所以植物所固定的太阳能或所制造的有机物质称为初级生产量或第一性生产量。其测定方法主要有收获量测定法、氧气测定法、二氧化碳测定法、放射性标记物测定法和叶绿素测定法。

在初级生产过程中，植物固定的能量有一部分被植物自己的呼吸消耗掉，剩下的可用于植物的生长和生殖，这部分生产量称为净初级生产量。而包括消耗在内的全部生产量，称为总初级生产量。三者之间的关系是：

$$GP = NP + R$$

式中 GP——总初级生产量，J/（$m^2 \cdot a$）；

NP——净初级生产量，J/（$m^2 \cdot a$）；

R——呼吸所消耗的能量，J/（$m^2 \cdot a$）。

净初级生产量是可供生态系统中其他生物（主要是各种动物和人）利用的能量。生产量通常用每年每平方米所生产的有机物质干重［g/（$m^2 \cdot a$）］或每年每平方米所固定的能量［J/（$m^2 \cdot a$）］表示。

初级生产量也可称为初级生产力，它们的计算单位是完全一样的，但在强调“率”的概念时，应当使用生产力。但生产量和生物量是两个不同的概念，生产量含有速率的概念，是指单位时间单位面积上的有机物质生产量，而生物量是指在某一定时刻调查时单位面积上积存的有机物质，单位是干重（g/m^2）或（J/m^2）。

对生态系统中某一营养级来说，总生物量不仅因生物呼吸而消耗，也由于受更高营养级动物的取食和生物的死亡而减少，所以：

$$\frac{\mathrm{d}B}{\mathrm{d}t}=NP-P-H-D\frac{\mathrm{d}B}{\mathrm{d}t}$$

式中 $\mathrm{d}B/\mathrm{d}t$——某一时期内生物量的变化；

P——净次级生产量；

H——被较高营养级动物所取食的生物量；

D——因死亡而损失的生物量。

全球陆地净初级生产总量的估计值为年产 115×10^9 t 干物质，全球海洋净初级生产总量为年产 55×10^9 t 干物质。海洋面积约占地球表面的 2/3。但其净初级生产量只占全球净初级生产量的 1/3。在海洋中，由河口湾向大陆架到大洋区，单位面积净初级生产量和生物量有明显降低的趋势。在陆地上，热带雨林是生产量最高的，平均 2 200 g/（$m^2\cdot a$），由热带雨林向温带常绿林、落叶林、北方针叶林、稀树草原、温带草原地、寒漠和荒漠依次减少。沼泽和某些作物栽培地是属于高生产量的（见表 4—1）。

表 4—1　地球上各种生态系统的净生产力和植物生产量

生态系统类型	面积/10^9 km^2	净初级生产力/$g\cdot m^{-2}\cdot a^{-1}$		全球的净初级生产总量/10^9 $t\cdot a^{-1}$	生物量/$km\cdot m^{-2}$		全球生物量/10^9 t
		范围	平均		范围	平均	
热带雨林	17.0	1 000～3 500	2 200	37.40	6～80	45.00	765.00
热带季雨林	7.5	1 000～2 500	1 600	12.00	6～60	35.00	262.50
温带常绿林	5.0		1 300	6.50	6～200	35.00	175.00
温带落叶林	7.0	600～2 500	1 200	8.40	6～60	30.00	210.00
北方落叶林	12.0	400～2 000	800	9.60	6～40	20.00	240.00
灌丛和林业地	8.5	250～1 200	700	6.00	2～20	6.00	51.00
热带稀树草原	15.0	200～2 000	900	13.50	6.2～15.0	4.00	60.00
热带草原	9.0	200～1 500	600	5.40	0.2～5.0	1.60	14.40
寒漠和高山	8.0	10～400	140	1.10	0.1～3.0	0.60	5.00
荒漠和半荒漠灌丛	18.0	10～250	90	1.60	0.1～4.0	0.70	12.60
岩石、沙漠、荒漠和冰地	24.0	0～10	3	0.07	0～0.2	0.02	0.500
栽培地	14.0	100～3 500	650	9.10	0.4～12.0	1.00	14.00
沼泽和沼泽湿地	2.0	800～3 500	2 000	4.00	3～50.0	15.00	30.00
湖泊和河流	2.0	100～1 500	250	0.50	0～0.1	0.02	0.04

续表

生态系统类型	面积/10^9 km^2	净初级生产力/$g \cdot m^{-2} \cdot a^{-1}$		全球的净初级生产总量/10^9 $t \cdot a^{-1}$	生物量/$km \cdot m^{-2}$		全球生物量/10^9 t
		范围	平均		范围	平均	
大陆统计	149.0		773	115.00		12.30	1 840
大洋	332.0	2～400	125	41.50	0～0.005	0.003	1.000
上涌流区域	0.4	400～1 000	500	0.20	0.005～0.100	0.02	0.008
大陆架	26.6	200～600	360	9.60	0.001～0.040	0.01	0.270
海藻床或珊瑚礁	0.6	500～4 000	2 500	1.60	0.04～4.00	2.00	1.200
河口湾	1.4	200～3 500	1 500	2.10	0.01～6.00	1.00	1.400
海洋统计	361.0		152	55.00		0.01	3.9
全球统计	510.0		333	170.00		3.60	1 841.0

水体和陆地生态系统的生产量都有垂直变化，而且生态系统的初级生产量还会随群落的演替而变化。对初级生产效率的估计，可以一个最适条件下的光合效率为例，如在热带一个无云的白天或温带仲夏的一天。经过分析发现，大多数生态系统的净初级生产量都要低于最大光合效率的估计值，所以说，净初级生产力不是受光合作用固有的转化光能的能力所限制，而是受其他生态因素制约。

人们从 20 世纪 40 年代以来，对各生态系统的初级生产效率所做的大量研究而得到的结论也告诉我们：在自然条件下，总初级生产效率很难超过 3％，虽然人类精心管理的农业生态系统中曾经有过 6％～8％的记录。一般说来，在富饶肥沃的地区总初级生产效率可以达到 1％～2％；而在贫瘠荒凉的地区大约只有 0.1％；就全球平均来说，大概只有 0.2％～0.5％。

4.2.1.2　生态系统的次级生产

净初级生产量是生产者以上各营养级所需能量的唯一来源。从理论上讲净初级生产量可以全部被异养生物所利用，转化为次级生产量（如动物的肉、蛋奶、毛皮等）；但实际上，任何一个生态系统中的净初级生产量都可能流失到这个生态系统以外的地方去，或就是由于很多植物生长在动物所达不到的地方，根本就无法被利用。总之，对动物来说，初级生产量或因得不到，或因不可食，或因动物种群密度低等原因，总有相当一部分未被利用。而且即使是被动物吃进体内的植物，也有一部分通过动物的消化道排出体外，供腐食动物和分解者利用。食物被消化吸收的程度依动物的种类而大不相同。在被同化的能量中，有一部分用于动物的呼吸代谢和生命的维持，这一部分能最终将以热的形式消散掉，剩下的那部分才能用于动物的生长和繁殖，这就是我们所说的次级生产量。当一个种群的出生率最高和个体生长速度最快的时候，也就是这个种群次级生产量最高的时候，这时往往也是自然界初级生产量最高的时候。这种重合并不是巧合，而是自然选择长期起作用的结果，因为次级生产量是靠消耗初级生产量而得到的。次级生产量的一般生产过程概括于下面的图解中，如图 4—3 所示。

上述图解是一个普适模型，它可应用于任何一种动物，包括草食动物和肉食动物。肉食

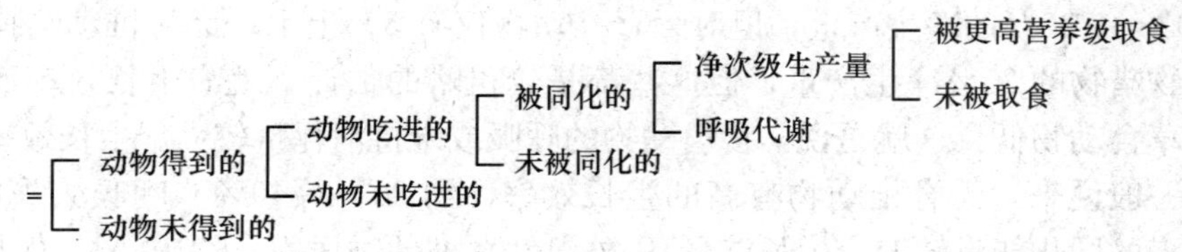

图 4—3　次级生产量的一般生产过程

动物捕到猎物后往往不是全部吃掉，而是剩下毛皮、骨头和内脏等。所以能量从一个营养级传递到另一个营养级时往往损失很大。对一个动物种群说，其能量收支情况可以用下列公式表示：

$$C = A + FU$$

式中　C——动物从外界摄取的能量，J；

　　A——被同化能量，J；

　　FU——粪、尿能量，J。

A 项又可分解如下：

$$A = P + R$$

式中　P——净次级生产量，J；

　　R——呼吸能量，J。

综合上述两式可以得到：

$$P = C - FU - R$$

各种生态系统中的食草动物利用或消费植物净初级生产量的效率是不相同的，具有一定的适应意义，在生态系统物种间协同进化上具有其合理性（见表 4—2）。

表 4—2　　几种生态系统中草食动物利用植物净生产量的比例

生态系统类型	主要植物及其特征	被捕食百分比/%
成熟落叶林	乔木，大量非光合生物量，世代时间长，种群增长率低	1.2～2.5
1～7 y 弃耕田	一年生草本，种群增长率中等	12
非洲草原	多年生草本，少量非光合生物量，种群增长率高	28～60
人工管理牧场	多年生草本，少量非光合生物量，种群增长率高	30～45
海洋	浮游植物，种群增长率高，世代短	60～99

这些资料可以说明：①植物种群增长率高、世代短、更新快，其被利用的百分比就较高；②草本植物的支持组织比木本植物的少，能提供更多的净初级生产量，以被食草动物所利用；③小型的浮游植物的消费者（浮游动物）密度很大，利用净初级生产量比例最高。如果生态系统中的食草动物将植物生产量全部吃光，那么，它们就必将全部饿死，原因是再没有植物来进行光合作用了。同样道理，植物种群的增长率越高，种群更新得越快，食草动物就能更多地利用植物的初级生产量。由此可见，上述结果是植物——草食动物的系统协同进化而形成的，它具有重要的适应意义。

对于肉食动物利用其猎物的消费效率，现有资料尚少。脊椎动物捕食者可能消费其脊椎动物猎物50%～100%的净生产量，但对无脊椎动物仅有5%上下；无脊椎动物捕食者可消费无脊椎动物猎物的25%净生产量，但这些都是较粗略的估计。就净生长效率而言，肉食动物反而比草食动物低。这就是说，食肉动物的呼吸或维持消耗量较大。生长效率还随动物类群而异，一般说来，无脊椎动物有高的生长效率，约30%～40%（呼吸丢失能量较少，因而能将更多的同化能量转变为生长能量）；外温性脊椎动物居中，约10%，而内温性脊椎动物很低，仅1%～2%，它们为维持恒定体温而消耗很多已同化的能量。因此，动物的生长效率与呼吸消耗呈明显的负相关。表4—3是各类动物的平均生长效率。个体最小的内温性脊椎动物，其生长效率是动物中最低的，而原生动物等个体小、寿命短、种群周转快，具有最高的生长效率。

表4—3　　各类群动物的生长效率

类群	生长效率（P_n/A_n）
食虫兽	0.86
鸟	1.29
小哺乳类	1.51
其他兽类	3.14
鱼和社会性昆虫	9.77
无脊椎动物（昆虫除外）	25.0
非社会昆虫	40.7

Lindeman效率大约是10%～20%，即通常所称的1/10法则。这个法则说明每通过一个营养级，其有效能量大约为前一营养级的1/10。这就是说，食物链越长，消耗于营养级的能量就越多。从这个意义上讲，人如果直接以植物为食品，就比以吃植物的动物（如牛肉）为食品，多供养10倍的人口。世界粮农组织统计富国人均直接谷物消耗低于穷国，但以肉乳蛋品为食品的粮食间接消耗量高于贫国数倍。缩短食物链的例子在自然界也有所见，如巨大的须鲸以最小的甲壳类为食。

4.2.2　能量流动

生态系统中能量以多种形式存在，主要有以下五种：①辐射能，来自光源的光量子以波状运动形式传播的能量，在植物光化学反应中起着重要的作用；②化学能，化合物中储存的能量，它是生命活动中基本的能量形式；③机械能，运动着的物质所含有的能量，动物能够独立活动就是基于其肌肉所释放的机械能；④电能，电子沿导体流动时产生的能量，电子运动对生命有机体的能量转化是非常重要的；⑤生物能，凡参与生命活动的任何形式的能量均称为生物能。此外，热能是众所周知的能量形式。热能在同一温度下是不能做功的。不同温度下，由高热区向低热区流动，称为热流。上述各种形式的能最终都要转化为热这一形式。

4.2.2.1　生态系统能量流动遵循热力学定律

能量是生态系统的动力，是一切生命活动的基础。一切生命活动都伴随着能量的变化。没有能量的转化，也就没有生命和生态系统。生态系统的重要功能之一就是能量流动，而热力学就是研究能量传递规律和能量形式转换规律的科学。能量在生态系统的传递和转化规律服从热力学的两个定律，即热力学第一定律和热力学第二定律。

由热力学第一定律可知，一个系统的能量发生变化，环境的能量也必然发生变化，如果系统的能量减少，环境的能量就要增加，反之亦然。对生态系统来说也是如此，例如，光合作用生成物所含有的能量多于光合作用反应物所含有的能量，生态系统通过光合作用所增加的能量等于环境中太阳辐射所减少的能量，但总能量不变。表现出来就是太阳能转化为潜能输入了生态系统，即太阳能被生态系统固定了。

热力学第二定律是表达有关能量传递方向和转换效率的规律。通俗地说就是在封闭系统中，一切过程都伴随着能量的改变。在能量的传递和转化过程中，除了一部分可以继续传递和做功的能量（自由能）外，总有一部分不能继续传递和做功，而以热的形式消散，这部分能量使系统的熵和无序性增加。对生态系统来说，当能量以食物的形式在生物之间传递时，食物中相当一部分能量转化为热而消散掉（使熵增加），其余则用于合成新的组织而作为潜能储存下来。所以动物在利用食物中的潜能时把大部分转化成了热，只把一小部分转化为新的潜能。因此，能量在生物之间每传递一次，一大部分的能量就被转化为热而损失掉，这也就是为什么食物链的环节和营养级数一般不会多于5～6个，以及能量金字塔必定呈尖塔形的热力学解释。

4.2.2.2　能量在生态系统中流动的特点

1）能流在生态系统中和物理系统中不同。在非生命的物理系统中，能流（电、热、机械等）是复杂的，但是从原则上说是有规律的，可以用直接的形式来表达，并且对一定的系统来说它是一个常数。例如，在一定的温度下，铜导线中的电流在每时每刻都是相同的；而在生态系统中，能流是变化的，以捕食者——被食者为例，能流（假定为捕食者所消化并转化为新的生物量）取决于输入端的消化率和输出端捕食者的新生物量产生速度的因素。无论是短期行为，还是长期进化都是变动的。

2）能量是单向流。生态系统能量的流动是单一方向的。能量以光能的状态进入生态系统后，就不能再以光的形式存在，而是以热的形式不断地逸散于环境之中。散失到环境的热不能再回到生态系统中参与流动。因为至今尚未发现以热能作为能源合成有机物的生物。

能流的单一方向性主要表现在三个方面：①太阳的辐射能以光能的形式输入生态系统后，通过光合作用被植物所固定，此后不能再以光能的形式返回；②自养生物被异养生物摄食后，能量就由自养生物流到异养生物体内，也不能再返回给自养生物；③就总的能流途径而言，能量只是一次性流经生态系统，是不可逆的。

3）能量在生态系统内流动的过程是不断递减的过程。从太阳辐射能到被生产者固定，再经植食动物，再到大型肉食动物，能量是逐级递减的过程。这是因为：①各营养级消费者不可能百分之百地利用前一营养级的生物量，两个营养级的能量利用率通常只有10%～20%；②各营养级的同化作用也不是百分之百的，总有一部分不被同化；③生物在维持生命过程中进行新陈代谢总是要消耗一部分能量。

各种研究表明：在生态系统能流过程中，能量从一个营养级到另一个营养级的转化效率大致是5%～30%之间。平均说来，从植物到植食动物的转化效率大约是10%，从植食动物到肉食动物的转化效率大约是15%。

4）能量在流动中质量逐渐提高。能量在生态系统中流动除有一部分能量以热能耗散外，另一部分的去向是把较多的低质量能转化成另一种较少的高质量能。从太阳能输入生态系统后的能量流动过程看，能量的质量是逐步提高的。

4.2.3 物质循环

生态系统中生命成分的生存和繁衍，除需要能量外，还必须从环境中得到生命活动所需要的各种营养物质。没有外界物质的输入，生命就停止，生态系统也将随之解体。物质还是能量的载体，没有物质，能量就会自由散失，也就不可能沿着食物链传递。所以，物质既是维持生命活动的结构基础，也是储存化学能的运载工具。生态系统的能量流和物质流紧密联系，共同进行，维持着生态系统的生长发育和进化演替。两者的关系如图 4—4 所示。

4.2.3.1 物质循环的基本概念

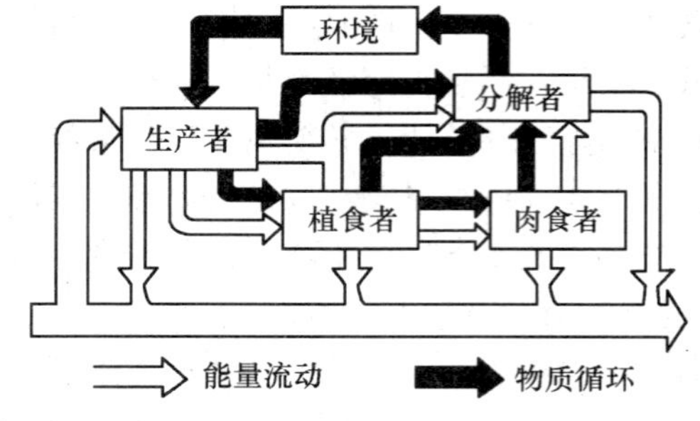

图 4—4 生态系统能量流动与物质循环的关系

生态系统从大气、水体和土壤等环境中获得营养物质，通过绿色植物吸收，进入生态系统，被其他生物重复利用，最后再归入环境中，称为物质循环，又称生物地球化学循环。

生态系统中物质循环研究通常用到的概念有库、流通率、周转率和周转时间。

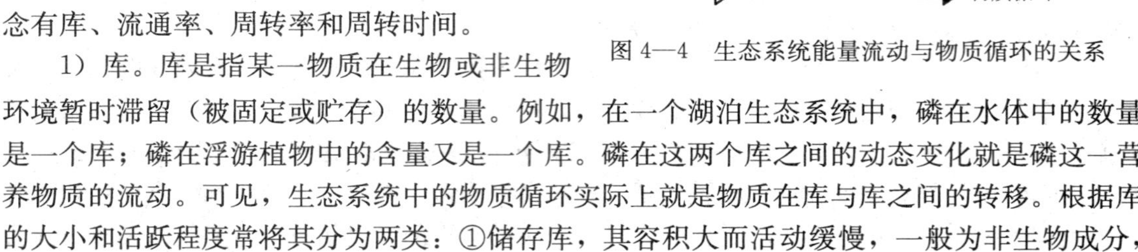

1）库。库是指某一物质在生物或非生物环境暂时滞留（被固定或贮存）的数量。例如，在一个湖泊生态系统中，磷在水体中的数量是一个库；磷在浮游植物中的含量又是一个库。磷在这两个库之间的动态变化就是磷这一营养物质的流动。可见，生态系统中的物质循环实际上就是物质在库与库之间的转移。根据库的大小和活跃程度常将其分为两类：①储存库，其容积大而活动缓慢，一般为非生物成分，如岩石或沉积物；②交换库或循环库，营养物质在生物和其环境之间进行迅速交换的较小而又非常活跃的部分，如植物库、动物库、土壤库等。

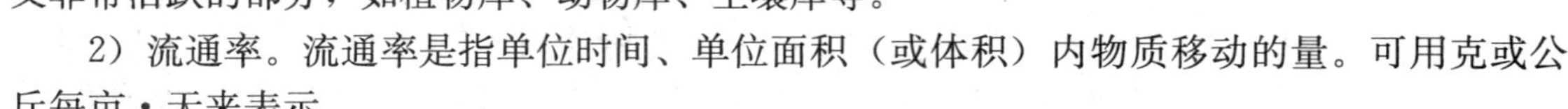

2）流通率。流通率是指单位时间、单位面积（或体积）内物质移动的量。可用克或公斤每亩·天来表示。

为了表示一个特定的流通过程对有关库的相对重发性，用周转率和周转时间来表示。

3）周转率。周转率就是出入一个库的流通率除以该库中的营养物质的总量。

$$周转率=\frac{流通率}{库中营养物质总量}$$

4）周转时间。周转时间就是库中的营养物质总量除以流通率。

$$周转时间=\frac{库中营养物质总量}{流通率}$$

周转时间表达了移动库中全部营养物质所需要的时间。

在物质循环中，周转率越大，周转时间就越短。如大气圈中二氧化碳的周转时间大约是 1 y 左右（光合作用从大气圈中移走二氧化碳）；而大气圈中水的周转时间为 10.5 d，也就是说，大气圈中的水分一年要更新大约 34 次。

影响物质循环的重要因素有：①循环元素的性质，即循环速率由循环元素的化学特性和被生物有机体利用的方式不同所致；②生物的生长速率，这一因素影响着生物对物质的吸收速度，以及物质在食物和食物链中的运动速度；③有机物分解的速率，适宜的环境有利于分解者的生存，并使有机体很快分解重新进入循环。

4.2.3.2 物质循环的类型

生物地球化学循环可分为三大类型，即水循环、气体型循环和沉积型循环。

1）水循环。生态系统中所有物质的循环都是在水循环的推动下完成的，因此，没有水的循环，也就没有生态系统的功能，生命也将难以维持。水循环是物质循环的核心。

水循环受太阳能、大气环流、洋流和热量交换所影响，通过蒸发冷凝等过程在地球上进行着不断的循环。降水和蒸发是水循环的两种方式，大气中的水汽以雨、雪、冰雹等形式落到地面或海洋，而地面上和海洋中的水又通过蒸发进入大气中。因此，水循环是由太阳能推动的，大气、海洋和陆地形成一个全球性水循环系统，并成为地球上各种物质循环的中心环节。

水的主要蓄库是海洋，而且地球上的降水量和蒸发量总体来说是相等的，但在不同的表面、不同的地区的降水量和蒸发量是不同的。一般来说，海洋的蒸发量和降水量都要高于陆地，但总体来说是平衡的。

生态系统中的水循环则包括截取、渗透、蒸发、蒸腾和地表径流。植物在水循环中起着重要作用，植物通过根吸收土壤中的水分。与其他物质不同的是进入植物体的水分，只有1%～3%参与植物体的建造并进入食物链，由其他营养级所利用，其余97%～98%通过叶面蒸腾返回大气中，参与水分的再循环。生物圈的水循环过程如图4—5所示。

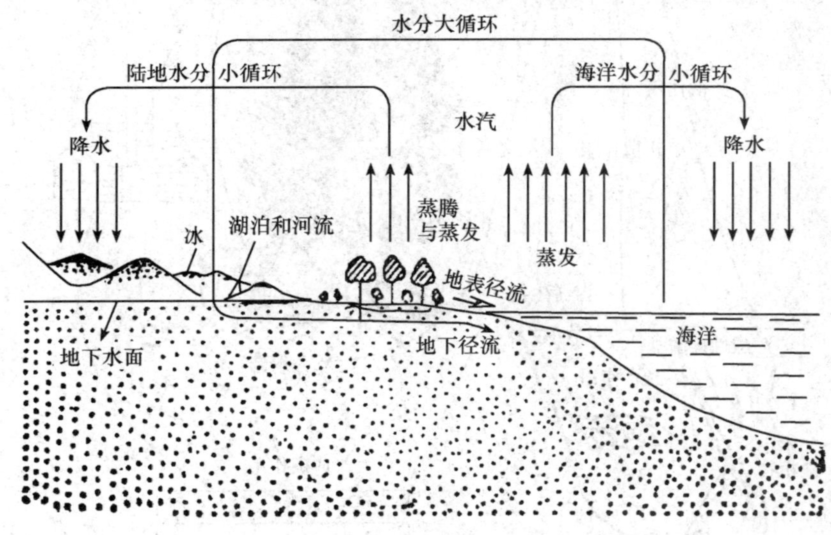

图4—5 生物圈的水循环示意图

2）气体型循环。在气体循环中，物质的主要储存库是大气和海洋，循环与大气和海洋密切相连，具有明显的全球性，循环性能量最为完善。凡属于气体型循环的物质，其分子或某些化合物常以气体的形式参与循环过程。属于这一类的物质有氧、二氧化碳、氮、氯、溴、氟等。气体循环速度比较快，物质来源充沛，不会枯竭。

下面简单介绍碳循环和氮循环。

碳的循环主要是在空气和水（以溶解二氧化碳和碳酸盐两种形式）与生物体之间进行

的。在这种循环中，碳迅速地周转着；但若与碳酸盐沉积物和有机化石沉积物中的含碳量相比，碳周转一次的总量是很小的。空气和水中的二氧化碳容易交换。水中的二氧化碳是溶解态的或与水结合成碳酸，碳酸再电离成氢离子和碳酸氢根离子。大气中每年约有 1×10^{12} t 的二氧化碳进入水中，同时水中每年也有相等数量的二氧化碳进入大气。

绿色植物借助光能吸收二氧化碳和水，进行光合作用，光合作用发生在陆地上和水域中。水生植物利用碳酸氢钠中的碳源进行光合作用。被植物固定成有机分子的碳又被动物、细菌和其他异养生物所消耗。这些生物又把呼吸的代谢产物二氧化碳和水排出体外。如果生物在腐败之前被保存在海洋、沼泽和湖泊的沉积物中，那么其中含有的碳就会在相当长的一段时间内脱离碳循环。呼出的二氧化碳被植物直接再利用，这就是碳循环的最简单形式。

陆地上的碳酸盐（主要碳酸钙）被缓慢地淋溶，并被水流带入海洋。但相反的过程也在进行，这就是碳酸盐沉降下来，形成海底沉积物。珊瑚虫和红藻从水中吸收二氧化碳，并形成不溶解的化合物，如珊瑚的骨骼。所有的这些交换会使各种循环的营养库趋于稳定，然而如果系统一旦发生变化，要恢复到原来的状况就需要很长的时间，如图 4—6 所示。

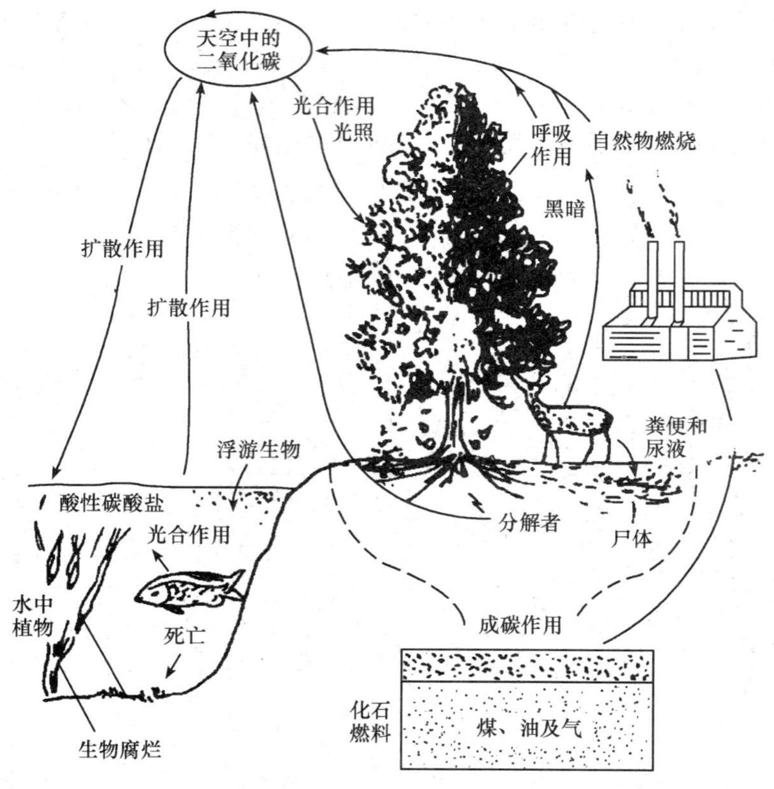

图 4—6　碳的循环

氮是蛋白质的基本成分，因此是一切生命结构的原料。大气中氮的含量占 78%左右，但它却不能被绿色植物直接利用，氮必须以铵离子、亚硝酸离子和硝酸离子形式才能被植物吸收。氮气转化成氨、硝酸盐和亚硝酸盐的过程叫硝化作用。自然界中的硝化作用是靠一些特殊类群的微生物来完成的。这些微生物有固氮菌、蓝绿藻和根瘤菌等，它们把氮气转变为氨，再把氨氧化成亚硝酸盐和硝酸盐，供给植物利用。进入植物体的硝酸盐和铵盐与植物体中碳结合，形成氨基酸，进而形成蛋白质和核酸，这些物质再和其他化合物共同组成植物有机体，当植物被消费者采食后，氮随之转入并结合在动物的机体中。动物和植物死后，有机体中的蛋白质被微生物分解成简单的氨基酸，进而被分解成氨、二氧化碳和水，返还到环境中去，这一过程叫做氨化过程。进入土壤中的氨可再一次被植物利用如图 4—7 所示。

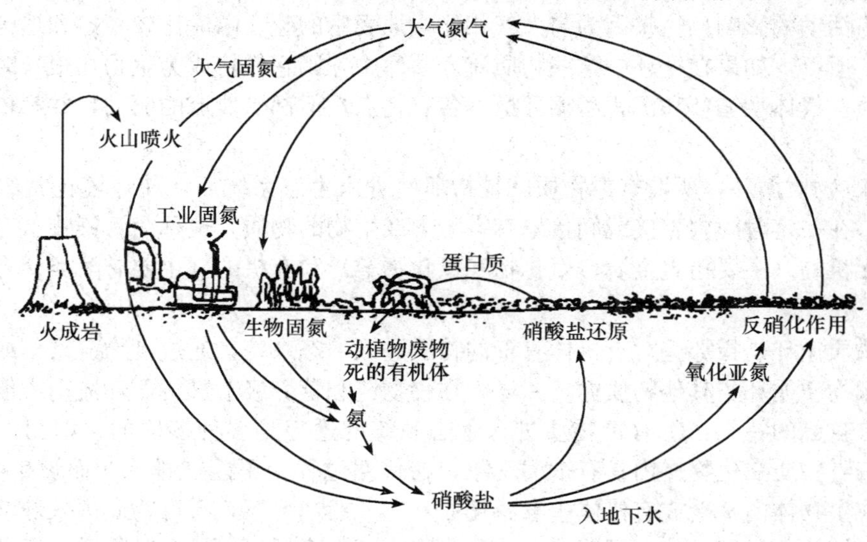

图 4—7 氮的循环

3）沉积型循环。沉积型循环的主要蓄库与岩石、土壤和水相联系，如磷、硫循环。沉积型循环速度比较慢，参与沉积型循环的物质，其分子或化合物主要是通过岩石的风化和沉积物的溶解转变为可被生物利用的营养物质。而海底沉积物转化为岩石圈成分则是一个相当长的、缓慢的、单向的物质转移过程，时间要以千年来计。这些沉积型循环物质的主要蓄库在土壤、沉积物和岩石中，而无气体状态。因此，这类物质循环的全球性不如气体型循环，循环性能也很不完善。属于沉积型循环的物质有：磷、钙、钾、钠、镁、锰、铁、铜和硅等，其中磷是较典型的沉积型循环物质，它从岩石中释放出来，最终又沉积在海底，转化为新的岩石。

磷是生物体不可缺少的重要元素，生物体中的能量物质腺苷三磷酸 ATP 和遗传物质——核酸（DNA 或 RNA）中都有磷的存在。磷在生态系统中的循环是很典型的沉积循环。大气中的磷主要来自磷酸盐岩石、有机体的尸体和有机废料而形成的有机磷酸盐。磷必须成为可溶性的磷酸盐而进入循环。它溶于水但不挥发，所以磷由于降水从岩石圈淋溶到水圈里，形成可溶性的磷酸盐，而被植物吸收。再经过一系列消费者利用，将其含磷的枯死物、废料、有机化合物归还到土壤。通过还原者一系列的分解作用，转变为可溶性磷酸盐，又供有机体用。生物体所需要的磷是比较大的，但是不溶性的磷酸盐，一般是留在土壤表层，常常被侵蚀而带入大海。因此许多地区磷含量很低，以致影响某些生态系统的发展。当它们进入大海后，就不能再参与陆地的循环了。但是被捕获起来的海鱼可将一部分的磷重返陆地，但数量很少。

生态系统的物质循环，在自然状态下一般处于稳定的平衡状态。也就是说，对于某一种物质，在各主要库中的输入和输出量基本相等。大多数气体型循环物质如碳、氧和氮的循环，由于有很大的大气蓄库，它们对于短暂的变化能够进行迅速地自我调节。例如，由于燃烧化石燃料，使当地的二氧化碳浓度增加，通过空气的运动和绿色植物光合作用对二氧化碳吸收量的增加，使其浓度迅速降低到原来水平，重新达到平衡。硫、磷等元素的沉积物循环则易受人为活动的影响，这是因为与大气相比，地壳中的硫、磷库比较稳定和迟钝，因此不易被调节。所以，如果在循环中这些物质流入蓄库中，则它们将成为生物在很长时间内不能利用的物质。气体型循环和沉积型循环虽然各有特点，但都受能流的驱动，并都依赖于水循环。

4）有毒物质循环。所谓有毒物质就是指那些进入生态系统后，使环境正常组成和性质发生变化，在一定时间内直接或间接地有害于人或生物的物质，也称为污染物。有毒物质包括两类：无机的（主要指重金属、氟化物和氰化物等）和有机的（主要有酚类、有机氯农药等）。

有毒物质循环是指那些对有机体有毒的物质进入生态系统，通过食物链富集或被分解的过程。有毒物质循环与其他物质循环一样，在食物链和营养级上进行循环流动。但有毒物质循环也具有自己的特点：①有毒物质进入生态系统的途径是多种多样的，如图 4—8 所示；②大多数有毒物质在生物体内具有浓缩现象，在代谢过程中不能被排除，而被生物体同化，长期停留在生物体内，造成有机体中毒、死亡；③一般情况下，有毒物质进入环境，会经历一些迁移和转化的过程，从而可能使一些有毒物质毒性降低，而另一些物质的毒性则可能增加（例如汞的生物甲基化等）。

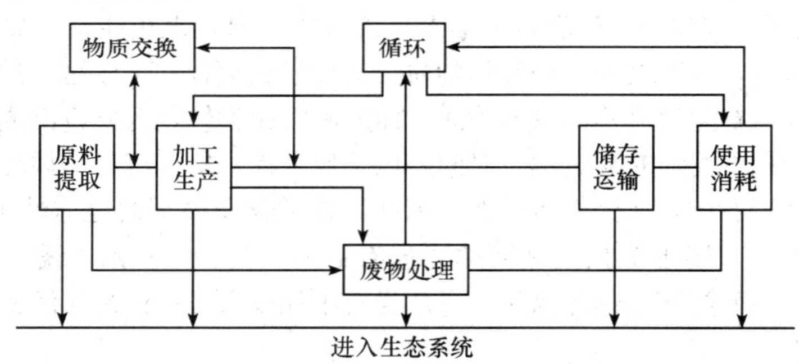

图 4—8　有毒物质进入生态系统的主要途径

与大量元素相比，尽管有毒物质数量小，但随着人类对环境的影响越来越大，向环境中排放的物质和种类仍在增加。它对生态系统各营养级的生物的影响也与日俱增，甚至已引起生态灾难，因此，要重视对有毒物质循环的研究与控制。

4.2.4　信息传递

生态系统的功能除了体现在生物生产过程、能量流动和物质循环以外，还表现在系统中各生命成分之间存在着信息传递。信息是生态系统的基本功能之一，在传递过程中伴随着一定的物质和能量的消耗。但是信息传递不像物质流那样是循环的，也不像能流那样是单向的，而往往是双向的。有从输入到输出的信息传递，也有从输出向输入的信息反馈。按照控制论的观点，正是由于这种信息流，才使生态系统产生了自动调节机制。

信息一词源于通信工程科学，通常是只包含在情报、信号、消息、指令、数据、图像等传播形式中新的知识内容。生态系统中，环境就是一种信息源。例如在森林生态系统中，射入的阳光给植物光合作用带来了能量，同时也带进了信息——一年四季及昼夜日照变化；流入森林的河流滋润着土壤，并带来了外界的各种养分，同时河水的涨落、水中养分的变化也都给森林带进了信息。这些信息主要从时间不均匀性上体现出来。

生态系统中包含多种多样的信息，大致可以分为物理信息、化学信息、行为信息和营养信息。

4.2.4.1 物理信息及其传递

生态系统中以物理过程为传递形式的信息称为物理信息，生态系统中的各种光、声、热、电、磁等都是物理信息。动物的求偶行为、恐吓、报警行为等都与物理信息有关。例如，鸟类在繁殖季节常伴有鲜艳色彩的羽毛或其他的奇特装饰以及美妙动人的鸣叫等，各种“特长”都在求偶时尽情显露等都是物理信息；某些鸟的迁徙，在夜间是靠天空间星座确定方位的，这就是借用了其他恒星所发出的光信息；动物更多的是靠声信息确定食物的位置或发现敌害的存在；据研究，在磁场异常地区播种小麦、黑麦、玉米、向日葵及一年生牧草，其产量比正常地区低；动物对电也很敏感，特别是鱼类、两栖类，皮肤有很强的导电力，其中组织内部的电感器灵敏度更高。

4.2.4.2 化学信息及其传递

生态系统的各个层次都有生物代谢产生的化学物质参与传递信息、协调各种功能，这种传递信息的化学物质通称为信息素。信息素虽然量不多，却涉及从个体到群落的一系列活动。化学信息是生态系统中信息流的重要组成部分。

1）动物和植物间的化学信息。植物的气味是由化合物构成的。不同的动物对气味有不同的反应，蜜蜂取食和传粉，除与植物花的香味、花粉和蜜的营养价值紧密相关外，还与许多花蕊中含有昆虫的性信息素成分有关。可见植物吸引昆虫的化学性质，正是昆虫应用的化学信号。事实上，除一些昆虫外，差不多所有哺乳动物，可能还有鸟类和爬行类，都能鉴别滋味和识别气味；有些植物体内还含有某些激素可以抵御害虫的进攻，如有些金丝桃属植物能分泌一种引起光敏性和刺激皮肤的化合物——海棠素，使误食的动物变盲或致死，故多数动物避开这种植物。

2）动物之间的化学信息。动物通过外分泌腺体向体外分泌某些信息素，它携带着特定的信息，通过气流或水流的运载，被种内的其他个体嗅到或接触到。接受者能立即产生某些行为反应，或活化了特殊的受体，产生某种生理改变。动物可利用信息素作为种间、个体间的识别信号，还可用信息素刺激性成熟和调节生殖率。哺乳动物释放信息素的方式，除由体表释放到周围环境为受纳动物接受外，还可将信息素寄存到一些物体或生活的基质中，建立气味标记点，然后再释放到空气中被其他个体接纳。如猎豹和猫科动物有着高度特化的尿标志的结构，它们总是仔细观察前兽留下来的痕迹，并由此传达时间信息，避免与栖居同一地区的对手相互遭遇。某些高等动物以及社会性及群居性昆虫，在遇到危险时，能释放出一种或数种化合物作为信号，以警告种内其他个体有危险来临。这类化合物叫做报警信息素。有些动物在遭到天敌侵扰时，往往会迅速释放报警信息素，通知同类个体逃避。如七星瓢虫捕

要体现在以下六个方面：

4.3.2.1　生态能量学特征

幼年期生态系统的能量学特征具有“幼年性格”。如幼年期生态系统总生产量 P/群落呼吸量 $R>1$，而成熟稳定的生态系统中 P/R 接近于1。由此可见，P/R 比率是表示生态系统发育状况的功能性指标。在发展早期，如果 R 大于 P 被称为异养演替；相反，如果早期的 P 大于 R，也就称为自养演替。但是从理论上讲，上述两种演替中，P/R 比率都随着演替发展而接近于1。换言之，在成熟的生态系统中，固定的能量与消耗能量趋向平衡。

4.3.2.2　食物网特征

幼年期生态系统的食物链结构简单，往往是直线的，随后发展成为以放牧食物链为主。到成熟期，食物网结构十分复杂，大部分以腐食食物链为途径。成熟系统复杂的营养结构，使它对于物理环境的干扰具有较大的抵抗能力。这也是处于平衡的动态系统自我调节能力的表现。

4.3.2.3　营养物质循环特征

在生态系统发展的过程中，主要的营养物质，如：氮、磷、钾、钙，当生态系统中生物地球化学循环向着更加稳定的方向发展，成熟系统具有更大的网络和保持住营养物质的功能。也就是说，成熟期生态系统的营养结构更趋于“闭环式”，即系统内部自我循环能力强。其功能表现就是营养物质丧失量少，输入量和输出量接近平衡。

4.3.2.4　群落结构的特征

在演替过程中，一般认为物种多样性趋向于增加，某一物种或少数类群占优势的情形减少，即均匀性有增加的趋势。但到达顶极时期，多样性指数可能有所下降，物种多样性增加，营养结构复杂化，种间竞争更为激烈，导致生态分化，物种生活史更为复杂化。有机化合物多样性增加，不仅表现在生物量上，而且有机代谢物在调节生态系统组成和稳定上发挥重要作用，它可使系统的各种反馈和相克机制及信息量增多。生物多样性是生态系统进化所需要的。

4.3.2.5　选择压力

实际上这是生态系统发育过程中种群的生态对策问题。幼年期生态系统的生物群落与其环境之间的协调性较差，环境条件变化剧烈。与之相适应的是，栖息的各类生物种群以具有高生殖潜力的物种为多。相反，当生态系统发育到成熟期后，生态条件比较稳定，因而对高竞争力的物种有利。因此，有的学者提出，量的生产是幼年期生态系统的特征，而质的生产和反馈能力的增强是成熟期生态系统的标志，也是生态系统保持平衡的重要条件。

4.3.2.6　稳态

成熟期的生态系统的稳态主要表现为系统内部的生物间相互联系或内部共生关系发达，保持营养物质能力的提高，对外界干扰抵抗力较大和具有较大的信息量和较低的熵值。这是生态系统发育到成熟期后在结构和功能上高度发展和协调的结果。

4.3.3　生态失衡的原因

各类生态系统，当外界施加的压力（自然的或人为的）超过了生态系统自身调节能力或代偿功能后，都将造成其结构破坏、功能受阻，正常的生态关系被打乱以及反馈自控能力下降等，这种状态称之为生态平衡失调。

引起生态平衡失调的自然因素主要有火山喷发、海陆变迁、雷击火灾、海啸地震、洪水和泥石流以及地壳变动等。这些因素对生态系统的破坏是严重的，甚至可使其彻底毁灭，并具有突发性的特点。但这类因素常是局部的，出现的频率并不高。在人类改造自然界能力不断提高的当今时代，人为因素对生态平衡的破坏而导致的生态平衡失调是最常见、最主要的。这些影响通常是在伴随着人类生产和社会活动而同时产生的，并非是人类对生态系统的故意“虐待”。如农业生产上为防治害虫而施用了大量农药；工厂在产品生产的同时排放了大量的各类污染物；森林大面积开采；牧业发展带来的过度放牧所导致的草场退化；大型水利工程兴建所获得的经济效益与同时可能产生的生态影响等。人为因素的影响往往是渐进的、长效应的，破坏性程度与作用时间及作用强度紧密相关。可见，无论是生态系统结构的破坏或功能受阻都能引起生态系统平衡的失调。结构破坏可导致功能的降低，功能的衰退也能使系统的结构解体。

生态平衡失调的基本标志可以从结构和功能两个方面进行度量。

4.3.3.1 平衡失调的结构标志

生态系统的结构可从另外一种角度划分为两级结构水平：一级结构水平是指生态系统四个基本成分中的生物成分，即生产者、消费者和分解者；二级结构水平是指组成一级结构的划分及其特征，如生物的种类组成、种群和群落层次及其变化特征等。平衡失调的生态系统从结构上讲就是出现了缺损或变异。当外部干扰巨大时，可造成生态系统一个或几个组分的缺损而出现一级结构的不完整。如大面积的森林采伐就是典型例子，它不仅可使原有生产者层次的主要种类从系统中消失，而且各级消费者也因栖息地的破坏而被迫迁移或消失，系统内的变化也非常激烈。当外部干扰还不甚严重时，如林业中的择伐、轻度污染的水体等，都可使生态系统的二级结构产生变化。二级结构的变化包括物种组成比例的改变、种群数量的丰度变化；群落垂直分层结构减少等。这些变化又会直接造成营养关系的破坏，包括分解者种群结构的改变，进而引起生态系统的功能受阻或功能下降。

4.3.3.2 生态平衡失调的功能标志

生态系统平衡失调在功能上的反映就是能量流动在系统内的某一个营养层次上受阻或物质循环正常途径的中断。能流受阻表现为初级生产者第一性生产力下降和能量转化效率降低或“无效能”增加。营养物质循环则表现为库与库之间的输入与输出的比例失调。如水域生态系统中悬浮物的增加，可影响水体藻类的光合作用；重金属污染可抑制藻类的某些生理功能。有些污染虽不能使生产者第一性生产量减少，但却会因生境的不适宜或饵料价值的降低使消费者的种类或数量减少，造成营养层次间能量转化和利用效率的降低。例如，热污染水体因增温，使蓝、绿藻种类和数量明显增加。就初级生产力而言，除极端情况（高温季节）外均有所提高，但因鱼类对高温的回避或饵料质量的下降，鱼产量并不增高，在局部时空出现了大量的“无效能”。这是食物链关系被打乱的结果。

物质循环途径的中断是目前许多生态系统平衡失调的主要原因。这种中断有的是由于分解者的生境被污染而使其大部分丧失了分解功能，更多的则是由于破坏了正常的循环过程。如农业生产中作物秸秆被用作燃料、草原上的枯枝落叶被人工捡回做烧柴等。物质输入输出比例的失调是使生态系统物质循环功能失调的重要因素。如某些污染物的排放超过了水体的自净能力而积累于系统之中。这些物质的不断释放又反过来危害着系统正常结构的恢复。汞污染就是一个很典型的例子。

4.3.4 生态平衡的调节机制

生态系统平衡的调节主要是通过系统的反馈机制、抵抗力和恢复力实现的。

4.3.4.1 反馈机制

反馈可分为正反馈和负反馈，两者的作用是相反的。生物的生长，种群数量的增加等均属正反馈。要使系统维持稳态，只有通过负反馈机制。这种反馈就是系统的输出变成了决定系统未来功能的输入。在种群数量调节中，密度制约作用是负反馈机制的体现。负反馈调节作用的意义就在于通过自身的功能减缓系统内的压力以维持系统的稳定。后备力也与生态系统平衡的调节有关。它是指同一生物群落中具有同样生态功能的物种的多少。在正常情况下，这些物种中仅有一个履行着同一功能的主要职能，其他的则显然并不那么重要或作用不明显。但它们是系统内储存的“备件”，一旦环境条件发生变化，它们可起到替代作用，从而保证系统结构的相对稳定和功能的正常进行。这些“备件”的存在实际上是系统反馈环节的增加。因此，后备力可看做系统反馈机制复杂和完善与否的一种结构上的标志。

4.3.4.2 抵抗力

抵抗力是生态系统抵抗外干扰并维持系统结构和功能原状的能力，是维持生态平衡的重要途径之一。抵抗力与系统发育阶段状况有关，其发育越成熟，结构越复杂、抵抗外干扰的能力就越强。例如，我国长白山红松针阔混交林生态系统，生物群落垂直层次明显、结构复杂，系统自身储存了大量的物质和能量，这类生态系统抵抗干旱和虫害的能力要远远超过结构单一的农田生态系统。环境容量、自净作用等都是系统抵抗力的表现形式。

4.3.4.3 恢复力

恢复力是指生态系统遭受外干扰破坏后，系统恢复到原状的能力。如污染水域切断污染源后，生物群落的恢复就是系统恢复力的表现。生态系统恢复能力是由生命成分的基本属性决定的，即由生物顽强的生命力和种群世代延续的基本特征所决定。所以，恢复力强的生态系统，生物的生活世代短，结构比较简单。如杂草生态系统遭受破坏后恢复速度要比森林生态系统快得多。生物成分（主要是初级生产者层次）生活世代长，结构越复杂的生态系统，一旦遭到破坏则长期难以恢复，但就抵抗力的比较而言，两者的情况却完全相反。恢复力越强的生态系统其抵抗力一般比较低，反之亦然。

生态系统对外界干扰具有调节能力才使之保持了相对的稳定，但是这种调节能力不是无限的。生态平衡失调就是外干扰大于生态系统自身调节能力的结果和标志。不使生态系统丧失调节能力，或未超过其恢复力的外干扰及破坏作用的强度称之为“生态平衡阈值”。阈值的大小与生态系统的类型有关。另外，还与外干扰因素的性质，方式及作用持续时间等因素密切相关。生态平衡阈值的确定是自然生态系统资源开发利用的重要参量，也是人工生态系统规划与管理的理论依据之一。

4.4 生态系统的干扰与恢复

4.4.1 干扰的特征、类型及主要形式

干扰是自然界的普遍现象，就其字面含义而言，是指平静的中断，正常过程的打扰或妨碍。在经典生态学中，干扰被认为是影响生物群落结构和演替的重要因素。从生态因子角度考虑，“干扰”较普遍和典型的定义是群落外部不连续存在、间断发生的因子的突然作用或连续存在因子超“正常”范围的波动。这种作用或波动能引起有机体、种群或群落发生全部或部分明显变化，使其结构和功能受到损害或发生改变。

4.4.1.1 干扰的特性

干扰具有如下特性：

1）干扰具有多重性。干扰的一般性质见表 4—4。

表 4—4　干扰的一般性质

干扰的性质	含义
分布	空间分布包括地理、地形、环境、群落梯度
频率	一定时间内干扰发生的次数
重复间隔	频率的倒数，从本次干扰发生到下一次干扰发生的时间长短
周期	与上述同
预测性	由干扰的重复间隔的倒数来测定
面积及大小	受干扰的面积，每次干扰过后一定时间内景观被干扰的面积
规模和强度	干扰时间对格局与过程或生态系统结构与功能的影响程度
影响度	对生物有机体、群落或生态系统的影响程度
协同性	对其他干扰的影响（如火山对干旱，虫害对树木）

2）干扰具有较大的相对性。自然界中发生的同样事件，在某种条件下可能对生态系统形成干扰，在另外一种环境条件下可能是生态系统的正常波动。是否对生态系统形成干扰不仅仅取决于干扰的本身，同时还取决于干扰发生的客体。

3）干扰具有明显的尺度性。由于研究尺度的差异，对干扰的定义也有较大差异。如生态系统内部病虫害的发生，对于种群来说，可能是一种严重的干扰行为；但从生态系统的尺度看，病虫害则不是干扰而是一种正常的生态行为。同理，对于生态系统成为干扰的事件，在景观尺度上可能是一种正常的扰动。

4）干扰是对生态演替过程的再调节。通常情况下，生态系统沿着自然的演替轨道发展。在干扰的作用下，生态系统的演替过程发生加速或倒退，干扰成为生态系统演替过程中的一个不协调的小插曲。干扰的这种属性具有较大的主观性，主要取决于人类如何认识生态系统的发育过程。

5）干扰是不协调的。干扰扩散的结果可能导致景观内部异质性提高，未能与原有景观格局形成一个协调的整体。这个过程会影响到干扰景观中各种资源的可获取性和资源结构的

重组，其结果是复杂的、多方面的。

6）干扰在时空尺度上具有广泛性。干扰反映了自然生态演替过程的一种自然现象，对于不同的研究客体，干扰的定义是有区别的，但干扰存在于自然界的各个尺度的各个空间。

4.4.1.2 干扰的类型

可以从不同的角度对干扰的类型进行划分，最常用的有以下几种划分方法：

1）按干扰动因划分可分为自然干扰和人为干扰。自然干扰是指来自不可抗拒的自然力的干扰作用。自然干扰又可分为物理因素和生物因素。物理因素主要有火烧、冰雹、风暴、雪压和雪暴、洪水、大潮汐、降水变化等；生物因素有捕食或放牧，伤害或取代其他有机体的非捕食行为以及生态系统中大型食肉动物的消失所导致的草食动物的压力减轻，进而造成植被动态过程的深刻变化等。而人为干扰是区别于自然干扰的另一种主要干扰方式，是指由于人类生产、生活和其他社会活动形成的干扰体对自然环境和生态系统施加的各种影响。在这两种类型的干扰中，人为干扰无论从伤害强度、作用范围、持续时间还是发生频率、潜在危害、诱发性等方面，都常常高于自然干扰。

2）按干扰的来源可分为内源干扰和外源干扰。内源干扰是指由内源因子对系统发生的作用。内源干扰是在相对静止的长时间内发生的小规模干扰，对生态系统演替起到重要作用。外源干扰的动因源于系统外部，强烈的火灾、风暴和人为砍伐、放牧等都属于生态系统的外源干扰。外源干扰的影响与生态系统自身特点有关，干扰作用的利害也是多方面的。

3）按干扰性质划分为破坏性干扰和增益性干扰。多数自然干扰和人为干扰会寻致生态系统正常结构的破坏、生态平衡的失调和生态功能的退化，有时候甚至是毁灭性的。干扰并不总是对生态系统的一种破坏行为。从生物意义上讲，有些干扰也是积极的，甚至是必要的。根据中等干扰假说，适度的干扰可以增加生态系统的生物多样性，而生物多样性的增加往往又有益于生态系统稳定性的提高。

4）依据干扰的形成机制可以分为物理干扰、化学干扰和生物干扰。物理干扰，如森林退化引起的局部气候变化，土地覆被减少引起的土壤侵蚀、土地沙漠化等；化学干扰，如土地污染、水体污染以及大气污染引起的酸雨等；生物干扰主要为病虫害爆发、外来种入侵等引起的生态平衡失调和破坏。

5）根据干扰传播特征，可以将干扰分为局部干扰和跨边界干扰。前者指干扰仅在同一生态系统内部扩散，后者是可以跨越生态系统边界扩散到其他类型的斑块。

4.4.1.3 人为干扰的主要形式

人为干扰对生态系统产生的效应和表现形式是多种多样的，人为干扰体已经被认为是驱动种群、群落和生态系统演化的动力。人类对生态系统干扰的形式和途径都很多，它们的表现形式也多种多样，人类对生态系统的干扰主要有以下几种方式：

1）对森林和对草原植被的砍伐与开垦。人类的这种干扰对自然环境构成危害，始于大约一万多年前的早期农业并持续到现在。这种干扰导致一系列生态环境问题的发生，如森林被大量砍伐后，不仅导致森林植被的退化，加剧水土流失，区域环境变化，而且还会因此造成许多生物生境的破坏，生物多样性的丧失等。

2）污染。人类向自然环境排放了大量的生活垃圾、工业垃圾、农药以及各种对环境有毒害性的污染物，这是人类社会不断发展后，对自然生态系统的另一种最主要的直接干扰方式。

3）采集。据统计，全球80%的人口依赖于传统医药，传统医药的85%与野生动植物有关。所以一些经济、药用及珍稀野生生物资源自古以来就被人们大肆掠夺式采集，甚至造成一些物种的灭绝。因此，采集是人类对自然生态系统长期施加的一种直接干扰。

4）采樵。这也是不可忽视的一种干扰方式。在这种干扰中，人们的重要目的是为了满足对能源的需求，对生态系统造成的影响则是破坏了物质循环的正常进行。

5）狩猎和捕捞。狩猎是一种特殊的干扰方式，历史上人类曾以此作为为生的手段之一。人类以经济和食用为目的的非计划性狩猎，尤其是对种群数量很少的濒危动物的捕杀，将会严重破坏动物种群的生殖和繁衍，甚至造成物种灭绝；人类对水生生物资源的适度捕捞，可保持水产品的持续利用。

4.4.2 退化生态系统的成因、类型及其特征

4.4.2.1 退化生态系统的成因

退化生态系统是相对于健康生态系统而言的，是一类“病态”生态系统。退化生态系统是指生态系统在自然或人为干扰下形成的偏离自然状态的系统。

生态系统退化的原因是多方面的，自然干扰和人为干扰是生态系统退化的两大触发因子。自然干扰是一些天文因素变异而引起的全球环境变化，以及地球自身的地质地貌过程和区域气候变异；人为因素主要包括人类社会中所发生的一系列的社会、经济、文化活动或过程。人为干扰往往是叠加在自然干扰之上，共同加速生态系统的退化，而且生态系统退化的方向与程度是由干扰的类型、强度和频率所决定的。

4.4.2.2 退化生态系统的类型

根据退化过程及生态学特征，退化生态系统可分为不同的类型。常见的退化生态系统类型有以下7种：

1）裸地。裸地或称为光板地，通常是极端的环境条件，如较为潮湿，或较为干旱，或盐渍化程度较深，或缺乏有机质甚至无有机质，或基质移动性强等。裸地可分为原生裸地和次生裸地两种。原生裸地主要是自然干扰所形成的，而次生裸地则多是人为干扰所造成的。

2）森林采伐迹地。森林采伐迹地是人为干扰形成的退化类型，其退化状态随采伐强度和频度而异。自1980年以来，全球森林在不断减少，而且速度也越来越快，目前世界原始森林已有2/3消失。

3）弃耕地。弃耕地是人类原始农耕方式造成的一种退化类型。这种退化类型也是相对于自然生态状态而言的。从生态系统演替意义上讲，这类退化生态系统有双重性。一是它的可恢复性强，再有就是在农业生产水平发展到一定程度后、弃耕地的增多是积极的，它为区域整体生态环境的改善提供了基本条件。

4）沙漠及荒漠化。沙漠可由自然干扰或人为干扰而形成。这里讲的沙漠，是指在一些干旱地区，由于人为干扰所出现的沙漠化或原沙漠区向非沙漠区的推进。沙漠化是目前世界性的环境问题。所谓荒漠化，则是指在干旱、半干旱地区和一些半湿润地区，生态环境遭到破坏，造成土地生产力衰退或丧失而形成荒漠或类似荒漠的过程。按照现在的发展速度，未来20年内全世界将有1/3的耕地会因沙漠化或荒漠化而消失。我国已成为世界荒漠化面积最大、分布最广、受害最严重的国家之一。

5）采矿废弃地。采矿废弃地是指因采矿活动被破坏、不经治理而无法使用的土地。

6）垃圾堆放场。圾堆放场或堆埋场，主要是家庭、城市、工业等垃圾或遗弃废物堆积的地方，对生态环境的影响不仅仅是对耕地的占用，更为严重的是对生活环境的污染，包括对大气、地下水等的污染。

7）污染的水域。主要是来自未经处理的生活和工业污水，直接排放到自然水域中的人为干扰。其结果是使水源的质量下降，水域的功能降低，包括对水中生物生长、发育和繁殖的危害，甚至使水域丧失饮用水的功能。

4.4.2.3 退化生态系统的特征

从生态学角度分析，退化生态系统的特征主要有以下表现形式：

1）物种组成发生变化。与原有的自然组成相比，退化生态系统中的生物物种在组成方面发生明显的变化。这种变化程度又因不同地区的环境条件，不同的生物类型，不同的物种种源，不同种类的繁殖更新方式，不同的破坏或干扰类型及强度而有差别。这种变化贯穿于整个生物群落演替过程的始终。

2）群落结构变化。生物群落是一个不断的运动变化着的体系，通常这种运动变化是有规律的，有时候甚至是有一定的顺序性的，即从一个群落经过一系列的演变阶段，而进入到另一个群落。受外界强大因子的干扰，原有植物群落的结构会发生重大的变化，使群落的演替发生改变，而且在相同的干扰下，不同的群落对干扰的反应可能不同。

3）生态系统生产力变化。根据结构与功能统一的原则，受损生态系统物种组成和结构的变化，必然会导致能流和物流的改变。受植物群落结构变化的影响，通常生态系统的生产力表现出明显的下降。植被遭到破坏后，使系统内的初级生产力降低，进而影响到次级生产力的下降。

4）土壤和小环境变化。土壤是指植被下发育的土壤，土壤退化较严重的现象有土壤侵蚀、地力衰退、土壤荒漠化、土壤盐渍化、泥石流等，这些现象基本上都与植被的消退有关。土壤的这种损失对以后生态系统的恢复甚至区域整体环境的影响是极其深刻的。退化系统的大面积出现，还可能影响小气候，甚至区域性气候。

5）生物之间生态关系变化。在稳定的群落中，生物之间的关系是处于一种稳定的，动态平衡的关系。物种的种类，数量都相对较为固定。在生态系统受到破坏后，打破原有的固定关系被，使生态系统内部生物之间的关系发生变动，包括动物与动物、动物与植物、植物与植物以及微生物之间的关系。

4.4.3 恢复生态学及其基本理论

4.4.3.1 恢复生态学

如何保护与合理开发利用现有的自然生态资源，综合整治与恢复因受人类干扰而退化的生态系统，依据生态学原理设计和建设一些可持续利用的人工生态系统，已成为摆在人类面前的重要课题。在这种背景下，恢复生态学应运而生。

恢复生态学是一门关于生态恢复的学科，它具有理论性和实践性。恢复生态学的基本理论主要包括自我设计与人为设计理论、生态学理论和生态恢复理论，其中生态恢复理论是最主要的基本理论。

4.4.3.2 生态恢复的原则

退化生态系统的恢复与重建，要在遵循自然规律的基础上，根据“技术上适当，经济上可行，社会能够接受”的原则，使受损或退化生态系统重构或再生。生态恢复与重建的原则一般包括自然法则、社会经济技术原则、美学原则三个方面。自然法则是生态恢复与重建的基本原则，只有遵循自然规律的恢复重建才是真正意义上的恢复与重建，否则只能是背道而驰，事倍功半。社会经济技术原则是生态恢复重建的后盾和支柱，在一定尺度上制约着恢复重建的可能、水平与深度。美学原则是指退化生态系统的恢复重建要给人以美的享受，实现整体的和谐。

4.4.3.3　生态恢复的机理

恢复生态学中占主导的思想是通过排除干扰、加速生物组分的变化和启动演替过程，使退化的生态系统恢复到某种理想的状态。在这一过程中，首先是建立生产者系统（主要指植被），由生产者固定能量，并通过能量驱动水分循环，水分带动营养物质循环。在生产者系统建立的同时或稍后再建立消费者、分解者系统和微生境。退化生态系统恢复和重建的可能发展方向一般要包括：退化前状态、持续退化、保持原状、恢复到一定状态后退化、恢复到介于退化与人们可接受状态间的替代的状态或恢复到理想状态等几个阶段和过程，如图 4—9 所示。

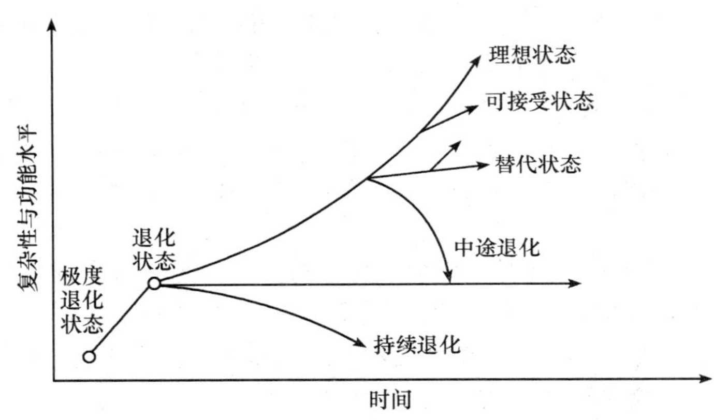

图 4—9　退化生态系统恢复的方向

Hobbst Norton（1996）提出了一个临界阈值理论，如图 4—10 所示。该理论假设生态系统有 4 种可选择的稳定状态，状态 1 是未退化的，状态 2 和状态 3 是部分退化的，状态 4 是高度退化的。在不同胁迫或同种胁迫不同强度压力下，生态系统可从状态 1 退化到状态 2 或状态 3；当去除胁迫时，生态系统又可从状态 2 和状态 3 恢复到状态 1。但从状态 2 或状态 3 退化到状态 4 要越过一个临界阈值，反过来，要从状态 4 恢复到状态 2 或状态 3 时非常难，通常需要大量的投入。

4.4.3.4　生态恢复的标准

生态恢复与重建成功与否的判断标准，既是恢复生态学的重要理论问题，也是生态恢复的实践需要，然而，这还是个仍在探讨和完善中的问题。国际恢复生态学会建议比较恢复系统与参照系统的生物多样性、群落结构、生态系统功能、干扰体系以及非生物的生态服务功能。Bradsaw（1987）提出可用如下 5 个标准判断生态恢复：

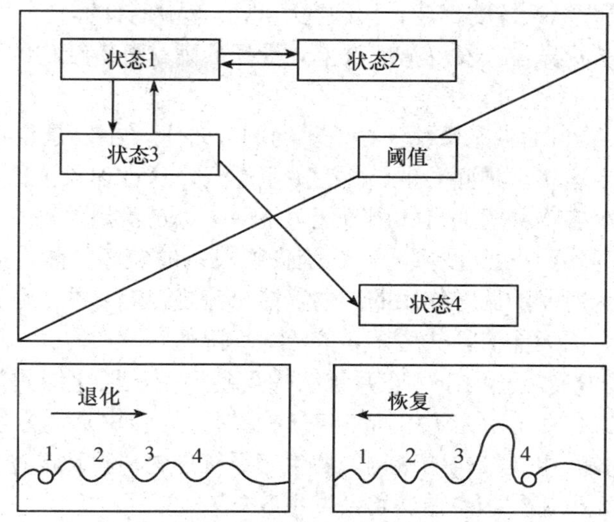

图 4—10　退化生态系统恢复的临界阈值理论

1）可持续性（可自然更新）。实际上，这是指生物群落自身的代谢能力，所以它也是生物群落生命力和演替发展能力的本质所在。

2）不可入侵性（像自然群落一样能抵制入侵）。它反映的是生物群落内不同物种之间生态关系的和谐和稳定，不可入侵性强，表明生态恢复过程中，群落结构设计的合理性和演替的顺利。

3）生产力（与自然群落一样高）。它既是系统健康的标志，也是生态系统发育阶段的标志。

4）营养保持力。这是衡量生态系统是否实现良性循环的重要标志。它的生态学意义是生物群落自身是否在结构和功能上具有维持能力。

5）生物间相互作用。这里的生物包括植物、动物和微生物。相互作用包含物种间的竞争、捕食、相互依存和协同进化。将这一条作为生态恢复的标准，其生态学意义强调的是群落生态关系的整体性和生态功能的完整性。

4.4.4　受损生态系统的特征与修复技术

4.4.4.1　受损生态系统的特征

受损生态系统是指生态系统的结构和功能在自然干扰、人为干扰（或两者共同作用）下发生了位移（即改变），打破了生态系统原有的平衡状态，使系统的结构和功能发生变化和障碍，并发生了生态系统的逆向演替。生态系统的受损常由于干扰体的不同，使其在受损程度、退化速度及其受损变化过程上有明显差异。根据生态系统受损过程中发生的变化，可以划分为突发性受损、跃变式受损、渐变式受损、间断式受损和复合式受损五种受损形式。从生态学角度分析，受损生态系统的基本特征主要有以下 8 个方面：

1）物种多样性的变化。当一个稳定的生态系统受损后，系统中的关键种类首先消失，从而引起与之共生种类及从属性物种的相继消失，物种多样性明显减少；另一方面系统中适应生境变化的某些种类会迅速发展，数量增加。

2）系统结构简单化。系统受损后，反映在生物群落中的种群特征上常表现为种类组成发生变化，优势种群结构异常。在群落层次上，受损后则是群落结构的矮化，整体景观的破碎。

3）食物网破裂。受损的生态系统，在食物网的表现上，主要是食物链的缩短或营养链的断裂，单链营养关系增多，种间共生、附生关系减弱，这种现象被称为食物网破裂。食物网的破裂会使生态系统各物种间的自我调节能力下降，极易受到外来物种的影响。

4）能量流动效率降低。由于受损生态系统食物关系的破坏，能量的转化及传递效率会随之降低，主要表现为对光能固定作用的减弱，能量流规模缩小或过程发生变化；系统中的捕食和腐化过程减弱，因而能流损失增多，能流效率降低。

5）物质循环不畅或受阻。由于生态系统结构受到损害，层次结构简单化以及食物网的破裂，营养物质和元素在生态系统中的周转时间变短，周转率降低，生物的生态学功能减弱。由于生物多样性及其组成结构的变化，使生态系统中物质循环的途径不畅或受阻，包括生态系统中的水循环、氮循环和磷循环均会发生改变。

6）生产力下降。正常的生态系统具有较高的生产力，能利用光能生产很多生物产品，但是，系统受损后，其生产力会大大降低。

7）其他服务功能减弱。生态系统除了具有生物生产和维持生物多样性等功能外，还具有调节气候、减缓旱涝洪灾害、保持养分和改良土壤、传媒受粉和扩散种子、有害生物控制，净化环境、防风固沙、为人类提供旅游休闲地等服务功能。当生态系统受损后，这些功能也都随之下降，某些功能甚至全部丧失。

8）系统稳定性降低。受损生态系统由于结构的不正常，稳定性降低，系统在正反馈机制驱动下会使系统更远离平衡。

4.4.4.2　受损生态系统的修复

关于受损生态系统的修复更应考虑的一个重要问题就是系统修复的优先性，这主要是由于生态系统不必都完全恢复到原始状态，所以将要修复的生态系统类型就存在着人为设计的可能，因此，“优先性”是受损生态系统修复时应该考虑的重要问题。不同的受损生态系统要进行不同的修复措施：

1）受损森林生态系统的修复。森林生态系统受损原因，包括病虫害、干旱、洪涝和地震等自然灾害，但最主要是由人为活动所致。受损森林生态系统的变化特点通常都是生产力降低，生物多样性减少，调节气候、涵养水分、保育土壤、储存营养元素等生态功能明显降低。森林生态系统常用的修复方法主要有如下几种：①封山育林；②林分改造；③透光抚育或遮光抚育；④大力发展林业生态工程技术。

2）受损草地生态系统的恢复。造成草地生态系统受损和退化也是自然因素和人为因素的结合，其中人为干扰主要是过度放牧、垦殖和污染等，而自然因素则主要是指恶劣的自然条件，如春季干旱、夏季少雨、冬季严寒、自然灾害频繁等。修复受损草地生态系统，首先要了解其受损的主要原因，是自然因素、人为因素还是生物、非生物因素或几种因素的联合作用。从各国尤其是我国的研究成果看，受损草地的修复主要是三种方法，一是围栏养护现存的受损草地，使其自然恢复；二是重建新的草地；三是实施合理的牧畜育肥方式。

3）受损河流生态系统的修复。人类社会对河流生态系统的影响主要有：对沿岸植被的破坏；点源和非点源的各种污染物对水域的污染；对水域中生物资源的过度利用；各种水利建设对河流自然生态功能和生态过程的改变等。因河流环境条件及受损原因的不同，对其修复的方法和技术有一定的差异，但有许多共性，通常采用的方法是：①建立沿岸绿化带，加强植被的生态功能；②人工清淤；③控制污染源；④科学调控河水流量和流速；⑤加强渔业管理。

4）受损湖泊生态系统的修复。湖泊生态系统受损的原因主要是环境污染、营养物质的过量输入引起的富营养化、水利工程造成的水位改变，以及外来种的引入等。与河流生态系统不同，湖泊生态系统的封闭性更大，自我恢复的能力更弱。因此，对受损湖泊的修复要比河流更复杂。综合目前的研究成果，对受损湖泊生态系统修复的方法和技术主要有以下几点：①严禁围湖造田；②营造林地，提高湖泊周围整个流域的植被覆盖率，减少面源污染的危害，增强其涵养水分的能力；③加大人为调控湖泊水位的力度，尽量防止水位频繁地剧烈变化，维持湖泊的最低水位，防止湖泊干枯；④对于已有大量淤积的湖泊，清淤是十分有效的修复措施，这样既可恢复水体空间，又能使水质得以改善。

5）矿区废弃地的修复。矿产的开采造成土壤及植被的破坏，无论是表层开采还是深层开采都造成土壤被大量迁移或被矿物垃圾堆埋，造成了整个生态系统的破坏。其主要修复方法包括：①综合利用尾矿；②污染土壤的修复；③植被修复；④微生物修复法；⑤对矿区废弃地综合修复。

本章小结

本章全面阐述了生态系统及其相关知识，主要介绍了四个方面的内容。第一方面是生态系统的概念、基本特征、组成及结构，其中又包括了三个主要问题：①生态系统的概念，生态系统就是在一定空间中共同栖居着的所有生物（即生物群落）与其环境之间由于不断地进行物质循环和能量流动过程而形成的统一整体；②各类生态系统都是由两大部分、四个基本成分所组成。两大部分就是生物部分和非生物部分，四个基本成分是指生产者、消费者、还原者和非生物环境；③生态系统的结构包括物种结构、营养结构、空间结构和时间结构。第二方面重点介绍了生态系统的基本功能，它主要体现在生物生产、能量流动、物质循环和信息传递四个方面。第三方面是生态系统平衡的调节机制，其中重点介绍了生态平衡的特征和生态失衡的原因，还有就是生态平衡主要是通过系统的反馈机制、抵抗力和恢复力实现的。第四方面是有关生态系统的干扰与恢复的基础知识，主要就是干扰、退化生态系统和受损生态系统及恢复生态学的基本理论及如何恢复。

思考题

1. 生态系统的概念及其特征有哪些？
2. 生态系统有哪些主要组成成分？它的基本功能是什么？

3. 生态系统中信息传递主要有哪几种类型？
4. 生态平衡和生态失衡特征区别是什么？
5. 简述生态平衡的调节机制。
6. 干扰的特征有哪些？
7. 退化生态系统及受损生态系统的特征分别是什么？
8. 你对生态恢复的标准有哪些新的看法？

技能实训 4　水质初级生产力测定（黑白瓶法）

一、适用范围

本方法规定了在水体中不同深度悬挂可曝光和不可曝光溶氧装置，经过 24 h 曝光，以测定的溶解值计算出单位时间、单位水柱日生产力的评价水体富营养化水平的方法。

本方法适用于湖泊、水库、池塘等静水水体以及水流缓和的河流水域中初级生产力的测定。

二、方法原理

水体初级生产力是评价水体富营养化水平的重要指标。水体初级生产力测定——“黑白瓶”测氧法是根据水中藻类和其他具有光合作用的水生生物，利用光能合成有机物，同时释放氧的生物化学原理测定初级生产力的方法。该方法所反映的指标是每平方米垂直水柱的日生产力 g（O_2）/（$m^2 \cdot d$）。

三、试验器具

玻璃瓶：300 mL 具塞磨口、完全透明的细口玻璃瓶或 BOD 瓶。玻璃瓶用酸洗液浸泡 6 h 后，用蒸馏水清洗干净。黑瓶可用黑布或用黑漆涂在瓶外进行遮光，使之完全不透明。

采水器：可采用有机玻璃采水器。

照度计或透明度盘、水温计。

吊绳和支架：固定和悬挂黑、白瓶用。形式以不遮掩浮瓶为宜。

测定溶解氧的全套器具和试剂。

四、试验环境

可在任何季节进行。为避免因风浪、气候流测试结果的影响和实验器材损坏，宜选择在晴好、弱风条件下进行。

五、试验步骤

（一）采水与挂瓶

采水与挂瓶深度确定：采集水样之前先用照度计或透明度盘测定水体透光深度，采水与挂瓶深度确定在表面照度 100％～1％之间，可按照表面照度的 100％、50％、25％、10％、1％选择采水与挂瓶的深度和分层。浅水湖泊（≤3 m）可按 0.0 m、0.5 m、1 m、2 m、3 m 的深度分层。

采水：根据确定的采水分层和深度，采集不同深度的水样。每天采水至少同时用虹吸管（或采水器下部出水管）注满 3 个试验瓶，即一个白瓶、一个黑瓶、一个初始瓶。每个试验瓶注满后先溢出 3 倍体积的水，以保证所有试验瓶中的溶解氧与采样器中的溶解氧一致。灌瓶完毕，将瓶盖盖好，立即对其中一个试验瓶（初始瓶）进行氧的固定，测定其溶解氧，该瓶溶解氧为“初始溶解氧”。

挂瓶与曝光：将灌满水的白瓶和黑瓶悬挂在原采水处，曝光培养 24 h。挂瓶深度和分层应与采水深度和分层完全相同。各水层所挂的黑、白瓶以及测定初始溶解氧的玻璃瓶应统一编号，做好记录。

（二）溶解氧的固定与分析

曝光结束后，取出黑、白瓶立即加入硫酸锰和碱性碘化钾进行固定，充分摇均后，测定溶解氧（按照国标溶解氧测定碘量法—GB 7489—87 进行测定）。

六、计算方法

（一）各水层日生产力［mg（O_2）/（m^2·d）］计算方法：

总生产力＝白瓶溶解氧－黑瓶溶解氧

净生产力＝白瓶溶解氧－初始瓶溶解氧

呼吸作用量＝初始瓶溶解氧－黑瓶溶解氧

（二）每平方米水柱日生产力［g（O_2）/（m^2·d）］计算方法：

水柱日生产力指一 m^2 垂直水柱的日生产力。可用算术平均均值累计法计算。

七、注意事项

测定宜在晴天进行，并采用上午挂瓶。

采水器使用时注意先夹住出水口橡皮管，再将两个半圆形上盖打开，让采水器沉入水中，底部入水口则自动打开。下沉深度应在系绳上有所标记，当沉入所需深度时，即上提系绳，上盖和下入水口自动关闭，提出水面后，不要碰及下底，以免水样泄漏。将出水口橡皮管深入容器，松开铁夹，水样即流入容器。

在有机质含量较高的湖泊、水库，可采用每 2～4 h 挂瓶一次，连续测定的方法，以免由于溶解氧过低而使净生产力可能出现负值。

在光合作用很强的情况下，会形成氧的过饱和，在瓶中产生大量的气泡。应将瓶略微倾斜，小心打开瓶塞加入固定剂，再盖上瓶盖充分摇均，使氧气固定下来。为防止产生氧气泡，也可将培养时间缩短为 2～4 h，这样需要使用太阳辐射分布图，把培养时间的光合作用速率数据调整到代表整个光照期的初级生产力。

测定时应同时记录当天的水温、水深、透明度以及水草的分布情况。

尽可能同时测定水中主要营养盐，特别是无机磷和无机氮。

对于较大的湖泊和水库，因船只、风浪、气候等因素的影响，使用 24 h 曝光试验，耗资耗力较大，可采用模拟现场法。模拟现场法的采样、布设曝光方法同现场法。仅布设曝光地点可选择在离水岸较近的水域进行。选择模拟现场法，主要为了保证交通、安全、实施方便，但要尽可能考虑模拟地点和现场法在水深、光照、温度等因素一致。

5 生物圈主要生态系统

本章学习目标

1. 掌握森林、草原生态系统的功能、恶化原因及恢复和保护对策。
2. 熟悉水域生态系统基本特征及污染情况。
3. 掌握城市生态系统的概念、组成结构及其功能、特点。

5.1 陆地生态系统

5.1.1 陆地生态系统的分布格局

5.1.1.1 水平分布格局

不少生态学家对陆地生态系统的水平分布模式进行过研究。其中，概括的比较全面的如德国生态学家 Walter（1964，1968）根据 Troll 的工作所归纳的“均衡大陆”植被模式图，如图 5—1 所示。把地球上所有的大陆合在一起而不改变它们的纬度，所列虽为植被类型，实际上即不同的生态系统类型。从图 5—1 看到，在南半球没有和北半球相对应的寒温带针叶林与苔原，植被带大致与纬线平行，证实了纬度地带性的存在。值得注意的是，在北纬 40°和南纬 40°之间的东侧，由于信风的影响，东西两侧是不对称的，西侧有干旱区，而东侧为湿润的森林。

Ⅰ. 热带：1——赤道雨林；2——具有信风和地形雨的热带雨林；3——热带落叶林（以及湿润稀树草原）；4——热带具刺灌丛（及干旱稀树草原）

Ⅱ. 北半球热带以外的各带：5——炎热荒漠；6——寒冷内陆荒漠；7——半荒漠或草原；8——冬雨硬叶林；9——具寒冬的草原；10——温暖带常绿林；11——夏绿林；12——海洋性森林；13——寒温带针叶林；14——亚北极桦林；15——苔原；16——寒漠

Ⅲ. 南半球热带以外的各带：17——海岸荒漠；18——有雾荒漠；19——冬雨硬叶林；20——半荒漠；21——亚热带草地；22——暖温带雨林；23——寒温带森林；24——具垫状

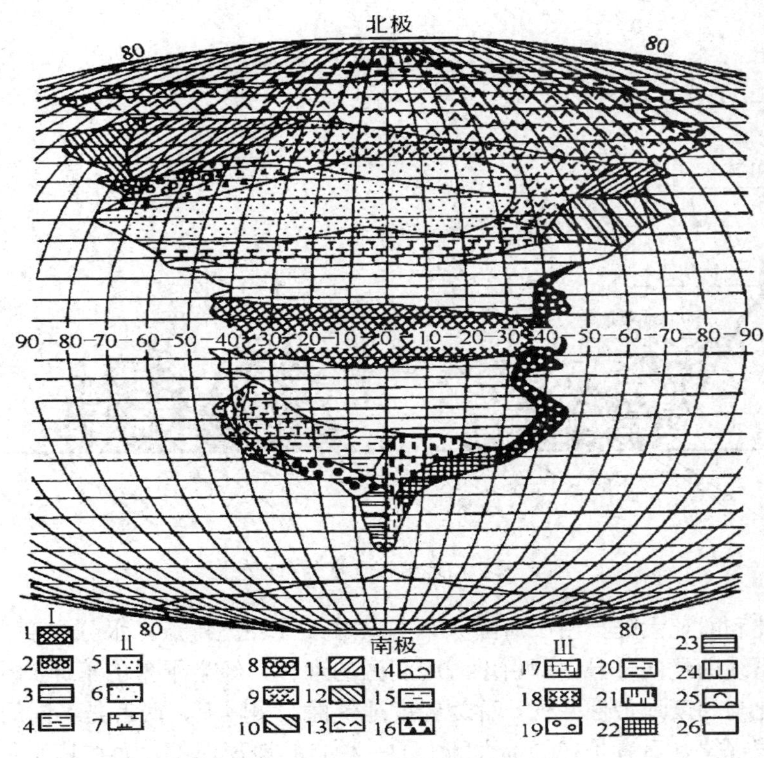

图 5—1 “均衡大陆”植被图

植物的半荒漠或草原；25——亚极地球状丛生草地；26——南极大陆冰盖

5.1.1.2 垂直分布格局

如前所示，山地随海拔的升高，环境梯度发生有规律的变化，引起山地垂直带的出现。山地生态系统的带状排列是按一定秩序出现的，沿山地形成一定的体系，被称为山地垂直带谱。不同自然地带的山地，其垂直带谱是不同的。通常山麓分布了当地平原上的生态系统类型，更高一些它们被更加中生和对温度要求较低的类型所代替，垂直带谱大致反映了不同生态系统类型沿纬度方向交替分布的规律。山地植被垂直分布情况可用图 5—2 表示。

5.1.2 影响陆地生态系统分布的因素

地球上的陆地生态系统是形形色色的，它们的分化与分布受多种因素所影响，其中起主导作用的是水陆分布和由于各地太阳高度角的差异所导致的太阳辐射量的多少及其季节分配，以及与此相联系的水热状况。

5.1.2.1 纬度

太阳高度角及其季节变化因纬度而不同，太阳辐射量也因纬度而异。为此北半球的天文辐射量与可能辐射量沿纬度呈现有规律的变化。辐射量的不同引起热量的差异，从赤道往两极，每移动一个纬度，气温平均降低 0.5～0.7℃。由于热量沿纬度变化，出现生态系统类型有规律的更替，如从赤道向北极依次出现热带雨林、常绿阔叶林、落叶阔叶林、北方针叶林与苔原，即所谓纬度地带性。

5.1.2.2 经度

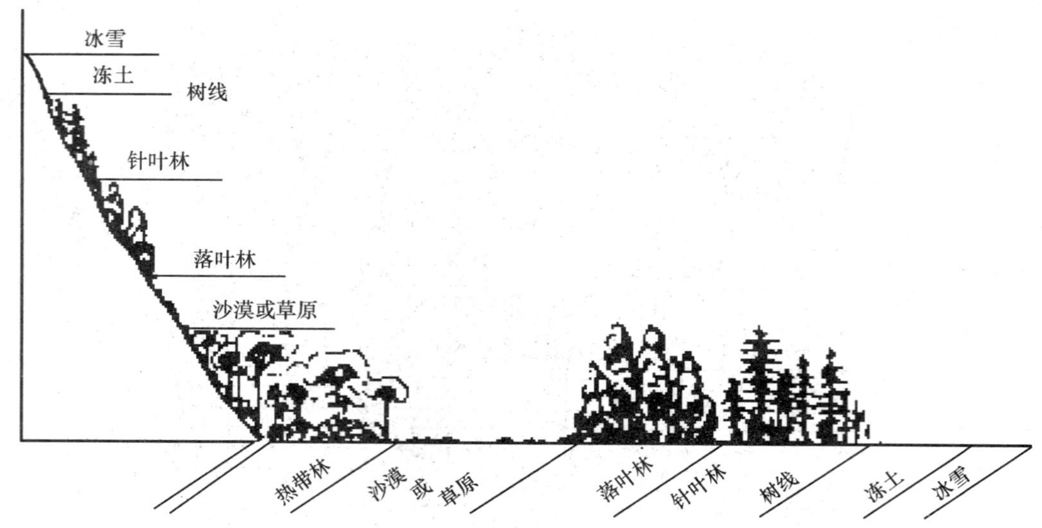

图 5—2　山地植被垂直分布理想图

在北美大陆和欧亚大陆，由于海陆分布格局与大气环流特点，水分梯度常沿经向变化，因此导致生态系统的经向分异，即由沿海湿润区的森林，经半干旱的草原到干旱区的荒漠。有人把这种变化与纬度地带性并列，称为经度地带性。实际上，两者是不同的，前者是一种严格的自然地理规律，后者是在局部大陆上的一种自然地理现象，而在其他大陆如在澳大利亚，这种经向变化就大不相同。

5.1.2.3　海拔

海拔高度每升高 100 m，气温下降 0.6℃。而降水最初随高度的增加而增加，但达一定界线后，降水量又开始降低。由于海拔高度的变化，常引起自然生态系统有规律的垂直更替，有人称此现象为垂直地带性。

此外，地形与岩石性质对生态系统的分布也有重大影响。如我国青藏高原的隆起，改变了大气环流，使我国亚热带出现了大面积常绿阔叶林；在同一地区范围内，酸性岩石与碱性岩石地区分布了性质不同的生态系统。

5.1.3　森林生态系统

森林是以乔木为主体，具有一定面积和密度的植物群落，是陆地生态系统的主干。森林群落与其环境在功能流的作用下形成一定结构、功能和自行调控的自然综合体，这就是森林生态系统。它是陆地生态系统中面积最大、最重要的自然生态系统。世界上不同类型的森林生态系统，都是在一定气候、土壤条件下形成的。依据不同气候特征和相应的森林群落，地球上的森林生态系统可划分为热带雨林生态系统、常绿阔叶林生态系统、落叶阔叶林生态系统和针叶林生态系统。

据专家估测，历史上森林生态系统的面积曾达到 76 亿 hm^2，覆盖着世界陆地面积的 2/3。随着人类的发展进步，森林面积逐渐减少，但森林生态系统仍然是地球上分布最为广泛的系统。它在地球自然生态系统中占有首要地位，在净化空气、调节气候和保护环境等方面起着重大作用。

5.1.3.1 森林生态系统的特点

森林生态系统结构复杂、类型多样，其在结构和功能上的特点可以概括为以下几点：

1）生物种类多，结构复杂。森林的垂直成层现象形成的各种小生境，发展了种类繁多的动物群落和其他生物群落。世界上所有森林生态系统保持着最高的物种多样性，是世界上最丰富的生物资源和基因库。据有关资料报道（UNEP，1987），仅在一块 40 hm^2 公顷的热带雨林内，就已发现 1 500 种开花植物、750 种树木、400 种鸟类、180 种蝶类、100 种不同的爬行类和 60 种两栖动物，这还不包括难以计数的昆虫。森林生态系统比其他生态系统复杂，具有多层次（有的多至 7～8 个层次）的特点。一般可分为乔木层、灌木层、草本层和地面层四个基本层次。明显的层次结构，层与群纵横交错，显示系统复杂性。

2）生态系统类型多样，稳定性高。森林生态系统在全球各地区都有分布，森林植被在气候条件和地形地貌的共同作用和影响下，既有明显的纬向水平分布带，又有山地的垂直分布带，是生态系统中类型最多的。而且森林生态系统经历了漫长的发展过程，系统内物种丰富、群落结构复杂，各类生物群落与环境之间协同进化，使生物群落中各种生物成分与其环境相互联系、相互制约，保持着相对平衡状态。所以，系统对外界干扰的调节和抵抗力强，稳定性高。

3）物质循环的封闭性高。自然状态的森林生态系统，各组分健全，生产者、消费者和分解者与无机环境间的物质交换完全在系统内部正常进行，对外界的依赖程度很小。在森林生态系统，其内部的能量、物质和物种的流动途径畅通，系统的生产潜力得到充分发挥，保持输入、存留和输出等各个生态过程。森林植物从环境中吸收其所需营养物质，一部分保留在体内进行新陈代谢活动，另一部分形成凋谢的枯枝落叶将其所积累的营养元素归还环境。通过这种循环，森林生态系统内大部分营养元素得到收支平衡。

4）生产效率高。森林生态系统具有明显的生产优势，它的生物量最大，生产力最高。森林每年的净生产量约占全球各类生态系统的一半。从现存生物量看，陆地生态系统总计约为 1.852×10^9 t，森林生态系统大约就占了 1.680×10^9 t，是陆地生物量的 90%。单位面积的生物量也以森林为最高。一般情况下，相当于相同面积农田或草原生物量的 20～100 倍。森林生态系统的光能利用效率较高，热带森林可达 3.5%。生产 1 t 干物质的耗水量及养料也较少。如生产 1 t 水稻需水 680 t，1 t 小麦需水 540 t，森林生态系统则只需水 70～340 t。森林所耗的氮、磷、钾、钙等营养元素也较农田生态系统低得多。森林生态系统是一个高效经济的生态系统。

5.1.3.2 森林生态系统在维持生态平衡中的作用

森林是宝贵的自然资源，是人类生存发展的重要支柱和自然基础。森林覆盖率常是衡量一个国家或地区经济发展水平和环境质量的一个重要指标。这不仅因为森林生态系统具有重要的经济价值且又属于可更新资源，而且其在维持生态平衡和生物圈的正常功能上发挥着重要的作用。主要有以下几个方面：

1）具有综合的环境效益。芬兰有人曾对森林所具有的社会效益价值与木材价值进行过估算，结果认为，芬兰森林的环境保护价值是 53 亿马克，而木材的价值仅 17 亿马克，二者的比例为 3∶1。据美国的计算，森林的环境价值与木材价值之比为 9∶1。另外，森林生态系统对于二氧化碳和氧气在大气中的平衡起着调节作用。据资料估计，森林每年以光合作用

的方式可吸收约 5×10^9 t 的二氧化碳，这与人类燃烧化石燃料产生的二氧化碳基本相当。

2）调节气候。森林能降低年平均温度、缩小年温差和日温差，减缓温度变化的剧烈程度，这是因为森林的呼吸蒸腾和蒸发水分、消耗了大量热能。所以，夏季中森林在垂直和水平一定范围内的气温较空旷地低，冬季又因林地内散热量较空旷地少而又使气温略高于林地外。森林还能降低风速，减弱风力。例如，在 5 级风时，人造林带外的风速 9.5 m/s，而林内只有 7.7 m/s，减弱近 20%。连片的森林能使台风减弱 1～2 级。风速的减弱可使邻近农田的水分蒸发量减少 10%～20%，空气中的相对湿度增加。森林在调节气候方面的另一个重要功能就是增加降雨量。森林蒸腾作用可促进水分的小循环，改善小气候。例如我国广东省雷州，随着造林面积的扩大，年降雨量就有所增加。

3）涵养水源，保护水土。森林的这种功能主要是通过减少地表径流强度而实现的。降雨或融雪过程中沿地面流失的水分称为地表径流。强烈的地表径流会造成洪水和土壤冲刷，给工、农业生产和人民生活带来灾难性后果。森林减少地表径流的作用是很显著的，据我国西双版纳的观测，在年降水量为 1 459.4 mm 时，雨林地每 10^3 m^2 的土壤冲刷量仅 2.8 kg，而相同面积的刀耕火种地却高达 3 647.5 kg，是前者的 1 302.7 倍。国内外都对森林防止水土流失的功能进行了大量研究与观测，不仅证明森林的破坏会使水土流失量成倍增加，而且森林的蓄水保土功能是人类进行的工程措施所不能替代的。

4）具有生物遗传资源库的功能。森林具有明显的层序性，形成了许多不同的小生境或小气候条件，为动物提供了良好的栖息场所。每个小生境中生活着许多有代表性的生物。有人估计，森林群落仅在热带雨林中就有数万种生物。这些生物遗传库已经给现代农作物和药材提供了许多物种，实际上，现在的农作物和药材都是来自野生生物种。有人统计，仅印度一个国家就有 2 500 种植物可作药物。森林中蕴藏着丰富的动、植物资源，其中有许多种类至今还未被人们发现，这是人类宝贵的财富。此外，森林还是重要的工业产品资源，为许多工业部门提供了原料。

5.1.4 草原生态系统

草原生态系统是以各种草本植物为主体的生物群落与其环境构成的功能统一体。草原生态学的主要研究对象是以经营草食动物生产，获取动物产品为目标的草原生态系统。

草原与森林一样，是地球上最重要的陆地生态系统类型之一。草地群落以多年生草本植物占优势，辽阔无林，在原始状态下常有各种善于奔驰或营洞穴生活的草食动物栖居其上。

草原是内陆干旱到半湿润气候条件的产物，以旱生多年生禾草占绝对优势，多年生杂草及半灌木也或多或少起到一些作用。世界草原的总面积仅次于森林生态系统的总面积，而且在生物圈中其固定能量的比例也居陆地生态系统的第二位。

草原对大自然保护有很大作用，它不仅是重要的地理屏障，而且也是阻止沙漠蔓延的天然防线，起着生态屏障作用。另外，它也是人类发展畜牧业的天然基地。

草原生态系统所处地区的气候大陆性较强、降水量较少，年降水量一般都在 250～450 mm，而且变化幅度较大。蒸发量往往都超过降水量。此外，这些地区的晴朗天气多，太阳辐射总量较多。这种气候条件，使草生态系统各组分的构成上表现出了一些与之适应的特点。

初级生产者的组成主体为草本植物，这些草本植物大多都具有适应干旱气候的构造，如叶片缩小，有蜡层和毛层，借以减少蒸腾，防止水分过度损耗。草原生态系统空间垂直结构通常分为三层：草本层、地面层和根层。各层的结构比较简单，没有形成森林生态系统中那样复杂多样的小生境。

草原生态系统的消费者主要是适宜于奔跑的大型草食动物，如野驴和黄羊。小型种类如草兔、蝗虫的数量很多。另外，还有许多营洞穴生活的啮齿类，如田鼠、黄鼠、旱獭、鼠兔和田鼠等。肉食动物有沙狐、黄鼬和狼。肉食性的鸟类有鹰、隼和鹤等，除此而外的鸟类主要是云雀、百灵、毛腿沙鸡和地鹤。它们之中有的栖居于穴洞之中。

总体来看，草原生态系统的物种多样性远不如森林生态系统，但食物网的结构也很复杂，如图 5—3 所示，对光能的利用率不如森林生态系统高，通常只有 0.1%～1.4%。水常常是草原生态系统初级生产力的决定因素。据统计，全世界草原生态系统的净初级生产力的均值为 500 g/m^2 · a，但水分不足的温带干旱地区却只有 100～400 g/m^2 · a，水分较充足的亚热带草原可提高到 600～1 500 g/m^2 · a。草原生态系统的净初级生产力中，地下部分的生物量所占的比例较大，如我国羊草草原。净初级生产力的分配是地下/地上＝2.29。一般来讲，草原初级生产力在所有陆地生态系统中属于中等或中下等水平。初级生产量通过食物链转入草食动物和肉食动物，各营养级之间的转化效率为 1%～20%。

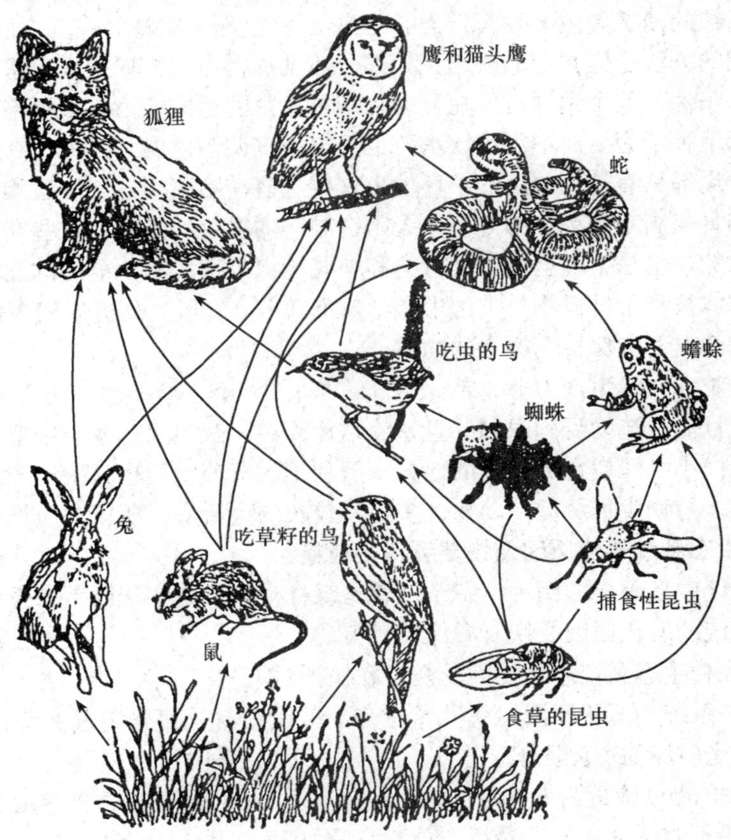

图 5—3 草原生态系统食物网结构示意图

5.1.5 荒漠生态系统

荒漠是地球上最耐旱的，是超旱生的灌木、半灌木或小半灌木占优势的地上部分不能郁闭的一类生态系统。它主要分布于亚热带干旱区，往北可延伸到温带干旱地区。那里生态条件极为严酷，年降水量少于 200 mm，有些地区年雨量还不到 50 mm，甚至终年无雨。由于雨量少，易溶性盐类很少淋溶，土壤表层有石青累积。地表细土被风吹走，剩下粗砾及石块，形成戈壁；而在风积区则形成大面积沙漠。

荒漠植被极度稀疏，有的地段大面积裸露，主要有 3 种生活型适应荒漠区生长：①荒漠灌木及半灌木，具有发达的根系和小而厚的叶子，茎秆多呈灰白色以反射强烈阳光，如霸王、梭梭等属的一些种；②肉质植物，为景天酸代谢型（CAM)，夜间气孔开放，吸收大量二氧化碳，以苹果酸的形式储存在植物体内。白天气孔关闭以适应干燥空气，体内的苹果酸放出二氧化碳，供植物的光合作用，即将夜间固定二氧化碳与白天二氧化碳的进一步代谢在时间上分隔开来。这样，使肉质植物安全得到二氧化碳供应的同时，维持了植物的水分平衡。肉质植物主要分布在南美及非洲的荒漠中，如仙人掌科与百合科的一些种；③短命植物与类短命植物，前者为一年生，后者系多年生。它们利用较湿润的季节迅速完成其生活周期，以种子或营养器官度过不利生长时期。

荒漠生态系统的消费者主要是爬行类、啮齿类、鸟类以及蝗虫等。它们如同植物一样，也是以各种不同的方法适应水分的缺乏。大部分哺乳动物由于排尿损失大量水分而不能适应荒漠缺水的生态条件，但个别种类的哺乳动物却具非凡的适应能力，如更格卢科的啮齿类动物，能无限地以干种子为生而不需要饮水，也不需用水调节体温。其白天在洞穴内排出很浓的尿以形成一个局部具有较大湿度的小环境，这样这些动物夜间从洞穴里爬出来，荒漠地面相对湿度大致和日夜洞穴的湿度相等，白天则在洞穴内度过。因此，这些啮齿动物对荒漠的适应既是行为上的，也是生理上的。爬行类和一些昆虫具有对水分缺乏的适应，它们都有相对不为水渗透的体被和干排泄物。英国生态学家 Edney（1957）研究时发现沙漠昆虫是防水的，具有一种在高温下能保持不透水的物质。

荒漠生态系统的初级生产力非常低，低于 0.5 g/（m^2 · a)。生产力与降雨量之间呈线性函数关系，而且能量流动受到限制并且系统结构简单。荒漠生态系统中营养物质缺乏，因此物质循环的规模小。即使在最肥沃的地方，可利用的营养物质也只限于土壤表面 10 cm 范围之内。由于许多植物生长缓慢，动物也多半具较长的生活史，所以物质循环的速率很低。

5.1.6 各生态系统恶化原因及恢复和保护对策

陆地生态系统中最重要的两种生态系统就是森林生态系统和草原生态系统，这里简单介绍这两种生态系统的恶化原因及恢复和保护对策。

5.1.6.1 森林生态系统恶化原因及恢复和保护对策

1）森林生态系统的恶化原因。就世界而言，工业用材、薪柴用量的增加以及农业的开垦是森林资源遭受破坏的主要原因。

世界森林木材的总储量为 3.4×10^{12}～3.6×10^{12} m^3，而每年的自然增长量可达 6.6×10^{10} m^3。据 1983 年的统计，全世界圆木总消费量为 3×10^{10} m^3，其中 64%用作薪柴或木炭。这个数字表明，森林的年自然增长量本来是可以满足世界木材需求量的。但从客观上看，由于许多木材生长在无法采伐的地区，从而使世界所有增产的木材没有被全部利用，加之世界森林分布的不均匀性，导致了森林资源破坏的加速。

森林资源的破坏在发展中国家要比发达国家快，在这些国家的一些城市和广大农村中，薪柴仍是主要能源。因此，农村能源问题能否解决将对今后世界森林资源破坏程度起着至关重要的作用。

森林被砍伐的另一个主要原因是开垦农业用地。尤其是当缺少耕地时，小规模生产的农民移向新的森林边缘地区。他们在砍伐后的林地上耕种粮食，但在一些不适宜生产粮食的地区，带来的后果往往是农业的产量少而人口却不断增加。据估计，在非洲 70%的森林都是移动式农业毁坏的，在亚洲则为 50%，美洲为 35%。

2）森林生态系统的恢复和保护对策。基于我国森林生态系统存在的主要问题，在森林生态系统的保护、恢复和重建过程中应着重考虑 4 方面的问题。①加快森林生态战略工程的建设，增大比例、改变格局。由于历史的原因，目前我国人口集中或工农业发展水平较高的地区，恰恰是我国森林覆盖率低或生态脆弱、自然环境差的地区。在历史上这些地区多是森林的分布区，具有适宜于森林生长的良好自然条件。因此，这些地区应是我国森林生态系统恢复和重建的重点区域。我国正组织实施的“三北”防护林体系、太行山绿化工程、长江中上游综合治理工程、黄河中上游水土保护林建设、平原绿化及沿海防护林体系等都是森林生态系统恢复和重建的重大战略措施，对于增加森林生态系统的比例，改变目前的分布格局等有着重要意义。②积极推广农林复合生态系统的建设，农林复合生态系统，简称农林业，是把农、林、牧、渔等种植业、养殖业结合起来的经营制度。其形式是以林木为主体的农、林、牧、渔结合的人工复合生态系统。实际上就是采用生态工程设计手段，利用树木具有比较长期稳定的生产食物、饲料、燃料、木材等产品的能力和保护农业的功能，进行空间、时间上多层次种植、养殖的结构配置，形成经济而合理的物流、能流，以提高单位土地面积上的生物生产力和经济效益。同时，也有利于提高系统的稳定性、改善土地及环境条件、减少水土流失等。③尽快建立南方用材林基地，我国秦岭、大别山以南的广大地区多为山区或半山区，其水热条件优越，林木生长快，树种资源丰富，发展林业的潜力很大。造林后稍加经营管理，10 年就可望成林。这是我国培育后续森林资源的重要基地，同时也可减轻对现有森林生态系统的破坏和改善这一地区的生态环境。④加强科学管理、发挥现有森林综合效益潜力，对于森林生态系统的地位和作用，人们的观念现已有了很大变化。现代科学家把森林称为具有多价值的生态系统。我国现有森林生态系统的综合效益没有得到发挥，在森林资源的开发中，经济价值观仍占据主导地位。而木材的利用过程中浪费又很大，一株树木伐倒后，只有 2/3 的积材作为原木运出；原木制或成品时，又只有一半被利用，而作为边角、材头、刨花等剩余物的综合利用率也只有 10%左右，与世界先进国家的水平相比差距很大。因此，发挥森林的综合效益和提高开发利用水平，保护和改建现有森林生态系统，也是我国森林生态系统恢复的重要内容和措施。

要加快我国森林生态系统的恢复和重建，还应加强对于森林生态系统的理论研究工作。如研究城市林木，包括公园、城郊森林公园、街区绿化点、行道绿化带、庭院和工业绿化隔离带等对城市能流、物流、环境质量以及居民身心健康等方面的功能，促进城市林业的发展。加强农林复合经营系统、庭院林业及林区立体林业的研究，以便在不同地理区内，找出适合于各地自然经济特点的各种类型的最优人工配置或集约经营、以林业为主体的综合生产经营模式。使我国森林生态系统的恢复和重建走一条形式多样、各具特色、功能全、效益高的路子。

5.1.6.2　草原生态系统恶化原因及恢复和保护对策

1）草原生态系统恶化原因。草原生态环境恶化，生态平衡遭破坏的原因很多。就人类的干扰作用而言，以下 3 个方面最为主要。①超载过牧，就是指牲畜放牧量超过了草原生态系统生物生产的承受能力。超载过牧所导致的草原退化是个渐变过程，单位面积上牲畜增多，可食性牧草被牧食的就越多。于是就没有足够的草籽维持牧草的再生，牧草产量要么下降，要么是毒草和杂草增多。这种局面若得不到控制，将出现恶性循环。单位面积上可食牧草减少而牲畜量却很多，牲畜不得不增大觅食范围和频次，这就加重了对草场土壤结构的物理性破坏，而这又反过来限制了牧草的生长。长时间的这种恶性循环便使草原逐渐贫瘠、退化直至沙化。②不适宜的农垦：在人类的发展过程中，开垦草原一直是增加农田耕种面积的主要途径之一，而且古今和国内外也确有许多草原变成了“大粮仓”。但是，由于草原多处于气候条件比较严酷、生态平衡脆弱的干旱与寒冷地区，盲目地开垦以及垦后管理不当，常常造成既达不到粮食增产的目的又造成草原原有植被遭破坏的局面。③人类对资源的掠夺性开采，由于人口的增加和经济活动的增强，给草原生态系统造成了很大的压力，尤其是对草原资源的掠夺式开采，也使一些草场遭受严重破坏。

2）草原生态系统的恢复和保护对策。草原生态系统的保护已引起了国家重视，我国《草原法》已于 1985 年 10 月 1 日起正式实施，这是我国对草原地位作用及草原生态环境恶化危害认识达到了一个新水平的标志，也是我国对草原生态系统由自然利用走向科学管理的开端。根据我国的具体情况，草原生态系统的保护和恢复对策特别应着重于 3 个方面。①实行科学管理：我国草原生态系统遭受破坏的主要原因之一就是长期以来缺乏科学的、有效的管理措施。我国迄今为止，大部分草原还是处于“牧草自生自灭”和“靠天养畜”的落后状态。加强草原生态基础理论，如载畜能力、牧业生产最佳方式以及科学管理技术的研究，是草原生态系统保护对策中应首先引起重视的问题。包括改革某些落后的经营方针，实行适度放牧、以草定畜、推行季节牧业以减轻草场压力，给牧草提供休养生息的时机以及其他可使草原植被得以恢复和发展的各种措施，实行科学化管理方式。②发展人工草场，建立围栏，实行分区轮放，合理利用草场等，都是已被证明的保护和恢复草原生态系统结构和功能的有效措施。另外，从长远考虑，通过技术改造和适当增加投资，实行集中化经营的草业，其经济效益更大。在畜牧业要发展、草原生态环境要保护的情况下，必须要以人工草地和种植饲料来获得高的经济效益和环境效益。③建立牧业生产新体系，草是农、林、牧三者之间的纽带，应该充分利用这些自然和资源条件，发展草业和畜牧业，形成新的农业生产结构体系。这也是弥补这些地区耕地少和减轻农田压力的有效措施。牧区开展现代化草业生产，是一项包括种植、畜牧、养殖业在内的综合性事业，也是知识密集型的产业。如在牧草的生产过程中，涉及优良草种的选育、引种、防止自然敌害等科研问题。在畜牧环节，涉及放牧方式、肥育饲养、畜草平衡等。畜产品的加工利用要运用现代生物学技术，综合加工，取得有价值的产品，如培养食用真菌、废物饲料化、产沼气等。所以牧区发展现代化草业，将会形成符合生态规律的牧业生产新体系，保护和促进草原生态系统的恢复和发展。

5.2 水域生态系统

5.2.1 湿地生态系统

湿地系指无论其为天然或人工、长久或暂时的沼泽地、泥炭地或水域地带，带有静止或流动，淡水、半咸水或咸水水体者，包括低潮时水深不超过 6 m 的水域。简单地说就是指地表过湿或常年积水，生长着湿地植物的地区。湿地生态系统是开放水域与陆地之间过渡性的生态系统，它兼有水域和陆地生态系统的特点，具有其独特的结构和功能。

湿地生态系统被认为是一种具有独特功能的系统。重要性体现在生物多样性保护和蓄水、调节气候等方面：湿地独特的生态环境为多种植物群落提供了基地，湿地生态系统是天然的基因库；湿地生态系统还是许多粮食植物重要生境，而且还有一部分可以开辟为耕地、林地或者牧场，具有很多潜在资源；湿地生态系统具有净化功能，它可以排除水中的营养物质，还可以阻截悬浮物，降解有机物等，被一些科学家称为“自然之肾”；湿地生态系统也具有调节气候和水文的功能。

5.2.2 淡水生态系统

淡水生态系统包括湖泊、水库、河流等不同类型，淡水生态系统还可以根据水的流速分为流动水和静水两种类型，其中河流生态系统属流动水生态系统，而湖泊生态系统则属于静水生态系统。

5.2.2.1 河流生态系统

河流是陆地和海洋联系的纽带，在生物圈的物质循环中起着主要作用。与湖泊生态系统相比，河流生态系统主要具有 4 个特点。①有明显的纵向成带现象，湖泊和水库的水温等变化具有典型的水平分层现象，而在河流中却是纵向流动的。从上游到河口，水温和某些水化学成分发生明显的变化，由此而影响着生物群落的结构。鱼类在河流中的纵向分布和水温、流速以及 pH 值的变化率有关。当然种的这种纵向替换并不是均匀的连续变化，特殊条件和特殊种群可以在整个河流中再现。②生物多具有适应急流生境的特殊形态结构：在流水型生态系统中，水流常是主要限制因子。所以，河流中特别是河流上游急流中生物群落的一些生物种类，为适应这种环境条件在自身的形态结构上有相应的适应特征，有的营附着或固着生活，如淡水海绵和一些水生昆虫的幼体，它们的壳和头黏合在一起。③与其他生态系统相互制约关系复杂，它的绝大部分河段受流域内陆地生态系统的制约，流域内陆地生态系统的气候、植被以及人为干扰强度等都对河流生态系统产生较大影响。④自净能力更强、受干扰后恢复速度较快。

5.2.2.2 湖泊生态系统

湖泊的许多生态功能与其形态特征有关，受许多因素所制约，如湖岸的构成与倾斜度、深度，岸边汇入养分的多少、温度变化以及湖泊的底质、成分等。

在平原丘陵区的湖泊常有一个低浅的沿岸带。这个区内的湖水较浅，光照较强，溶解氧含量高，水温高、营养物质丰富。所以，沿岸带内常聚集着许多动、植物，尤其是水生维管束植物和藻类等，生产者极为繁茂。由湖岸向湖心的方向深入、植物带常呈同心圆状分布。

在湖泊和池塘的沿岸带除挺水植物、浮水植物、沉水植物这些占优势的较大型生根植物外，还生存着大量的浮游植物、浮游动物和自由生物。其中浮游植物以硅藻、绿藻和蓝藻占优势。特别是蓝藻，当水体内有机物丰富时，常成为水中优势种。浮游动物主要是原生动物、轮虫、枝角类等，它们以浮游植物和碎屑物质为食物，这些动物常会集中在湖水上层，有昼夜和季节性变化。在湖岸带出现的游泳生物包括鱼类和某些无脊椎动物，随温度、氧气和食物种类情况而变化，不同鱼类占据各自的适宜环境。

湖泊的深水层光线弱，浮游植物光合作用补偿层以下的光强度不能满足藻类光合作用的需要，因此，深水层以异养动物和嫌气性细菌为主。这些异养动物多以小型浮游动物为食，细菌则分解上层沉落下来的有机残体。所以，湖泊生态系统的表层和深水层存在着复杂的营养关系。

5.2.3 海洋生态系统

海洋占地球面积的70%，它是生物圈中最庞大的生态系统，它与陆生生态系统和淡水生态系统截然不同。海洋是具有高盐分的特有环境，它的动、植物群与淡水和陆地上的也明显不同。海洋除沿海外，没有种子植物。在浮游植物中，以红、绿、褐藻和细菌占优势，硅藻地位较淡水中差。海洋动物多种多样，其中没有昆虫，但有甲壳动物、腔肠动物（如水母、海蚕等）、棘皮动物（如海胆）、蠕虫和海绵，以及鱼类和鲸类等。这些在淡水中不存在或存在数量很少的种类，在海洋生态系统中却占有很重要的位置。

海洋生态系统包括海岸带、浅海带、上涌带、远洋带和珊瑚礁等部分，如图5—4所示。其中，远洋带约占整个海洋面积的90%，浅海带占7.5%，海岸带、上涌带和珊瑚礁共约占2.5%。

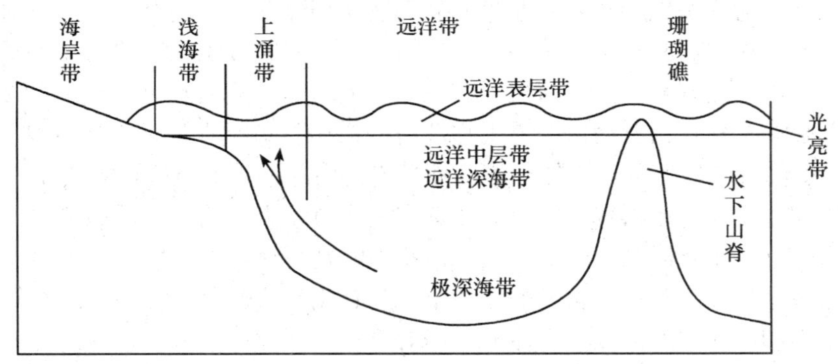

图5—4 海洋生态系统示意图

海岸带是海洋与陆地交界的区域，这一区域的主要生产者是许多固着生长的大型多细胞藻类，如海带、裙带菜以及紫菜等。它们固着在岩石等其他物体上，形成水下植被，有时也称“海底森林”。消费者是许多食固着生长的大型植物的海洋动物和滤食性动物。

浅海带水深在200 m左右，主要是大陆架。这里接受河流带来的大量有机物，光线充足，温度适宜，栖息着大量生物，是海洋生命最活跃的地带。浅海带中的主要生产者是大量的单细胞浮游藻类，如各种绿藻、硅藻等。第一级消费者是草食性的浮游动物。浮游植物和草食性浮游动物为其他更高营养级上的动物提供了充足的食物。

上涌带可以将许多矿物质带到浅海带或远海带的表层，常见的是群生硅藻形成大的胶团和长丝状体，许多滤食性鱼类直接取食这些浮游植物。

远洋带包括了表层、中层、深层和极深的海底。含有大量的碎屑食物，所以固着生长的动物比任何陆生和水生生态系统的动物数量都多。这些动物各自占领着一定的深度，分层生活，并发展出一系列的适应特征，如发光器官，口腔扩大，承受压力大等。它们都属于肉食性动物，有的吞食活动物，有的专门吃动物的尸体。下层动物吃上层动物，一层吃一层，形成一条长长的食物链，在这里，食物链通常长达5～6级。海洋生态系统的消费者通常分布在海底。

5.2.4 水域生态系统功能恶化的原因及恢复和保护对策

目前来看，人类对水域生态系统的干扰可概括成3大方面：一是工业和生活废水、废渣以及农药、化肥等对水体的污染；二是对水生生物资源的过度捕捞；三是围湖造田及不合理的水利工程。这也是我国水域生态系统面临的主要人为干扰和遭受破坏的根源。

我国水域生态系统的污染是相当严重的，从监测资料来看，我国占陆地水资源的8%的河流被污染，甚至全国水资源的重要来源都受到了废水污染。人为富营养化问题已是全国湖泊面临的主要问题，另外，局部地区的水域生态系统还受到了酸雨的威胁。水环境质量的下降对水生生物资源造成了严重破坏。

除污染外，水域生态系统还受到人类对其开发利用强度过大的压力，即人类对水生生物资源的过度捕捞造成的资源枯竭。过度捕捞不仅使水生生物资源趋于枯竭，更重要的是破坏了水生生态系统的平衡，引起生物群落组成的变化。

泥沙含量增加，河床升高和人工围湖造田所引起的湖泊面积日益缩小也是我国水域生态系统面临的突出问题。由于陆地生态系统植被的破坏，水土流失加剧，使河水中的泥沙含量增加。我国长江、黄河等几大水系均存在着这个问题。我国的许多水库也由于水土流失等原因，库底升高，库容量减小，寿命缩短。自1980年以来，洞庭湖淤高2.79 m，已使湖上游区一些珍稀动物、植物的生存受到了严重威胁。

概括地说来，保护水域生态系统的最根本措施就是减轻人为干扰的压力，减轻对水质的污染和对水生生物资源的过度利用。①减少污水排放量，目前，完全杜绝污水向水域生态系统的排放是不可能的。所能采取的措施是通过管理和技术措施减少排污量，尤其是降低污水中各种有害物质的浓度。在污水排放量短期内难以减少的情况下，加强管理和污水资源化这两项措施尤为重要。②实行综合保护措施，提高系统自身的抵抗能力，除内陆湖泊外，河流和海洋生态系统的运动性高，受陆地其他生态系统的影响较大，相互制约关系复杂。因此，对水域生态系统的保护不能只着眼于系统本身，而要与其他生态系统的保护相结合，综合考虑。例如，河流生态系统的保护，要与整个流域内陆地植被的保护相结合，尤其是河流的上游区，植被的破坏将增加水体中的泥沙含量，影响水域生态系统的许多功能。③正确认识水生生物群落特征，合理利用生物资源。水生态系统中，许多生物的世代周期短、周转快，这是其不同于陆地生态系统的特点之一。但是，这些生物主要是人类不能直接利用的资源。例如海洋生态系统，属于初级生产的大型藻类只占百分之几，大量的单细胞浮游植物是人类目前还无法直接利用的，属于次级生产的动物，如贝类和鱼类所占比例也很小。人类主要是利用3～4级或5级生产产品，如对虾、各种鱼类等。对水生物资源的利用要特别注意亲代量与补充量的关系，以确定适宜的产量。

5.3 城市生态系统

5.3.1 城市生态系统的概念

城市生态系统是一个以人为核心的系统，它不仅包含自然生态系统的组成要素，也包括人类及其社会经济等要素，因此，城市生态系统是一个自然、经济与社会复合的人工生态系统。城市生态系统是人类生态系统的主要组成部分之一。它既是自然生态系统发展到一定阶段的结果，也是人类生态系统发展到一定阶段的结果。

城市生态系统是人类生态系统经过漫长的发展时期，在一定的阶段产生的。在人类生态系统的发展过程中，经过了自然生态系统到农业生态系统的演变，最后才产生城市生态系统。从此，人类生态系统可划分为农村生态系统和城市生态系统两大类型。随着工业的迅速发展，城市生态系统的发展速度也逐渐加快，当今，城市生态系统已经成为人类生态系统的主体。

5.3.2 城市生态系统的组成与结构

5.3.2.1 城市生态系统的组成

城市生态系统是一个以人为中心的自然、经济与社会复合的人工生态系统，所以城市生态系统的组成首先是人，另外包括自然系统、经济系统与社会系统。

自然系统作为人类生存的环境，是资源的来源和废物的容纳库，包括如太阳、空气、淡水、森林、气候、岩石、土壤、动物、植物、微生物、矿藏、自然景观等；经济系统涉及生产、流通与消费的各个环节，包括工业、农业、交通、运输、贸易、金融、建筑、通信、科技等；社会系统涉及城市居民的物质生活与精神生活诸方面，如居住、饮食、服务、医疗、旅游等，还涉及文化、艺术、宗教、法律等上层建筑范畴。

目前没有统一的城市生态系统构成划分，不同的研究出发点与方向会有不同的划分方法。从环境科学角度，根据子系统的空间因素及相互作用，可以对城市生态系统的组成给以划分，如图 5—5。社会学家提出的城市生态系统构成则如图 5—6 所示。

5.3.2.2 城市生态系统的结构

城市生态系统的结构是系统组成要素相互连接、相互影响的方式和秩序。

1）链结构。城市生态系统的链结构主要体现在两个方面。①食物链结构，城市生态系统生物的营养结构有两种不同的食物类型，一种是自然食物链，也就是传统意义的食物链，即以绿色植物为初级生产者，食草动物和食肉动物分别为一级、二级消费者兼次级生产者，人类是杂食的最高级消费者。不同之处就是在城市中所要消费的动植物大部分靠周围环境系统提供，人类食用的动植物也须经过简单的加工。另一种是完全人工食物链，经过复杂人工加工的食品、饮用品、药品供人类直接食用，该食物链只有一级消费者。在城市生态系统中，人类是最主要、最高级的消费者，位于食物链的顶端。②资源链结构，资源利用链结构是为了满足人类除食物以外的其他消费（穿、住、行、用、文化、娱乐等）的需求的，这是其他自然生态系统所没有的。资源利用链结构由一条主链和一条副链构成。在主链中，各类

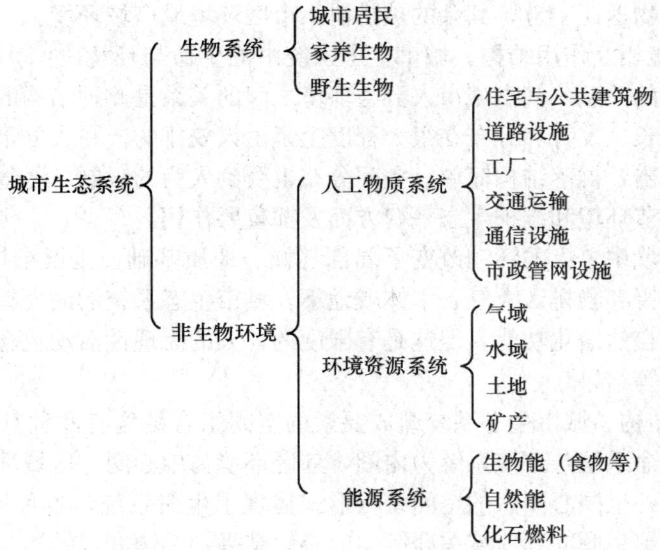

图 5—5　环境学角度的城市生态系统构成

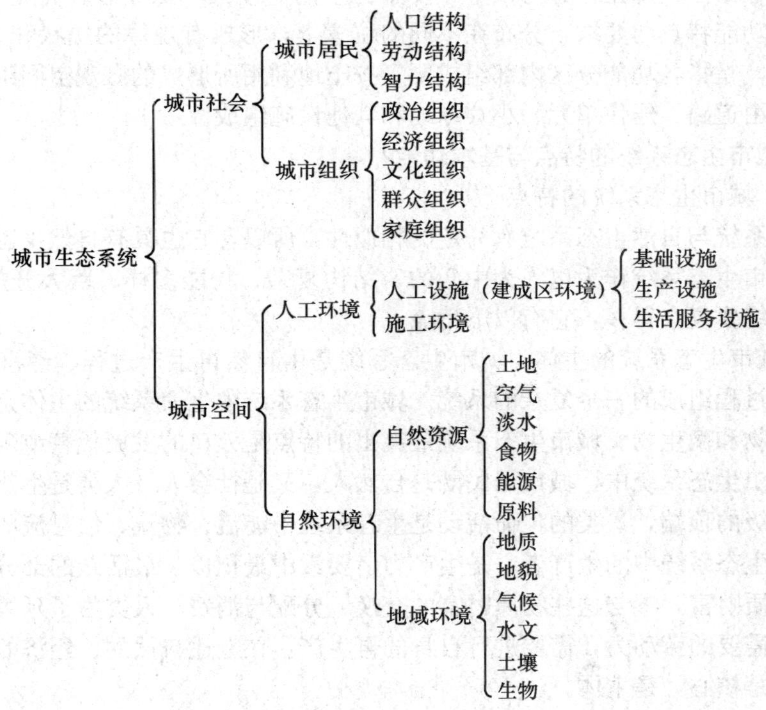

图 5—6　社会学角度的城市生态系统构成

资源经粗加工，生产出一系列中间产品，再经深加工后生产出可供直接消费的最终产品。最终产品的一部分留在市区环境，一部分输出到外界。主链从资源到最终产品的转变过程中都会产生一定量的废弃物，这些废弃物如果加以重复、综合利用，即为资源链的副链。副链中部分有价值的废弃物返还主链，其余的被排泄入市区环境或广域环境。

2）生命与环境相互作用结构。城市生态系统中的生命与环境之间，环境要素之间都存在一定的相互作用的关系，其中城市人群与环境之间的关系是此种结构的主要内容。在城市中，自然生物的生长、发育和分布在很大程度上是由人安排的。在人的干预下，城市生物种群单一，优势种突出，群落结构简单，空间分布也受到人为的限制。尽管如此，自然生物反过来仍在美化、调节环境和维护生态平衡方面发挥重要作用。

在次生自然环境中，人的活动改变了局部气候、地质基础、土壤结构、微地形和水系，人的部分生产生活废弃物排入大气、水体或地下。城市生态系统的演变在于适应人的生存需要，并发挥一定的自然净化功能，但这是有限度的，人的无理性活动也会导致气候恶化、地面沉降、环境污染等结果。

3）空间组合结构。城市生态系统组成要素的空间组合结构有两种基本形式。①圈层式结构，它以市区生命系统与环境系统为内圈，郊区环境为中心圈，区域环境为外围圈。这种自然形成的自内向外呈同心圈状的空间结构形式体现了生命系统与各环境要素的内在联系，是人类生存的中心聚集倾向和广域关联倾向的必然结果。②镶嵌式结构，其有大镶嵌和小镶嵌之分。所谓大镶嵌，是指各圈层内部的各要素按土地利用所形成的团块状功能分区的空间结构形式，如在市区或郊区，都有以单一要素为主的居住区、工业区、商业区、文化区等，各区按各自的功能特点与要求，分布在不同的位置上，形成有规律的块状和条状镶嵌结构。而所谓小镶嵌，是指各功能分区内部组成要素按土地利用所形成的微观空间组合形式。如在居住区内，可由道路、居住单元、小片绿地和其他设施组成。

5.3.3 城市生态系统的特点与基本功能

5.3.3.1 城市生态系统的特点

城市生态系统与自然生态系统有一定的相似性，所以，它也具有自然生态系统的一般特点。然而，城市生态系统作为以人为中心的、结构复杂、功能多样、巨大开放的人工系统，比自然生态系统要复杂得多，它有以下特点：

1）人是城市生态系统的主体。城市生态系统是由自然再生产过程、经济再生产过程与人类自身生产过程组成的一个复杂的系统。城市生态系统中生命系统的主体是人类，而不是各种植物、动物和微生物。城市生态系统最突出的特点是人口的发展代替或限制了其他生物的发展。在城市生态系统中，城市居民既是自然人，又是社会人。人类是生态系统中的消费者，处于营养级的顶端，人类的生命活动是生态系统中能流、物流、信息流的一部分。人类同时又是经济生态系统中的生产者，是生产力诸要素中最积极、最活跃的部分。其参与生产经营，创造物质财富，参与这些物质财富的交换、分配与消费。人类为了延续，也为了保证社会源源不断需要的劳动力，需要进行自身的再生产。在上述自然的、经济的、社会的再生产中，人类都是核心，是主体。

2）城市生态系统是高度人工化的生态系统。城市是人类改造大自然的产物，城市生态系统不仅使原有的自然生态系统的结构和组成发生了“人工化”的变化，而且，城市生态系统中大量出现的人工技术物质完全改变了原有自然生态系统的形态和结构。大量的人工设施叠加于自然环境之上，形成了显著的人工化特点。另外，由于人工控制与人工作用的结果，城市生态系统还改变了自然生态系统营养级的比例关系和营养关系。

3）城市生态系统的不完整性。城市生态系统缺乏“生产者”（绿色植物），城市中的植物不仅数量少，而且功能也发生了改变，其主要任务已不是像自然生态系统那样向消费者提供食物，而是改变为美化环境、消除污染和净化空气等。这样城市生态系统就需要从外部输入大量的食物来满足消费者的需要。像香港、澳门这样的城市人们所需的食物几乎全部需要从外部输入；城市生态系统缺乏分解者，城市中的自然生态系统为人工生态系统所代替，使得生物群落不仅数量少，而且结构变得十分简单，以人为主的生物量高度集中。城市中的大面积地面已人工化，分解者赖以生存的土壤结构发生了巨大变化，使得城市生态系统缺少分解者，因而其分解功能微乎其微，所以系统内的废弃物不可能由分解者就地分解。因此，城市生态系统是一个不完全、不独立的生态系统。

4）城市生态系统是高度开放性系统。城市生态系统是一个开放性的大系统，在外界干扰不超过其生态阈值时，总处于非平衡的稳定状态。城市生态系统中消费者的数量远远大于生产者，要维持非平衡的稳定状态，就要不断地从系统外输入能量和物质。另外在人力、资金、技术、信息等方面对外界也有不同程度的依赖性，这也就是城市流动人口多的原因。城市生态系统从系统外输入的能量和物质所生产的产品只有一部分供城市中人们消费使用，另外一部分还需要向外界输出，这种向外输出的产品也包括能被外系统消费使用的新型能源和物质。还有城市也向外部系统输出人力、资金、技术、信息等。

城市生态系统的开放性还表现在：系统内缺乏分解者，也没有足够的空间，所在城市产生的大量废物不可能在本系统内分解和容纳，还要输送到系统外。

5）城市生态系统的脆弱性。首先，城市生态系统不是一个自律系统，城市生态系统不能像自然生态系统那样，其能量和物质要依靠外界输入，不能“自给自足”；而且城市的大量废弃物也远远超过了自身的自然净化能力，也要依靠人工输送系统输送到外界，也就是它必须要有一个人工管理完善的物质和能源输送系统，以维持其正常机能。从这个意义上讲，城市生态系统是一个十分脆弱的系统。其次，城市生态系统高度人工化，既产生了环境污染，也使城市物理环境发生了极大改变，如城市热岛、地形变迁、不透水地面等破坏了原有的自然调节机能，使得系统本身的自我调节能力降低；还有就是城市生态系统营养关系出现倒置，与自然生态系统相比，表现出相反的规律。绿色植物的生物现存量远远小于人口生物的现存量，动物也相当少，以人占绝对优势的城市，呈倒金字塔的营养结构，如图 5—7 所示。这样的营养结构表明城市生态系统是一个不稳定的系统，人所需要的食物在系统内根本无法满足，需要从系统外输入。

6）城市生态系统是多层次的复杂系统。仅以人为中心，即可将生态系统划分为以下几个层次的子系统：①生物（人）—自然环境系统，只考虑人的生物性活动，人与其生存环境的气候、地形、食物、淡水、生活废弃物等构成一个子系统；②人—经济系统，只考虑人的经济（生产、消费）活动，由人与能源、原料、工业生产过程、交通运输、商品贸易、工业废弃物等构成一个子系统；③人—社会文化系统，只考虑人的社会活动和文化活动，由人的社会组织、政治活动、文化、教育、康乐、服务等构成一个子系统。

5.3.3.2 城市生态系统基本功能

城市生态系统的功能在于满足城市居民生产、生活的需求，体现为生产功能、能量流动功能、物质循环功能、人口流动功能和信息传递功能等。

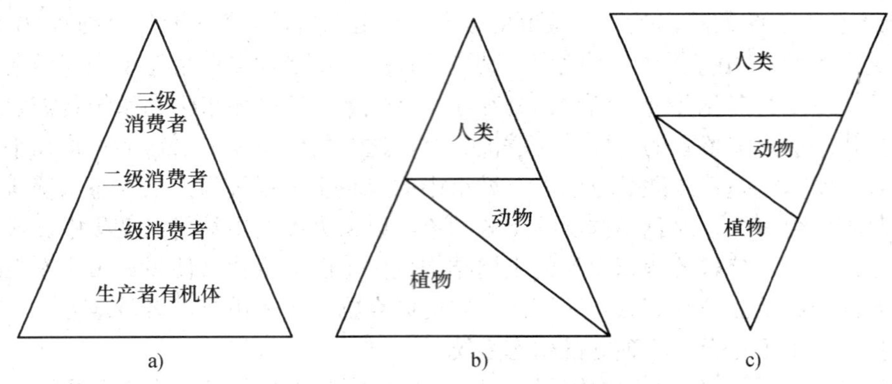

图 5—7　不同类型生态系统营养结构示意图

a）自然生态系统　b）农村生态系统　c）城市生态系统

1）城市生态系统的生产功能同样包括生物生产功能和非生物生产功能。生物生产功能是指系统所具有的，包括人类在内的各类生物交换、生长、发育和繁殖过程，其中也包括生物初级生产和生物次级生产。①城市生态系统的生物初级生产功能，已由为消费者提供食物转变为景观作用功能和环境保护功能，因此，尽量大面积地保留和保护城市的农田系统、森林、草地系统是非常必要的；②城市生态系统所需要的生物次级生产物质，如肉、蛋、奶类有相当部分从系统外输入，表现出明显的依赖性。城市的生物次级生产主要是人，故城市生态系统的生物次级生产除了受自然因素影响外，主要受人的行为的影响，具有明显的人为可调性。城市生物次级生产表现出强烈的社会性，是在一定的社会规范和法律制约下进行的。

城市生态系统的非生物生产是人类生态系统特有的生产功能，为满足城市人类的物质消费与精神需求。城市生态系统的非生物生产有物质的与非物质的两大类：物质生产是指满足人们物质生活所需的各类有形产品及服务，包括各类工业产品、道路、交通、给排水以及服务、金融、医疗、教育、贸易、娱乐等各项活动得以进行所需要的各项设施。而非物质生产是指满足人们的精神生活所需的各种文化艺术产品及相关的服务，城市中具有众多的精神产品生产者和难以计数的精神文化产品，这些主要用以满足人们精神文化生活的需求。

2）能量流动功能。城市生态系统的能量流动是指能源在系统内外的传递、流通和耗散。城市生态系统能量流动基本过程如图 5—8 所示。

原生能源（又称一次能源）是从自然界直接获取的能量形式，主要包括煤、石油、天然气以及太阳能、风能等，原生能源中只有少数可以直接利用，如煤、天然气等，大多数都要经过加工转化为次生能源才能使用。次生能源是指经过加工或转化，便于输送、储存和使用的能量形式，其形式比较单一，如电力、柴油、液化气等。有用能源指使用者为了达到使用目的，将次生能源转化为特殊的使用形式，如马达的机械能、灯的光能等。最终能源则是指能量使用的最终目的，它是存在于产品中或投入到所创造的环境中的能量形式。如炼钢炉把热能转变为钢材内部的分子能，日光灯把光能投入到所创造的明亮中，最终变为热量耗散掉等。

城市生态系统的能量流动遵守热力学第一、第二定律，在流动中不断有损耗，不能构成循环，也就是具有单向性的特点，而且能量都是由物质携带的，能流的特点体现在物质

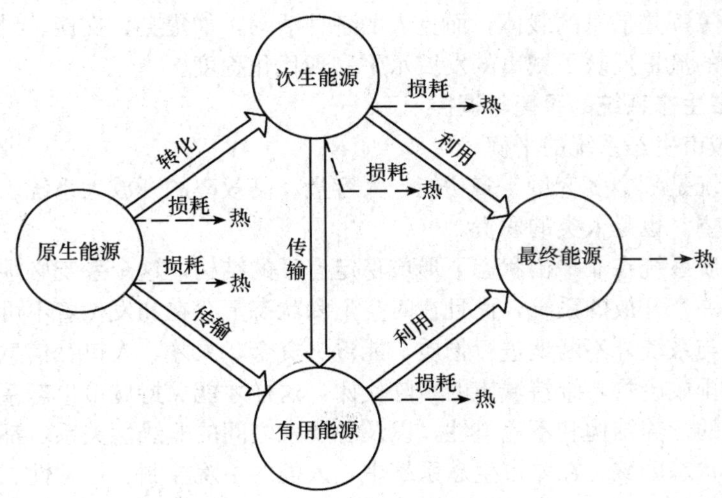

图 5—8 城市生态系统能量流动基本过程

流中。

3）物质循环功能。城市生态系统中物质循环是指各项资源、产品、货物、人口、资金等在城市各个区域、各个系统、各个部分之间以及城市与外部之间的反复作用过程。它的功能是维持城市生存和运行、生产功能，维持城市生态系统的生产、消费、分解还原过程。

城市生态系统物质循环中物质流类型包括人口流、劳力流、智力流、价值流、货物流和资源流。

人口流是一种特殊的物质流，包括人口在时间上和空间上的变化，前者即人口的自然增长和机械增长；后者则反映城市与外部之间人口流动中的过往人流和反映城市内部人口流动的交通人流。

劳力流是特殊的人口流，包括劳力在时间上的变化，也就是由于就业、退休等导致劳力数量的变化和劳力在空间上的变化；智力流是特殊的劳力流，智力的开发过程是智力在时间上的变化，反映着城市智力结构的改变过程；智力在空间上的变化则反映智力在不同部门中的改变。

价值流是物质流的表现与计量形式。城市在系统运转过程中伴随着价值的增值和金融货币的流动，并通过价值规律合理流通来调节城市的社会经济功能和生态功能的正常进行。

货物流是流动过程最为复杂的物质流。它不再是简单的输入和输出，其中还经过生产、消耗、累积及排放出废弃物等过程。

资源流是由自然力推动的物质流，虽然不稳定，但其数量极大，如输入输出北京的空气、氧气和二氧化碳。这种资源流的流动速率和强度，直接影响着城市大气环境质量。

4）信息传递功能。在城市生态系统中的信息流最基本的功能是维持城市的生存与发展。城市对周围地区具有辐射力和凝聚力，其体现之一就是信息。城市的重要功能之一就是输入分散的、无序的信息，输出经过加工的、集中的、有序的信息。对于政治中心、文化中心、科学中心、商业中心城市来说，这一功能尤为重要。

信息流也是附于物质流的，报纸、广告、电台和收音机、电视台和电视机、书刊、信件、电话、照片等都是信息的载体，而且人的各种活动，如集会、交谈、讲课、表演等也在交流信息。信息的流量反映了城市的发展水平和现代化程度。

5.3.4 城市生态系统的平衡与调控

5.3.4.1 城市生态系统的平衡

城市生态系统是一个多变量、多功能、大容量、高效率的开放大系统。城市生态系统的平衡是人类的愿望，也是人类的职责。

要使一个物质系统在非平衡状态下形成稳定有序的结构，这个系统必须是开放的。而城市生态系统正是一个开放的系统，而且在时空上和状态上存在和发生着不可逆变化。城市在开放的过程中，与系统外不断地进行物质、能量、资金、人才、人口、信息的交流，同时输出产品、技术和排放废物，维持城市的新陈代谢，这样才能保持城市生态系统稳定有序。还有城市生态系统的营养结构和不完整性，以及各要素之间的非线性关系，都可以说明它明显地处于远离平衡状态区域。在城市生态系统中，人类的主观控制、自觉性、能动性与目的性起着明显的主导作用。强有力的城市工作系统、决策关系、执行系统、监督系统与信息反馈系统卓有成效的工作，可以保证城市生态系统实现正常、稳定、协调的运转。

5.3.4.2 城市生态系统平衡的调控

城市化是人类社会发展进步的必然趋势。城市生态系统问题的实质是城市生态系统产生了不平衡，这种不平衡的最明显的特征是城市人类生存环境质量的下降以及这种环境质量下降引起的城市人类生存危机。关注和解决城市生态系统的问题是使城市生态系统在非平衡状态下保持稳定有序的关键所在。我国目前的城市生态系统问题主要有：①自然生态环境遭到破坏，引起了一系列的变化，如热岛效应、环境污染等，这些对人们产生了长期的、潜在的影响。人类将自己圈在自己创造的人工化环境中，既抑制了绿色植物、动物和其他生物的生存，也带来了很多“文明病”“公害病”等；②城市占用的土地在迅速扩大，而且城市建筑物密度的增加和城市地面的硬化在很大程度上阻止了雨水向土壤的渗透，使得城市地下水位严重下降。大量抽取地下水以及一些矿物的大量开采也造成了地面沉降，使得一些地区的房屋被破坏，地下管线扭曲破裂，造成重大危险事故；大量的城市废弃物还带来了土壤污染问题，对地面水和地下水都会产生污染；③淡水资源短缺，而且城市中的工业废水和生活污水未经处理或处理不够，都会通过下水系统流入江河湖海，造成水体污染，既破坏水资源，祸及渔业和牧业，也会对人们的健康造成危害；④城市人口密集，绿地缺乏。针对这些问题，要做到以下几点：

1）建立城市生态系统评价体系。开展城市生态系统评价是协调城市发展与环境保护关系的需要，是进行城市环境综合整治，促进城市生态系统良性循环的需要，同时也是制订城市国民经济社会发展计划和城市生态环境规划的基础。通过评价城市生态系统可为促进城市建设的发展，维护城市生态平衡和区域人口合理分布等提供依据。城市生态环系统评价主要有城市生态环境现状评价和城市发展对生态环境的综合评价两方面的内容，在确定城市生态系统评价指标时要注意这些指标的可查性、可比性和定量性。城市生态系统评价的指标体系通常有两种，“经济—社会—生态”指标体系和“人口—能源、交通—自然环境—社会”指标体系，后者涉及更广泛一些。在确定城市生态系统评价指标体系时要综合全面考虑，选择合适的指标体系。

2）注重城市生态规划。城市生态规划可以认为是遵循生态学原理和城市规划原理，对城市生态系统的各项开发与建设作出科学合理的决策，从而调控城市居民与城市环境的关系。也就是运用系统分析手段、生态经济学知识和各种社会、自然的信息与规律，来规划、调节城市各种复杂的系统关系，在现有条件下寻找扩大效益、减少风险的可行性对策而所进行的规划。城市生态规划的目标就是要促进城市人类与环境的协调、城市与区域发展的协调以及城市经济、社会、生态的可持续发展，其内容上大致可以分为以下几个子规划：人口适宜容量规划、土地利用适宜度规划、环境污染防治规划、生物保护与绿化规划、资源利用与保护规划等。城市生态系统是一个社会—经济—自然复合的生态系统，所在城市生态规划既要遵守自然生态原则、经济生态原则、社会生态原则三个生态要素的原则，又要遵守复合系统原则。

3）大力开展城市生态建设。城市生态建设是在世界范围内环境污染、资源浪费、城市发展受到前所未有挑战的情况下提出的。城市生态建设是按照生态学原理去协调人与环境的关系，协调城市内部结构与外部环境的关系，使人类在空间的利用方式、程度、结构、功能等方面与自然生态系统相适应，为人类创造一个安全、清洁、美丽、舒适的生活环境。城市生态建设是有计划、有系统、有组织地安排城市人类今后相当长的一个时期内活动的行为，绝不是短期或突击性的行为。城市生态建设的基本点是合理利用环境容量（环境承载力），这也是它的出发点和归宿。城市生态建设是在城市生态规划的基础上进行的具体实施建设行为。城市生态规划的一系列目标将通过城市生态建设得到逐步实现。生态建设的内容除了资源的开发利用和环境整治外，还包括人口、经济、社会等方面。城市生态建设的内容应根据城市现存的生态问题来确定，主要有以下几个方面：适宜的人口容量、适宜的土地利用、优化产业结构、建立市区和郊区复合生态系统、防治城市环境污染、保护城市动物以及提高资源利用效率，加快生态城市建设。

5.3.5 城市环境管理

5.3.5.1 加强对城市政府实施城市环境管理的业务指导

采取交流、培训等多种方式，将国家实施城市环境管理和城市可持续发展的政策、观点和方法介绍给城市政府，并采取相应的指导和鼓励措施。其包括对城市环境、资源和管理的现状分析，城市发展战略和规划的制定，以及实施计划和保证措施，使城市环境管理真正成为城市政府的自觉行为。

5.3.5.2 提高地方城市环境保护部门的管理水平

城市环保部门承担着城市环境管理执法监督的重要职责，这支队伍的管理水平直接影响到城市环境管理的效果。而目前各城市环保部门管理人员素质和管理水平参差不齐，为了适应目前城市化进程不断加快和城市环境管理现代化、科学化、规范化的需要，急需提高环保部门城市环境管理能力。通过定期检查、专项调查、集中培训等形式，提高城市环境管理人员的素质；通过开发、研制现代化城市环境管理技术、手段、装备，提高城市环境管理水平。

本章小结

本章主要介绍了生物圈的主要生态系统，首先介绍了陆地生态系统。陆地生态系统是地球上最重要的生态系统类型，包括森林、草原、荒漠等类型。它为人类提供了居住环境以及食物和衣着的主体部分。还介绍了影响陆地生态系统的分布因素（纬度、经度、海拔）以及主要陆地生态系统（森林生态系统、草原生态系统、荒漠生态系统）的特点、功能恶化原因及恢复和保护对策。其次介绍了主要的水域生态系统及各主要的生态系统功能恶化原因及恢复和保护对策。由于水域生态系统是以水作为系统的环境因素而具有一些共同特征，这些共同特征在很大程度上都与水的理化特性有关，其明显区别于陆地生态系统。主要的水域生态系统包括湿地生态系统、淡水生态系统、海洋生态系统；最后就是介绍了城市生态系统的概念，基本功能与特点及其平衡与调控。

思考题

1. 影响陆地生态系统分布的因素有哪些?
2. 森林生态系统的特点有哪些?
3. 如何恢复和保护森林生态系统?
4. 怎样恢复和保护草原生态系统?
5. 主要的水域生态系统有哪些? 如何恢复和保护水域生态系统?
6. 简述城市生态系统的特点。
7. 如何才能实现城市生态系统平衡的调控?

6 生态系统服务功能及评价

本章学习目标

1. 了解生态系统服务的内涵。
2. 熟悉生态系统服务功能的主要内容。
3. 掌握生态系统服务功能的具体形式。
4. 掌握生态环境影响评价的评价方法。

6.1 生态系统服务的定义与研究进展

6.1.1 生态系统服务功能的概念

生态系统服务功能（ecosystem service）是近年来生态学领域出现的一个“新名词”，它的出现是人类长期对自然资源实行掠夺性开发而导致一系列环境问题后的沉痛反思。如气候变暖、臭氧层破坏、生物多样性减少、酸雨蔓延、森林锐减、土地荒漠化、大气污染、水体污染、海洋污染、固体废物污染等。它是人类对长期失调的人地关系的重新审视，更是人类对自然生态系统本质及其功能在科学认识上的一次新的飞跃。

生态系统服务是指人类生态系统与生态过程中形成的及所维持的人类赖以生存的自然环境与效用。其包括生命支持功能，如净化功能、循环功能、再生功能等，不包括生态系统的功能和生态系统提供的服务。可以说，生态系统服务的来源是生态系统的功能，不同的生态服务来源于生态系统的不同的功能。生态系统服务功能是指人类从生态系统中获得的效益，包括生态系统对人类可以产生直接影响的供给功能、调节功能和文化功能，以及对维持生态系统具有重要作用的支持功能。其中，供给功能是指人类从生态系统获得的各种产品，如食物、燃料、纤维、洁净水及生物遗传资源等；调节功能是指人类从生态系统过程的调节作用获得的效益，如维持空气质量、气候调节、侵蚀控制、控制人类疾病及净化水源等；文化功能是指通过丰富精神生活、发展认知、大脑思考、消遣娱乐及美学欣赏等方式，使人类从生态系统获得的非物质效益；支持功能是指生态系统生产和支撑其他服务功能的基础功能，如初级生产、制造氧气和形成土壤等。

对于人类的生存和发展而言，生态系统所提供的产品和服务功能起着重要作用。产品是在市场上用货币表现的商品，而服务本身不能在市场上买卖，却具有重要价值。生态系统服务功能一旦遭受自然或人为破坏，对人类的安全、维持高质量生活的基本物质需求、社会文化关系等人类福利产生深远的影响。因此，生态系统服务功能不但为人类提供生存保障，而且能够综合反映一个国家的可持续发展能力。在目前的经济及社会发展水平上，人们不得不经常在维护自然资本和增加人造资本之间进行取舍，在各种生态系统服务和自然资本的数量和质量组合之间进行选择，在不同的维护和激励政策措施之间进行比较，以合适的方式评价生态系统服务和自然资本的变动，这有助于我们更全面地衡量综合国力。生态系统服务与生态过程紧密地结合在一起，是自然生态系统的属性。在自然界的运转中，生态系统充满了各种生态过程，同时产生了对人类的各项服务功能。生态系统服务在时间上是从不间断的，从某种意义上说，其总价值是无限大的。由于生态系统功能对人类的生存和发展具有不可替代性，全人类的生存和社会的持续发展都依赖着生态系统的服务功能。因此，在维护人类生存与发展的基础上，应当建设良性循环的生态系统，充分地发挥其服务功能。

尽管科学技术影响着生态系统的服务功能，但它仍然无法取代自然生态系统的服务功能。比如植物利用太阳能将二氧化碳转化为有机物，用做食品、燃料、原料及建材等；利用生物法降解有机废物，如垃圾、废水等，这些是生态系统服务功能的直接表现。还有些生态系统服务以间接方式影响着人类，如生物多样性的“超结构”现象，为人类提供新的食品、纤维和药品。这种由现存的、可用的品种和基因开发而来的新的服务功能方式正逐步发展起来。

6.1.2 生态系统服务功能的研究进展

6.1.2.1 国外研究进展

1949 年，Aldo Leopold 在《沙乡年鉴》一书中谈及了生态系统（土地）的服务功能等问题；1974 年，Holdren 和 Ehrlich 首次提出生态系统服务功能的概念；1991 年，美国生态学会小组负责人 Gretchen Daily 出版了《生态系统服务：人类社会对自然生态系统的依赖性》一书，掀起了研究生态系统服务的热潮；1997 年，美国马里兰大学生态经济学研究所所长 Costanza 等在《自然》杂志上发表著作《世界生态系统服务和自然资本的价值》，提出生态系统服务的具体估价方法，进行了全球生态系统服务与自然资本价值估算工作，从而推动了生态系统服务功能更为深入和系统的研究。

6.1.2.2 国内研究进展

1980 年，我国著名经济学家许涤新率先开展生态经济学的研究，首次将生态因素和经济因素结合在一起研究；1990 年，中国林学会召开“森林综合效益计量评价学术研讨会”报道了有关森林生态系统公益的研究；1995 年，侯元兆等首次估算出我国森林资源总价值为 13 万亿元（人民币），但只研究了森林生态系统公益的 3 种主要价值，即涵养水源、保护土壤、固定二氧化碳和供给氧气的价值；2000 年，陈仲新、张新时等报道了中国生态系统服务的总价值约为国民生产总值的 1.73 倍。

自 20 世纪 90 年代以来，我国陆续出版了一系列有关价值研究方面的著作，涵盖了森林、草地、河流、湖泊、农田、海洋、湿地、城市等生态系统服务功能方面的研究。可见，生态系统服务功能的研究正从单一方面向综合服务功能发展；从发现生态系统服务功能向认识生态系统服务功能发展；从生态系统服务功能物质量向生态系统服务功能价值量发展；从单一的研究手段向综合的、先进的信息技术方法发展。

我国生态系统服务功能的研究起步较晚，在国际同领域研究中仍处于探索期，目前还存在一些问题，主要表现为：一是缺少全面、系统的各种生态系统的价值评估体系，难以制定科学的资源利用规划；二是生态系统的公益性没有完全纳入商业市场，缺少恰当的可与经济公益和生产资本相比较的价格（费用）表示方法，难以在决策中受到足够的重视；三是国外的评价理论及分析方法与我国经济现状脱节，评价结果可信度较低，难以取得学术界共识；四是生态学与经济学无法有机地结合起来，难以为相关主管部门提供决策及建议等。因此，我们应注重对国外生态系统服务功能的研究手段、方法以及价值评估体系等理论知识的学习，研究和制定出一套适合我国各种生态系统服务功能评价的理论体系，真正为解决实际问题所用。

6.2 生态系统服务功能的主要内容

生态系统服务的定义表明，生态系统为人类提供生存必需的食物、医药及工农业生产的原料，它是维持人类赖以生存和发展的生命支持系统。生态系统服务功能应包括生态系统生产及产品、生物多样性保护、调节气候、减缓灾害、净化环境、美化与游憩等方面的内容。

6.2.1 生态系统生产及产品

生态系统的生物生产是指生物有机体在能量和物质代谢的过程中，将能量、物质重新组合，形成新的产物（碳水化合物、脂肪、蛋白质等）的过程。绿色植物通过光合作用，吸收和固定太阳能，将无机物转化成有机物的生产过程称为植物性生产或初级生产；消费者利用初级生产的产品进行新陈代谢，经过同化作用形成异养生物自身物质的生产过程称为动物性生产或次级生产。据估计，整个地球每年净初级生产量（干物质）为 1.725×10^{11} t，生物量（干物质）为 1.841×10^{12} t，不同生态系统类型的生产量和生物量差别显著。

生物生产是生态系统服务的基本功能，生态系统通过第一级生产与次级生产合成，生产了人类生存所必需的有机质及其产品。植物通过光合作用将太阳能固定，进而纳入食物链，为所有物种包括人类提供生命维持物质。据统计，每年各类生态系统为人类提供粮食 1.8×10^{9} t，肉类约 6.0×10^{8} t。海洋提供鱼类约 1.0×10^{8} t，生态系统还为人类提供木材、纤维、橡胶、医药资源以及其他工业原料。此外，生态系统还是可再生的生物质能源的来源，全世界每年约有 15%的能源取自于生态系统，在发展中国家更是高达 40%。

6.2.2 生物多样性保护

生物多样性是生物机体之间的变异性及其各组成部分的生态复杂性的统称，包括遗传多样性、物种多样性和生态系统多样性。生物多样性为人类的生存与发展提供了丰富的食物、药物、燃料等生活必需品以及大量的工业原料，如它提供人类所需的消费资料（食物、烧柴、建筑材料、渔业）和生产资料（纸浆、树脂、松香、橡胶、木柴和木炭等燃料、木材、食品、布料和医药等)。生物多样性还具有重要的科研价值，每一个物种都具有独特的作用，例如，利用野生稻与农田里的水稻杂交，培育出的水稻新品种可以大面积提高稻谷的产量；在一些人类没有研究过的植物中，可能含有对抗人类疾病的成分。

保护生物多样性的目的是通过不减少遗传和物种多样性，不破坏重要生境和生态系统的方式来保护和利用生物资源，以保证生物多样性持续发展。为实现该目标需要采取多方面的措施，如政策调整、土地综合利用与管理、栖息地和物种的保护与恢复、控制环境污染、建立自然保护区、珍稀动物养殖场和全球性的基因库等。生物多样性维护着生态系统的合理结构、健全功能和结构功能的稳定，是生态系统健康的最重要标志之一。因此，重视生态系统的服务功能，更要做好生物多样性的保护工作。

6.2.3 调节气候

地球上有生命以来，生物通过生长代谢及协同进化创造了适宜于人类生存的环境——适宜的大气组分、地球表面的温度、地表沉积层的氧化还原电势、pH 值以及适宜的辐射光谱组成等，这些可以缓解极端气候、恶劣的外部空间要素对人类产生的不利影响。生态系统中的生命物质在代谢过程中，通过呼吸作用从大气中吸收氧气，绿色植物能够进行光合作用放出氧气，调节大气中氧气的变化，保证生命活动的基本气候条件。

以森林生态系统服务功能为例，植物通过发达的根系从地下吸收水分，再通过叶片蒸腾将水分返回大气，形成水分的小循环过程，使其对区域性气候具有直接调节作用。森林生态系统对大气候及局部气候的调节作用体现为：①森林能够防风，植物蒸腾可保持空气的湿度，从而改善局部地区的小气候。如绿色植物尤其是高大林木所具有的防风、增湿、调温等改善气候的功能，对农业生产也是有利的。②森林对有林地区的气温具有良好的调节作用，使该地昼夜温度不致骤升骤降，夏季减轻干热，秋冬减轻霜冻。如森林浓密的树冠在夏季能吸收、散射、反射掉一部分太阳辐射能，减少地面增温；冬季林木叶子虽然大都凋零，但其密集的枝干仍能消减吹过地表的风速，使空气流量减少，起到保温作用。在我国北方经常营造田间防护林带，在树高 20 倍的距离内可降低风速 25%～40%，提高湿度 20%，起到防止及干扰热风的作用。③森林是世界上有效的碳储库之一，植物每年向大气释放的氧气有 2.7×10^{22} t，生态系统内的植物和其他生物对碳的吸收和储存，可以改变大气中二氧化碳的含量，从而维持大气中二氧化碳与氧的动态平衡，以此来帮助减缓温室效应。

6.2.4 减缓灾害

生态系统复杂的组成与结构具有涵养水分，减缓灾害的作用。据统计，每年地球上的总降水量约 1.19×10^{12} t，覆盖于植被树冠与地表的枯枝落叶在降雨过程中能减缓地表径流。植物生长有深广多层的根系，这些根系和死亡的植物组织维系和固着土壤，吸收和保持一部分水。雨季过后，植被保持的水分与土壤中保持的水分又缓缓流出，在旱季为下游地区蓄水、供水。森林、草原等自然生态系统是天然蓄水库，被称为“水利的屏障”。

健康的生态系统受所处的自然地理环境和当地风土民情影响，由乡土植物组成的地带性植被往往具有很强的抗干扰能力，其表现出较强的适应性、对干扰的抗性和恢复力。如在洪水和暴雨过程中，根系吸收水分后植物叶片以蒸腾的方式将水分释放到空气中，增加了大气湿度，从而调节降雨和径流，不但减缓地表径流的强度，而且改变降水时空分布格局，起到缓滞径流，削减洪峰，净化水质，涵养水源的作用。因此，对地理条件处于有暴发洪水危险、自然条件较差的城市，植树造林的环境效益会更加显著。此外，生态系统内的植被还具有减弱低温、焚风入侵、野火和冰凌影响，以及降低噪声和辐射危害的功能，保证了地球的长期稳定。

6.2.5　净化环境

陆地生态系统的生物净化作用，包括植物对大气污染的净化作用和土壤—植物系统对土壤污染的净化作用。植物所具有的滞留尘土、削弱噪声、降温增湿、除臭杀菌、调节辐射等功效，为净化环境起到了积极的作用。

6.2.5.1　植物对大气污染的净化作用

工业生产、交通和供暖往往造成空气污染，尤其在一些位置低洼、污染物不易扩散、清洁生产技术不发达的城市。环境污染不仅包括有机废物、农药以及其他化学污染物对土、气、水的污染，还包括光、声、热、尘、菌、味、辐射对环境造成的污染。后者与人居环境质量有关，这些诸如光污染，生活、工业、交通造成的噪声，城市的热岛效应以及灰尘、病菌和“植源性”的气味、花粉的污染，给人的生存环境带来极大的困扰。众所周知，可以选取一些具有代表性、抗性中等的较敏感的植被作为植物指示物，用来吸收大气污染物。植被净化空气最初是从叶片对空气中污染物和颗粒物的过滤开始的，其次才进行吸收。过滤能力随叶片面积的增加而增加，因此树木的净化能力要高于草地与灌木。针叶具有最大的比表面积，而且冬季空气污染最严重时针叶树叶不脱落，因此针叶树比落叶树的过滤能力更强。但是，针叶树对大气中污染物较为敏感，而阔叶树对硫化物（如二氧化硫）、氮氧化物、卤化物等污染物的吸收力很强。因此，人行道、公园、城市森林等结构以种植针、阔混合林的效果最好，另外，植被比水或空旷地有更强的净化空气能力。在城市各类生态规划中，应注意植被种类的搭配、区域的布局、结构的配置等问题。

6.2.5.2　土壤—植物系统对土壤污染的净化作用

土壤—植物系统是陆地生态系统的基本结构单元，包括绿色植物及其根系周围的土壤环境。在生态系统中，土壤生物特别是微生物能分解有机废物，使之矿化为无机营养物质，以供植物生长、发育需要，保证地球上生物小循环的正常进行。绿色植物不仅在光合作用过程中吸收空气中二氧化碳，放出氧气，而且具有净化大气中尘埃、气溶胶、重金属和有机污染物以及细菌等的功能，也是土壤—植物系统净化功能的重要组成部分。环境污染日益严重后，土壤—植物系统被看成是一种高效的“活过滤器”。它的净化功能包括绿色植物根系的吸收、转化、降解和生物合成作用，土壤中细菌、真菌和放线菌等微生物区系的降解、转化和生物固定化作用，土壤的有机、无机胶体及其复合体的吸收、络合和沉淀作用，土壤的离子交换作用，土壤和植物的机械阻留作用，以及土壤的气体扩散作用。对于不同的污染物，土壤—植物系统的净化机理、能力和过程是不同的，气候和其他环境条件也起着十分重要的作用。

6.2.6　美化与游憩

人类在长期自然演化过程中，形成了欣赏自然、享受生命及对自然情感的心理依赖。密集的人口环境、紧张的生活节奏使人们觉得离自然越来越远，维持生态系统平衡、美化和稳定生活环境变得十分重要。除植物以外，城市内出现的动物区系如鸟和鱼，也可以给人们带来美的享受。通过美化生态环境可以改善城市景观，增进城市居民的身心健康，改善生存质量。在自然中，人的头脑才能更灵活，思维才能更敏捷，压抑才能减轻，心理、生理病态和创伤才能愈合和康复。长期定居在美化的生态系统中的人，其美学倾向、艺术偏好、精神追求、价值取向等都具有生态系统印记。

生态系统又是娱乐游憩的理想场所，是审美活动的良好去处。自然生态系统的美学价值涉及生境、物种两大方面。生境的美在于地理特征、生物特征和气候特征，物种的美则包括体表特征、行为和生态学特性。通过旅游活动，不但促进社会经济增长，而且增长个人见识，启发人的思想并激发好奇心，激励着人们去接近自然、探索自然，从而推进科学技术和人类文明的纵深发展。

6.3 生态系统服务功能价值及其评估

随着人口数量的激增，人们对生态系统产品和服务功能（食物、洁净水等）的需求日益增多，表现为不可再生资源的消耗量急剧增加、生态破坏日趋严重、生态系统的服务功能衰退。预测到2050年，世界净增30多亿人口和经济发展翻两番，这将意味着人口的增长对生物资源的需求与消费猛增，对生态系统及其服务功能的影响也将随之增强。人类的生存总是依赖于生物圈及其生态系统所提供的各项服务功能，面对日益退化的生态系统，人类对其服务功能的各种需求反而持续上升，人类实现可持续发展将受到严重挑战。因此，重视和研究地球上各类生态系统的服务功能及价值评估，成为当前生态学及经济学研究的热点。

6.3.1 生态系统服务功能的价值

6.3.1.1 全球生态系统服务的价值

生物科学杂志（1997）的一篇报道认为，生物多样性的恢复与保育对每个国家都很重要，它有一定的经济和环境效益，估计美国每年从生物多样性（有机废物处理、土壤形成和生物固氮等）方面可以获得3 000亿美元的价值。Costanza（1997）等13位生态学家采取直接或间接价值估计方法，对生态系统服务价值进行估值的同时，又将生态系统服务功能细划分出17个项目（见表6—1）。

表6—1　生态系统服务项目一览表

序号	生态系统服务	生态系统功能	举例
1	气体调节	大气化学成分调节	二氧化碳、氧气平衡，防紫外线，硫化物水平
2	气候调节	全球温度、降水及其他由生物媒介的全球及地区性气候调节	温室气体调节，影响云形成的二甲基硫（DMS）产物
3	干扰调节	生态系统对环境波动的容量、衰减和综合反应	风暴防治、洪水控制、干旱恢复等生境对主要受植被结构控制的环境变化的反应
4	水调节	水文流动调节	为农业、工业和运输提供用水
5	水供应	水的储存和保持	向集水区、水库和含水岩层供水
6	防侵蚀	生态系统内的土壤保持	防止土壤被风、水侵蚀，把淤泥保存在湖泊和湿地中

续表

序号	生态系统服务	生态系统功能	举例
7	土壤形成	土壤形成过程	岩石风化和有机物积累
8	养分循环	养分的储存、内循环和获取	固氮、氮、磷和其他元素及养分循环
9	废物处理	易流失养分的再获取，过多或外来养分、化合物的去除或降解	废物处理、污染控制、解除毒性
10	传粉	有花植物配子的运动	提供传粉者以便植物种群繁殖
11	生物防治	生物种群的营养动力学控制	关键捕食者控制被食者种群、顶级捕食者
12	避难所	为常居和迁徙种群提供生境	育雏地、当地收获物种栖息地或越冬场所
13	食物生产	初级生产中可用为食物的部分	通过渔、猎、采集和农耕收获的鱼、鸟兽、作物、坚果、水果等
14	原材料	初级生产中可用为原材料的部分	木材、燃料和饲料产品
15	基因资源	独一无二的生物材料和产品的来源	医药、材料科学产品，用于农作物抗病和抗虫的基因，家养物种（宠物和植物栽培品种）
16	休闲娱乐	提供休闲旅游活动机会	生态旅游、钓鱼运动及其他户外游乐活动
17	文化	提供非商业性用途的机会	生态系统的美学、艺术、教育、精神及科学价值

资料来源：柳劲松．环境生态学基础．北京：化学工业出版社，2003

根据已出版的研究报告和少数原始数据进行最低估计，生态系统服务的平均价值以及每种生态系统服务的全球价值，如气体调节 1.3×10^9 美元、干扰调节 1.8×10^9 美元、废弃物处理 2.3×10^9 美元、养分循环 17×10^{10} 美元等。从生态系统类型来看，总价值中大约63%来自海洋，37%来自陆地生态系统，全球生态系统提供的服务总价值为每年平均33万亿（16万亿～54万亿）美元，与之相比全球GNP的年总量为18万亿美元，即全球生态系统服务总价值大约为全球GNP的1.8倍（见表6—2）。

表6—2　　全球生态系统服务的价值

生态系统	面积/（百万 hm^2）	价值/［美元/（$hm^2\cdot a$）］	全球价值（万亿美元/a）
海洋	33 200	252	8.4
近海水域	3 102	4 052	12.6
热带森林	1 900	2 007	3.8
其他森林	2 955	302	0.9
草地	3 898	232	0.9
湿地	330	14 785	4.9
湖泊河流	200	8 498	1.7
农田	1 400	92	0.1
全球总价值＝33.3万亿美元			

资料来源：Roush. Science. 276：1029，1997

6.3.1.2 我国生态系统服务的价值

在我国资源核算体系中，市场价格只有在交易时才能产生，环境污染及资源损耗的价值缺少统一标准，生态系统服务功能难以全面、系统地进行估算。随着可持续发展的深入研究，人类必须善待自然，与自然和谐相处，这样才能保持自身的可持续发展。

张新时等采用Costanza等人的方法，对我国生态系统服务功能进行了价值估算（见表6—3）。我国生态系统效益的总价值约为77 834.48亿元人民币/年。其中陆地生态系统效益价值为56 098.46亿元人民币/年；海洋为21 736.02亿元人民币/年。北京大学城市与环境学院陈昌笃教授主持的《中国生物多样性国情研究报告》（1998）公布了对我国生物多样性价值的初步估计结果：其直接使用价值为2 000亿美元/a，间接使用价值为4万亿美元/a。至2000年GDP才达到1万亿美元，而我国生态系统的服务价值是GDP的4倍。

表6—3 我国生态系统效益的整体评价

生态系统类型	面积/km^2	单位价值/USD·$(km^2 \cdot a)^{-1}$	总价值/10^8美元·a^{-1}	总价值/10^8￥·a^{-1}
陆地	9 600 000	678	6 508.92	56 098.46
森林	1 291 177	1 387	1 790.75	15 433.98
热带亚热带森林	821 595	2 007	1 648.94	14 211.73
温带森林/针叶林	469 582	302	141.81	1 222.25
草地	4 349 844	232	1 009.16	8 697.68
红树林	575	9 990	5.74	49.51
沼泽湿地	158 597	19 580	3 105.33	26 763.90
河流/湖泊	50 843	8 498	432.06	3 723.83
荒漠	1 499 473	—	—	—
冻原	4 120	—	—	—
冰川/裸岩	442 461	—	—	—
耕地	1 802 910	92	165.87	1 429.56
海洋	4 730 000	533	2 521.96	21 736.02
开阔洋面	4 380 000	252	1 103.76	9 512.98
海岸带	350 000	4 052	1 418.20	12 223.04
全国	14 330 000	630	9 030.88	77 834.48

同全球生态系统服务的价值相比，我国陆地生态系统效益价值与全球平均水平相差较多，仅为单位面积全球陆地平均价值的84%。这与我国人口众多，耕作历史悠久，自然生态系统破坏严重有关。此外，我国生态系统服务效益在空间上存在分异。如南方省份由于植被条件良好、生物多样性高，比北方省份有更大的生态系统服务效益；湿地具有较大的生态系统服务功能，因此，土地面积较大的省份也具有高的生态系统服务价值；边远省份由于生态环境破坏较小，也具有相对高的生态系统服务价值；农业开发较长时间的黄河中下游省份的生态系统服务价值较低，与大面积开垦、耕作，降低了生态系统的效益有关。

6.3.1.3 各类生态系统服务的价值比较

对农田、草地、海洋、其他森林、热带森林、近海水域、湖泊河流和湿地8种生态系统进行生态系统服务价值比较，如图 6—1 所示，单位面积价值最高的是湿地（14 785 美元），其次是湖泊河流（8 494 美元），然后是近海水域（4 052 美元）、热带森林（2 007 美元）、其他森林（302 美元）、海洋（252 美元）、草地（232 美元），农田最低（92 美元）。

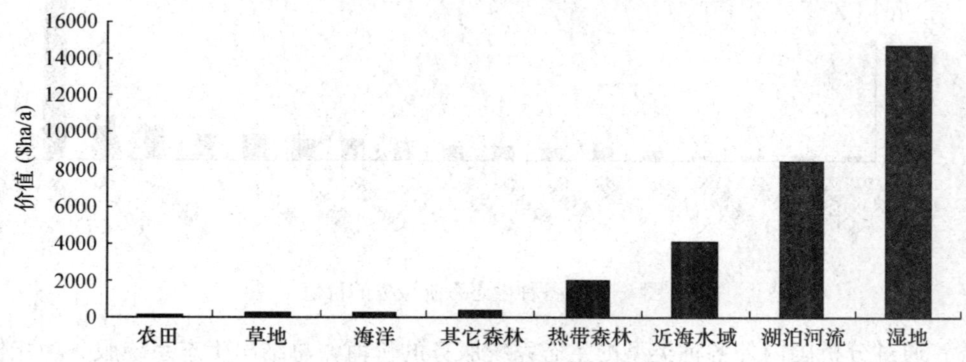

图 6—1　8 种生态系统生物多样性单位面积价值的比较

从生态系统类型看，全球总价值中大约 63%（20.0 万亿美元）来自海洋，如图 6—2 所示，其中大多来自近海（或海岸）生态系统（12.6 万亿美元），海洋（8.4 万亿美元）；有 37%来自陆地生态系统，主要来自湿地生态系统（4.9 万亿美元）、热带森林（3.8 万亿美元），然后是湖泊河流（1.7 万亿美元），其他森林和草地（各 0.9 万亿美元），而农田（0.1 万亿美元）比较少。

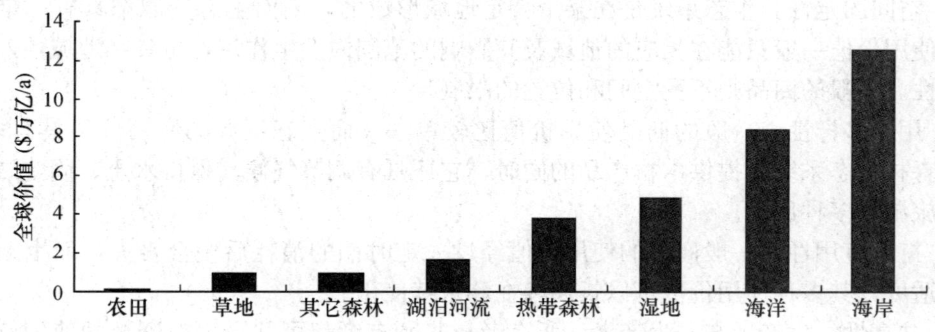

图 6—2　8 种生态系统全球生物多样性价值的比较

生态系统对于人类具有十分重要的作用，对不同类型的生态系统而言，其生态系统服务功能是不同的。如热带雨林生态系统和北方针叶林生态系统所提供的生态系统服务功能相差甚远，人们常常采用生态系统服务功能价值区分不同生态系统的服务功能。从生态系统 17 种服务项目的每公顷平均价值来看，生态系统服务的主要部分目前并没有进入市场。如图 6—3 所示，价值最高的养分循环（17 万亿美元）、文化（3 万亿美元）、废弃物处理（2.3 万亿美元）、干扰调节（1.8 万亿美元）、气体调节（1.3 万亿美元）等服务项目，目前都是非买卖性的。

6.3.1.4　生态系统服务功能价值的特征

生态系统不仅具有直接的使用价值，如粮食、果品、畜禽、水产品和林木等，还有生态系统表现出来的间接价值，如水土保持、调节气候、防风固沙和休闲娱乐以及美学价值的生

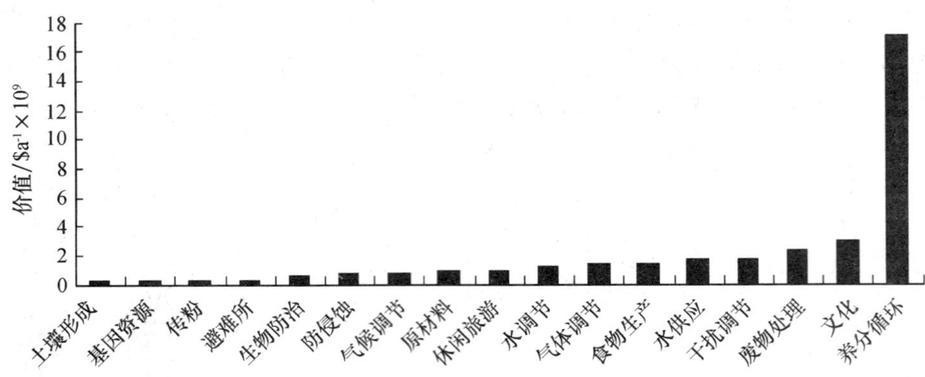

图 6—3 各种生态系统服务的价值

态效益。通过分析国内外各种类型的生态系统服务的价值，总结出生态系统服务功能价值具有如下特征：

1）整体有用性。生态资源的使用价值不是单个或部分要素对人类社会的有用性，而是各组成要素综合成生态系统以后表现出来的有用性。如森林生态系统的使用价值表现在改良土壤、涵养水源、调节气候、净化大气和美化环境等方面，这是森林中的林木、野生动物和土壤微生物等综合为一个有机的森林生态系统之后所表现出来的，而绝非单个要素所能表现出来的功能。

2）空间固定性。生态系统是在某个特定地域形成的，因而生态资源都具有一定的地域性，其使用价值一般只能在相应的地域及其影响的范围内发生作用，也具有地域性，或称空间固定性。一般的商品则不受空间和位置的限制。

3）用途多样性。一般的商品使用价值比较单一，而生态资源的使用价值具有多样性。例如，森林生态系统在提供木材产品的同时，它还具有调节气候、保持水土、固定二氧化碳和观赏旅游等多种用途。

4）持续有用性。一般商品的使用价值经过一定时期的消耗后便会丧失，而生态资源只要利用适度，其多种使用价值可以长期存在和永续使用。

5）共享性。生产者与非生产者、所有者与非所有者都可共享生态资源的使用价值。由于生产者和所有者以及生产活动必须在一定的地域生态环境中进行，尽管生态资源的使用价值可以超出一定的空间范围发挥作用，但生产者和经营者对它的经营单位和所有范围的控制力是有限的。因此，不管所有者是否同意，非所有者和所有者均可以共享其使用价值，而一般商品的使用价值则不能共享。

6）负效益性。人类在生态系统中投入越来越多的劳动，如果投入不当就会使生态系统恶化或污染，这样生态资源使用价值既可以表现对人类有益，又可以表现为有害，前者是正效益，后者为负效益。例如，森林过度砍伐造成水土流失，河流两岸的超标排污造成水质污染等。

6.3.2 生态系统服务功能价值的分类

6.3.2.1 分类系统

分类系统主要有：

1）McNeely 系统。McNeely 等（1990）根据产品是否具实物性将生物资源价值分为直接价值和间接价值，然后又根据其产品是否经过市场贸易和是否被消耗的性质将这两类价值进一步划分为消耗性使用价值、生产性使用价值、非消耗性使用价值、选择价值和存在价值。

2）UNEP 系统。联合国环境规划署（UNEP）于 1993 年组织一些专家编写了《生物多样性国情研究指南》，将生物多样性价值划分为 5 种类型，即具有显著实物形式的直接价值、无显著实物形式的直接价值、间接价值、选择价值和消极价值。

3）Pearce 系统。著名经济学家 Pearce 在 1994 年出版的著作中将环境资源的价值分为使用价值和非使用价值。其中使用价值包括直接使用价值、间接使用价值和选择价值；非使用价值包括遗产价值和存在价值。

4）OECD 系统。经济合作与发展组织（OECD）在 1995 年出版的《环境项目和政策的评价指南》中，对 Pearce 系统进行了改进，将选择价值、遗产价值和存在价值划为一体，意味着选择价值是介于使用价值和非使用价值之间，如图 6—4 所示。

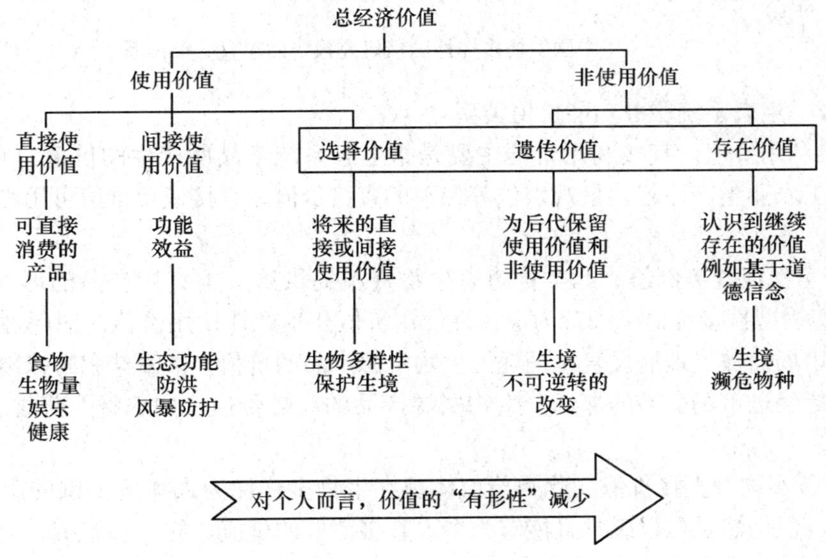

图 6—4　OECD 生物多样性经济价值分类系统

5）Pearce 和 Warford 系统。著名经济学家 Pearce 和世界银行资源环境经济专家 Warford 在 1993 年合著的《世界无末日：经济学、环境与可持续发展》一书中，以分析热带森林总经济价值为例，提出了“准选择价值”的概念，即产生于现在进行保护还是开发的决策之后的信息的价值。在图 6—4 的分类框架基础上，将准选择价值划归在非使用价值栏下与存在价值并列，体现了对生态系统进行保护还是开发的决策以后可能出现的价值。

6）中国价值分类体系。1994 年，国家科委组织自然资源核算研究，在对森林环境资源价值评价研究中，也提出了使用价值和非使用价值的划分，并提到选择价值和存在价值的概念。在 1995—1997 年进行的“中国生物多样性国情研究”项目中，王健民提出生物多样性总经济价值包括直接使用价值、间接价值、潜在使用价值和存在价值 4 个方面，该系统使用了“潜在使用价值”的概念，包括潜在选择价值和潜在保留价值。这实际上取代了上述系统中的选择价值和遗产价值，如图 6—5 所示。

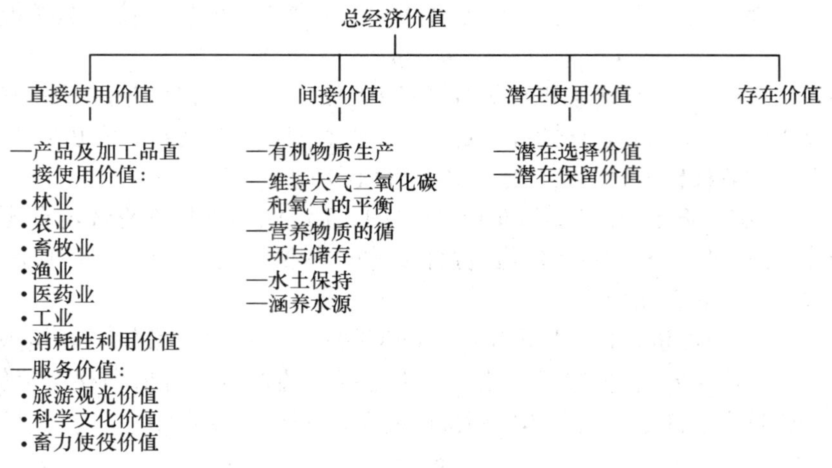

图 6—5　中国生物多样性国情研究报告的单直分类体系

6.3.2.2　生态系统服务功能价值类型

1）直接利用价值。直接利用价值主要是指生态系统产品所产生的价值，它包括食品、医药及其他工农业生产原料，景观娱乐等带来的直接价值。直接使用价值可用产品的市场价格来估计。

a. 显著实物型直接价值。此类价值以生物资源提供给人类直接产品的形式出现。McNeely 等将实物型直接价值又细分为消耗性使用价值和生产性使用价值。消耗性使用价值是指没有经过市场而被当地居民直接消耗的生物资源产品的价值，如薪柴和野味肉品。生产性使用价值是指经过市场交易的那部分生物资源产品的商品价值，如木材、药材、鱼、蔬菜、果品等。

b. 非显著实物型直接价值。此类价值体现在生物多样性为人类所提供的服务，虽然是无实物形式，但仍然是可以感觉且能够为个人直接消费的价值。如生态旅游、动植物园参观和观看动物表演，或作为研究对象提供给科学家进行生物、遗传、生态和地理等多科的研究。

2）间接利用价值。间接利用价值主要指生态系统的功能价值或环境的服务价值，也就是无法商品化的生态系统服务功能。如维持生命物质的生物地化循环与水文循环，维持生物物种与遗传多样性、光合作用与有机物的合成、二氧化碳固定、保护水源、维持营养物质循环、保护土壤肥力、污染物的吸收与降解、维持大气化学的平衡与稳定、支撑与维持地球生命支持系统的功能等。

由于生态系统的功能价值趋于向地方或全社会服务，其生态效益价值计算起来往往高于间接价值。作为一种非实物性和非消耗性的价值，生态系统的间接经济价值往往不能反映在国家的收益账目中。生态系统的间接价值和直接价值之间有着直接依赖关系，直接价值经常由间接价值衍生出来，因为收获的动植物生长必须得到所在环境提供的服务支持，非消耗性和非生产性使用价值的物种在生态系统中可能起着支持那些消耗性或生产性使用价值物种的作用。例如，美国国家海洋渔业局估计，在1954—1978年期间，由于沿岸河口的破坏，国家每年在商业上损失2亿美元以上，这正是沿岸生态系统未被破坏情况下所能提供的间接价值。其中沿岸河口生态系统提供非消耗性的间接价值，商业性渔业提供生产性利用价值，渔业提供消耗性利用价值。间接利用价值的评估常常需要根据生态系统功能的类型来确定，通常有防护费用法、恢复费用法、替代市场法等。

3）选择价值。选择价值是指个人和社会对生物资源和生物多样性潜在用途的将来利用，这种利用包括直接利用、间接利用、选择利用和潜在利用。选择价值的特点在于某一资源不是在现在被使用，而是为了将来能直接利用与间接利用某种生态系统服务功能的支付意愿。例如，人们为将来能利用生态系统的涵养水源、净化大气以及游憩娱乐等功能的支付意愿。人们常把选择价值喻为保险公司，即人们为确保将来自己能利用某种资源或效益而愿意支付的一笔保险金。选择价值又可分为3类：为自己将来利用；为子孙后代将来利用（也称为遗产价值）；为别人将来利用（也称为替代消费）。

4）存在价值。存在价值也称内在价值，是人们为确保生态系统服务功能继续存在的支付意愿。存在价值是生态系统本身具有的价值，是一种与人类利用无关的经济价值，如生态系统中的物种多样性与涵养水源能力等。存在价值是介于经济价值与生态价值之间的一种过渡性价值，它可为经济学家和生态学家提供共同的价值观。

5）遗产价值。遗产价值是指当代人为将来某种资源保留给子孙后代而自愿支付的费用，它体现了当代人为后代将来能受益于某种资源的存在而自愿支付的保护费用。遗产价值反映了代际之间利他主义动机和遗产动机，可表现为代际之间的替代消费。由于遗产价值涉及后代人的资源利用，因此，一些学者认为遗产价值属于选择价值范畴，但也有人指出遗产动机是确保某种资源的永续利用，作为一种资源和遗产保留下来，不涉及将来利用与否。因此，属于存在价值范畴，而现在较多文献将遗产价值单独列出，与选择价值和存在价值并列。

6）存在价值。存在价值是指人们为确保某种资源继续存在而自愿支付的费用，也称为内在价值。例如，一些人（特别是在工业化国家）为了确保热带雨林或某些珍稀濒危动物的永续存在而自愿捐献钱物，而自己并不打算将来到这些热带雨林观光或利用这些野生动物，所以存在价值似乎与伦理的准则和环境保护的责任有关。存在价值的计量方法之一，可利用私人对全世界自然保护事业的自愿捐款来估算。例如，世界自然基金会（WWF）每年可收到来自全世界的捐献达1亿美元。存在价值是经济学家研究的经济价值和环境学家研究的生态价值之间的一种过渡性价值，为经济学家和生态学家提供了共同的价值观，是目前诸多国际保护环境机构和金融机构关注的焦点，也是现代自然保护运动的源泉之一。

6.3.3 生态系统服务价值的评价

生态系统服务价值的评价目前还处于探索阶段，在进行生态资源价值计量时，必须考虑生态系统各个功能间的相互影响。现有的生态经济学、环境经济学和资源经济学的研究成果表明，生态系统服务功能的经济价值评价方法主要有以下几种：

6.3.3.1 市场价值法

市场价值法是以生态系统提供的商品价值为依据，这种方法可以直接反映在国家受益账户上，受到国家和地方的重视。例如，森林每年提供的木材和林副产品的价值。市场价值法先定量地评价某种生态服务功能的效果，再根据这些效果的市场价格来评估其经济价值。在实际评价中有两类评价过程，第一，理论效果评价法，它可分为3个步骤：一是计算某种生态系统服务功能的定量值，如涵养水源的量、二氧化碳固定量、农作物增产量；二是研究生态服务功能的“影子价格”，如涵养水源的定价可根据水库工程的蓄水成本，固定二氧化碳的定价可以根据二氧化碳的市场价格而定；三是计算其总经济价值。第二，环境损失评价法，与环境效果评价法类似的一种生态经济评价方法。例如，评价保护土壤的经济价值时，用生态系统破坏所造成的土壤侵蚀量及土地退化、生产力下降的损失来估计。

市场价值法可适合于没有费用支出的，但有市场价格的生态服务功能的价值评估。例如，没有市场交换而在当地直接消耗的生态系统产品，这些自然产品虽没有市场交换，但它们有市场价格，因而可按市场价格来确定它们的经济价值。理论上，市场价值法是计量资源经济价值最基本、最直接、最广泛的一种合理方法，也是目前应用最广泛的生态系统服务功能价值的评价方法。但由于生态系统服务功能种类繁多，这种方法只考察了生态系统及其产品的直接经济效益，忽视了其间接效益。因此，这种方法计算结果较片面、难以定量，实际评价时仍有许多困难。

6.3.3.2　替代花费法

替代花费法是指通过替代品的市场和价格来估算某些环境效益或服务的价值，它是以使用技术手段获得与生态功能相同的结果所需的生产费用为依据。例如，为获得与一片森林所产生的相同数量的氧气而建立制氧厂所需的费用；为获得因水土流失而丧失的氮、磷、钾养分而生产等量化肥的费用。但是有些生态系统的服务功能，如森林的美学价值和土壤结构及痕量元素等无法用技术手段代替，因此这种方法有一定的局限性，难以准确计量。

6.3.3.3　旅行费用法

旅行费用法起源于如何评价消费者从其所利用的生态系统中获得的效益，又叫费用支出法或游憩费用法。它是在20世纪50—60年代提出并完善的，80年代后日益盛行并广泛用于评价各种野外游憩活动的利用价值。旅行费用法是通过往返交通费、门票费、餐饮费、住宿费、设施运作费、摄影费、购买纪念品和土特产的费用、购买或租借设备费以及停车费和电话费等旅行费用资料确定某项生态系统服务的消费者剩余，并以此来估算该项生态系统服务的价值。旅行费用法是发达国家最流行的游憩价值评价标准方法，也是估算生态旅游价值的方法之一。由于生态系统服务同一般的商品不同，它没有明确的价格。消费者在进行生态系统服务消费时，往往不需要花钱，或者只支付少量的入场费，而仅凭入场费很难反映出生态系统服务的价值。尽管生态系统服务接近于免费供应，但在进行消费时仍然要付出代价，主要表现在消费生态系统服务时需要花往返交通费、时间费用及其他有关费用。

6.3.3.4　条件价值法

条件价值法是一种模拟市场技术方法，其核心是直接调查咨询人们对生态服务功能的支付意愿，并以支付意愿和净支付意愿来表达生态服务功能的经济价值，也称调查法和假设评价法。在实际研究中，从消费者的角度出发，在一系列假设问题下，通过调查、问卷、投标等方式来获得消费者的支付意愿和净支付意愿，综合所有消费者的支付意愿和净支付意愿来估计生态系统服务功能的经济价值。条件价值法是生态系统服务功能价值评估中应用较为广泛的一种评估方法，它适用于缺乏实际市场和替代市场交换商品的价值评估，是“公共商品”价值评估的一种特有的重要方法，它能评价各种生态系统服务功能的经济价值，包括直接利用价值、间接利用价值、存在价值和选择价值。

6.3.3.5 可持续收入与绿色GNP（国民生产总值）

联合国统计委员会于1993年推出了新的国民经济核算体系SNA1993，将资源和环境损失引入国民经济核算体系中，即在GDP中扣除由于经济增长造成自然资源消耗、生态环境破坏的直接经济损失，以及为恢复生态平衡、挽回资源损失而必须支付的经济投资，初步形成了环境与经济综合核算体系，被称为“绿色国民账户”。

6.4 生态环境影响评价

环境影响评价在1969年已正式提出，但生态环境影响评价却是在20世纪80年代提出来的。经济学家在评价自然资本和生态系统服务的变动方面做了大量研究工作，将评价对象的价值分为直接和间接使用价值、选择价值、内在价值等，并针对评价对象的不同发展了市场价值法、替代花费法、条件价值法等评价方法。由于生态系统组分之间的相互制约关系和整个生态系统对外界冲击因子作用方式的复杂性，生态系统环境影响评价理论研究和实践探索越来越受到重视。1985年，美国加州大学洛杉矶分校的Walter E. Westman在其《生态、影响评价和环境规划》一书中给出了生态环境影响评价的定义。其后，Fortlage（1990）、Bergman. J. I. 和Mackenthun. K. M.（1992）、Biwas和Agarwala（1992）以及Gilpin A.（1995）都对生态环境影响评价进行了阐述。随着研究和实践的深入，生态环境影响评价也进入了环境影响评价的教科书中，如L. W. Canter（1996）在其《环境影响评价》一书中专门用两章的篇幅系统阐述了生态环境影响评价。同时，国外近几年进行的几项生态环境影响评价的实例研究也颇有借鉴价值。如方杉芽虫森林管理系统研究、太平洋鲑鱼管理、奥地利高山地区发展研究及委内瑞拉的区域发展分析、马来西亚巴生港环境影响评价研究等，这些研究均各具特色。

1986年3月，在石家庄召开的“第二次全国环境质量学术讨论会”上，以开发建设项目的环境影响评价为主题，提出了生态评价。1990年以来，中国环境影响评价进入了一个新的时期，中央和地方环保机构都加强了国际交流合作，吸取国外先进经验，环境影响评价范围由工业项目的污染为主向生态评价发展。举世瞩目的长江三峡工程、京九铁路工程、疏勒河农业灌溉项目、天水园发展工程等都是典型的以生态影响评价为主的项目。同时，也出现了一些与生态环境影响评价有关的论文。为推动中国生态环境影响评价向规范化方向发展，国家环保局于1998年6月推出了《环境影响评价技术导则——非污染生态影响》，对中国生态环境影响评价的内容、程序、方法等都做了详细规定，成为中国生态环境影响评价的指导性文件。随着人类生态环境意识的提高以及生态学、经济学的发展，生态环境影响评价已成为当今生态经济学和环境经济学的一个热门研究方向。

6.4.1 生态环境影响评价的含义和意义

6.4.1.1 生态环境影响评价的目的

对科学预测的生态环境影响进行评价的目的主要是：

1）评价影响的性质和影响程度、影响的显著性，以决定行止；2）评价生态影响的敏感性和主要受影响的保护目标，以决定保护的优先性；3）评价资源和社会价值的得失，以决定取舍。

6.4.1.2 生态环境影响评价的指标

对科学预测的生态环境影响进行评价时，可采用下述指标和基准：

1）生态学评估指标与基准。在生态学评估中，避免物种濒危和灭绝是一条基本原则，相应的可形成灭绝风险、种群活力、最小可存活种群、有效种群、最小生境区（面积）等评估指标和技术，也可评估出最重要生境区、最重要生态系统等以及需要优先保护的生态系统、生境和生物种群。生态学评估是一种客观科学的评估，从生态学角度判断所产生的影响可否为生态所接受，能够反映影响的真实性，也是最重要的评估指标。

2）可持续发展评估指标与基准。这是从可持续发展战略来判断所产生的影响是否为战略所接受，或是否影响区域或流域的可持续发展。在可持续发展战略中，谋求经济与社会、环境、生态的协调（不使任何一个方面遭受不可挽回的严重损失），谋求社会公平（不使社会贫富差距扩大，保障受影响弱势群体的基本环境和资源权益），谋求长期稳定和代际间的利益平衡（不损害后代的生存与发展权益）等都是基本原则。与此相应的评估资源的可持续利用性、生态的可持续性等，都是重要的评估基准。

3）政策与战略作为评估指标与基准。党的十六大确定的全面建设小康社会的总目标和可持续发展战略，中共中央“关于制定国民经济和社会发展第十个五年计划的建议”，集中地反映了当代中国的发展战略与政策，可作为基本评估指标与基准，在此基础上产生的许多环境政策、资源政策、产业政策，都是重要的评价指标与标准。

4）以环境保护法规和资源保护法规作为评估基准。环境保护法规有世界级、国家级和区域级之分。依据法律和规划进行评估，注意法定的保护目标和保护级别、法规禁止的行为和活动、法律规定的重要界限等。

5）以经济价值损益和得失作为评估指标和标准。经济学评估不仅评估价值大小与得失，还有经济重要度评价问题，如稀缺性、唯一性以及基本生存资源等，都具有较高的重要值。

6）社会文化评估基准。以社会文化价值和公众可接受程度为基本依据。社会公众关注程度、敏感人群特殊要求、社会损益的公平性等，都是社会影响评估中应特别注意的。文化影响评估则以历史性、文化价值、稀缺性和可否替代等以及法定保护级别为依据进行评估。

6.4.1.3 生态环境影响评价的含义

美国的生态环境影响评价以自然生态系统作为评价对象，主要研究人类活动对物种和生境的影响，称为“生物环境影响评价”。美国 Walter E. Westman 的定义为通过许多生物和生态概念和方法，预测和估计人类活动对自然生态系统的结构和功能所造成的影响，这些概念和方法也适用于人工改造过的系统，如农田和城市等。

《环境影响评价技术导则——非污染生态影响》（HJ/T 19—1997）中的定义为“通过定量揭示和预测人类活动对生态影响及其对人类健康和经济发展作用，分析确定一个地区的生态负荷或环境容量。”目前生态环境影响评价分为两大类，一是评价的开发活动对自然生态系统和结构和功能的影响；二是预测开发活动对经济、社会、环境所造成的影响。生态环境影响评价是生态系统受到外来作用时所发生的响应与变化，科学地分析和预估这种响应和变化的趋势，称之为影响预测。对这种预测的结果进行显著性分析、人为地判别可否接受的过程称为影响评价。它包括对生态环境现状进行调查与评价、生态环境影响预测与评价以及对其保护措施进行经济技术论证。

生态环境影响常常是一个从量变到质变的过程，即生态系统在某种外力作用下，其变化不为人们所觉察与认识或不显著，当这种变化达到一定程度时，显示出累积性影响特点。生态环境影响也常具有区域性或流域性特点，即某地发生的生态恶化会殃及其他地区。由于影响面大，许多此类影响也具有战略性影响性质。生态环境影响又是高度相关和综合性的，与生态因子之间的复杂联系密切相关。此外，生态环境动态与自然资源的开发利用息息相关，所以生态环境影响不仅涉及自然问题，还常常涉及社会和经济问题。

6.4.1.4 生态环境影响评价的意义

生态环境影响评价的内涵，体现了人类开发活动对生态环境影响的综合分析和预测，对于人类随着生态经济学、环境和自然资源经济学的发展，生态环境影响评价对于人与自然和谐共处起着不可低估的作用。生态环境影响评价的意义：

1）保护生态系统整体性。生态系统具有地域连续和结构完整性，在进行环境影响评价时，注重生态系统因子之间的相互关系和整体性分析。

2）保护敏感目标。敏感保护目标概括一切重要的、值得保护或需要保护的目标，其中最主要的是法规已明确其保护地位的目标，如需特殊保护地区、生态敏感与脆弱区、社会关注区以及一些环境质量已达不到环境功能区划要求的地区。开发建设项目占地及周边涉及的敏感目标，通过生态环境影响评价，注重生态环境问题的阐明，提出解决和保护这些敏感目标的途径。

3）保护生物多样性。生态系统不仅为各种物种的生存繁殖提供场所，还为生物进化和生物多样性的产生提供基本条件，多种多样的生态系统为不同种群提供了不同的生存场所，从而保证了丰富的遗传基因信息。生物多样性产生的人类文化多样性，具有巨大的社会价值，是自然生产和许多生态服务功能的源泉和基础，是人类文明中重要的组成部分。对生物多样性影响评价的原则，包括拟议项目将会影响的生态系统的类别；有无特别值得关注的荒地、具有国家或国际重要意义的自然景区；生态系统的特征是什么；确定拟议项目对生态系统的冲击；估计损失的生态系统的总面积；估计生态累积效应和趋势等。

4）保护生存性资源。生存性资源是人类生存和发展所依赖的基本物质基础，也是保障区域可持续发展的先决条件，在生态环境影响评价过程中要注重对生存性资源的保护。当一些重要资源，如水资源、土地资源、景观等受影响或遭受破坏时，必须进行必要的恢复，植被恢复尤其重要。对不良景观而又不可改造者，可采取避让、遮掩等方法处理。

6.4.2 生态环境影响评价的程序

依据《环境影响评价技术导则——非污染生态影响》，生态环境影响评价大致分为生态环境影响识别、现状调查与评价、影响预测与评价、减缓措施和替代方案等步骤。在环境影响评价识别中包括工程资料的收集、评价等级的划分、评价范围和评价期限的确定、评价标准的选取、生态环境影响识别和评价因子的筛选。生态环境影响评价的基本工作程序，如图6—6所示。

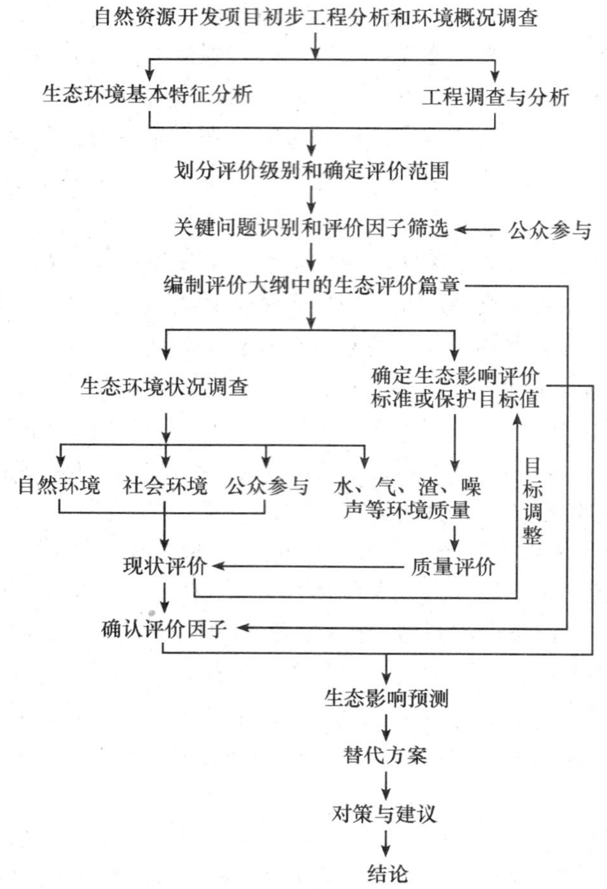

图 6—6　生态环境影响评价的基本工作程序

6.4.3　生态环境影响评价方法

生态系统评价方法大致可分两种。一种是生态系统质量的评价方法，主要考虑的是生态系统属性的信息，较少考虑其他方面的意义。另一种评价方法是从社会—经济的观点评价生态系统，估计人类社会经济对自然环境的影响，评价人类社会经济活动所引起的生态系统结构、功能的改变及其改变程度，提出保护生态系统和补救生态系统损失的措施。

目前，生态环境评价方法正处于研究和探索阶段，大部分评价采用定性描述和定量分析相结合的方法进行。生态环境现状评价方法见《环境影响评价技术导则——非污染生态影响》（HJ/T 19—1997）推荐的方法，如图形叠置法、生态机理分析法、类比法、列表清单法、质量指标法、景观生态学方法、系统分析法、生产力评价法是发展最快，应用越来越广的方法。

6.4.3.1　图形叠置法

图形叠置法又称生态图法，就是把两个或更多的环境特征重叠地表示在同一张图上，构成一份复合图，用以在开发行为影响所及的范围内，指明被影响的环境特性及影响的相对大小。目前被用于公路或铁路选线、滩涂开发、水库建设、土地利用等方面的评价工作。该方法使用简便、预测结果直观、易被人理解，但这种方法不能做预测时间上的延续和精确的定量评价，且需要大量的资料、经费和人力。因此，与计算机作图、地理信息系统等技术相结合使用，其应用范围更广泛，效果也将大大提高。

6.4.3.2 生态机理分析法

根据动植物及其生态条件分析，预测开发项目对动植物个体、种群、群落的影响。例如，调查动植物分布特点、结构特征变化，识别有无珍稀濒危物种及重要经济、历史、观赏和科研价值的物种，预测新建工程后影响区内动植物生长环境及生境变化。可根据实际情况，综合运用生物模拟试验、生物数学模拟、计算机模拟生境技术等。

6.4.3.3 类比法

类比法就是通过既有开发工程及其已显现的环境影响后果的调查结果来近似地分析说明拟建工程可能发生的环境影响。类比分析一般不会对两项工程作全方位的比较分析，而是针对某一个或某一类问题进行类比调查分析，考虑选择合适的类比对象，同时还应考虑类比对象对相应类比分析问题的有效性和深入性。因此，根据已建成的，其环境影响已基本趋于稳定的建设项目对植物、动物或生态系统产生的影响，预测拟建项目的生态环境效应。该方法被选中的类比项目，要求项目的工程特征、地理地质环境、气候因素、动植物背景等方面都与拟建项目相似，可采取此方法。在类比调查项目植被现状时，包括个体、种群和群落变化及动植物分步以及生态功能的变化情况等。由于生态环境影响的渐进性（量变到质变）、累积性、复杂性和综合性特点，使得许多生态环境影响的因果关系十分错综复杂，通过类比调查分析既有工程已经发生的环境影响，并类比分析拟建工程的环境影响，现已成为一种十分重要的影响预测与评价方法。

6.4.3.4 列表清单法

列表清单法由 Little 等人于 1971 年提出，该方法是对将要实施的开发活动和可能受影响的环境因子分别列于同一张表格的列与行，用不同符号判定每项开发活动对应的环境因子的相对影响大小。该方法是一种定性方法且使用方便，但不能对环境影响程度进行定量评价。

6.4.3.5 质量指标法

质量指标法是通过对环境因子性质及变化规律的研究，建立起评价函数曲线，通过评价函数曲线将这些环境因子的现状值与预测值转换为统一的无量纲的环境质量指标，用 1～0 表示。由此计算项目建设前后各因子环境质量质变的变化值，最后根据各因子的重要性赋予权重，再将各因子的变化值综合起来得出项目对生态环境的综合影响。

6.4.3.6 景观生态学方法

景观生态学方法是通过空间结构分析、功能与稳定性分析对生态环境质量状况进行评判。景观的结构和功能是相当匹配的，景观由拼块、模地和廊道组成。模地是景观的背景地块，是景观中一种可以控制环境质量的组分。模地的判定是空间结构分析的重点，其标准有相对面积大、连通程度高、有动态控制功能。拼块采用生物多样性指数和优势度表征。该方法体现了生态系统结构和功能结合相一致的基本原理，反映出生态环境的整体性。

6.4.3.7 系统分析法

系统分析法能够妥善地解决多目标动态性问题，在生态系统质量评价中使用系统分析的具体方法有专家咨询法、层次分析法、模糊综合评判法、综合排序法、系统动力学、灰色关联等方法，这些方法原则上都适用于生态环境影响评价。

6.4.3.8 生产力评价法

绿色植物的生产力是生态系统物流和能流的基础，它是生物与环境之间相互联系的最本质标志。该方法的评价由下述分指数综合而成：

1）生物生产力。生物生产力是生物在单位面积和单位时间所产生的有机物质的重量，即生产的速度，以 t/（hm^2 • a）表示。

2）生物量。广义的生物量指在一定地段某个时期生存的全部活有机体的现有量，可用于指某种群、某类群生物的（如浮游动物）或整个生物群落的生物量，以 t/hm^2表示。在生态环境影响评价中，一般选用标定相对生物量作为表征指数（P_b），计算公式如下：

$$P_b = B_m / B_{mo}$$

式中 B_m——生物量；

B_{mo}——标定生物量。

其中，P_b值越大，说明生态环境质量越好。

本章小结

通过本章学习使学生了解生态系统服务功能的定义及国内外研究进展，生态系统服务功能的价值及其评估；熟悉生态系统生产及产品、生物多样性保护、调节气候、减缓灾害、净化环境、美化与游憩等方面的生态系统服务功能及其内容；掌握生态环境影响评价的定义、分类、评价程序及其方法。

思考题

1. 简述生态系统服务功能的概念及内容。
2. 简述生态系统服务的研究进展。
3. 针对一个特定的生态系统（如森林系统、湿地生态系统、湖泊生态系统等）进行生态服务功能的调查分析。
4. 简述生态系统服务功能价值的分类系统有哪些。
5. 结合我国生态环境的现状，谈谈生态系统服务价值评估的现实意义。
6. 试述生态环境影响评价的程序，并简要分析我国生态环境影响评价的发展历程。
7. 简述生态环境影响评价的方法及其意义。

技能实训 5 生态系统服务功能调查

一、调查地点简介

凉水国家级自然保护区位于黑龙江省伊春市带岭区境内，地理坐标为东经 128°53′20″，北纬 47°10′50″。保护区总面积为 12 133.0 hm^2，森林总蓄积量 170.0 万 m^3，森林覆被率 98%。1980 年经原林业部批准建立，1997 年晋升为国家级。保护区内自然资源丰富、植被群落类型复杂多样，分布有大片较原始的红松针阔叶混交林，是我国目前保存下来最为典型和完整的原生红松针阔叶混交林分布区之一，也是中国和亚洲东北部很具代表性的温带原始红松针阔叶混交林区。

二、调查目的和意义

1. 对凉水国家级自然保护区红松针阔叶混交林生态系统服务功能的调查，推广为对全省各类森林生态系统服务功能的深入研究，具有一定的科研价值。

2. 培养学生的科研能力，为教学和宣传自然保护科学知识提供了广阔的课堂。

三、调查内容

凉水国家级自然保护区主要保护对象为生态系统，依据凉水森林生态站长期、连续观测数据及多年科研成果、森林资源调查资料及社会经济公共数据，构建适合凉水自然保护区红松针阔叶混交林生态系统服务功能的评估指标体系，分别估算凉水自然保护区“九五”和“十五”期间森林生态系统服务功能的总价值、单位面积价值，并对森林生态系统各项服务功能、各森林类型总价值、单位面积价值进行大小排序，计算“十五”到“十一五”期间森林生态系统服务功能总价值及其单位面积价值的变化率。

四、注意事项

外出调查前，应注射预防森林脑炎疫苗，进入有蜱地区要穿戴严实，扎紧裤脚（穿戴靴套）、袖口（戴手套）和领口，同时注意人身安全；调查期间，重视与科研人员，尤其是一线生产工人的探讨与交流。

7 环境污染防治的生态对策

本章学习目标

1. 了解污染物在生态系统中的迁移规律。
2. 了解水体富营养化的机理、危害及其防治对策。
3. 熟悉水体自净、生物富集、固体废物等概念。
4. 熟悉环境污染的概念性质和分类，在生态系统中的迁移转化途径及其影响因素。
5. 熟悉大气污染的综合防治对策，植物对大气污染物的净化作用。
6. 掌握废水处理的基本方法，以及固体废物的控制与处理技术。

7.1 环境污染的概念及其防治措施

7.1.1 环境污染的概念

环境污染（environmental pollution）是指人类直接或间接地向环境排放超过其自净能力的物质或能量，使环境的质量降低，对人类的生存与发展、生态系统和财产造成不利影响的现象。其实质就是人类活动中将大量的污染物排入环境，影响其自净能力，降低生态系统的功能。例如，超过国家和地方政府制定的排放污染物的标准，即超种类、超量、超浓度排放污染物；未采取防止溢流和渗漏措施而装载运输油类，或者有毒货物致使货物落水造成水污染；非法向大气中排放有毒有害物质，造成大气污染事故等。环境污染导致了一系列环境污染问题的产生，如日照减弱、气候异常、水质变差、山野荒芜、土壤沙化、盐碱化、草原退化、水土流失、自然灾害频繁、废弃物堆积、噪声、振动、恶臭、生物物种灭绝等。

环境污染已成为世界各国的主要政治问题和社会问题。随着生产力的发展以及人类深入改造环境，这些由人类活动引起的违反自然规律所致的环境污染，也必将引起更复杂的新的环境问题。因此，我们要调节人类社会活动与环境的关系，提出预防或者减缓环境污染的对策。

7.1.2 污染物在生态系统中的迁移规律

污染物的迁移转化，是指污染物在环境中发生空间位置的转移和存在形式的转化，尤其是存在形式的转化必然伴随着空间位置的移动。污染物在环境中的迁移，按照物质运动形式，可分为机械迁移、物理—化学迁移、生物迁移三种基本类型。机械迁移是指污染物被水流或气流机械搬运，如气体污染物在大气中的扩散，水污染物在水体中的扩散等。对无机污染物而言，物理—化学迁移是指污染物以简单离子、配离子和可溶性分子在环境中通过一系列物理—化学作用；对有机污染物而言，物理—化学迁移还包括污染物的化学分解、光化学分解和生物化学分解过程，迁移的结果决定污染物在环境中的存在形态、富集状况和潜在危害程度。生物迁移是指污染物通过生物体的新陈代谢和生长、死亡过程以及食物链等过程所进行的一种复杂的迁移，不单单是物理—化学问题，而是服从于复杂的生物学规律的。

污染物是否发生迁移转化取决于 3 方面内容。一是污染物自身的物理化学性质，如组成该污染物的元素形成化合物的能力、形成不同电价离子的能力、形成配合物的能力和被胶体吸附的能力等；二是污染物外部的物理化学条件，主要是环境的酸碱条件、氧化还原条件、胶体的种类和数量、有机质的数量与性质等；三是污染物对生物的毒性和生物体对污染物的代谢与解毒作用。污染物在生态系统中迁移转化的影响因素可以概括为：生物种的生物学及生态学特性、污染物的种类及其形态差异、pH 值、氧化还原电位、土壤阳离子交换量（CEC）、复合污染物间的不同效应、土壤性质等几个方面。

7.1.3 生物富集

人们最初在研究污染物对生物体的毒害作用时发现，许多污染物在生物体内的浓度远远大于其在环境中的浓度，并且只要环境中这种污染物继续存在，生物体内污染物的浓度就会随着生长发育时间的延长而增加。对于一个受污染的生态系统而言，处于不同营养级上的生物体内的污染物浓度，不仅高于环境中污染物的浓度，而且具有明显的随营养级升高而增加的现象。有人曾提出用生物积累、生物放大等术语来描述这种现象，最后我们采用“生物富集”这个术语。生物富集（bio-concentration）又称生物浓缩，是指生物个体或处于同一营养级的许多生物种群，从周围环境中吸收并积累某种元素或难分解的化合物，导致生物体内该物质的平衡浓度超过环境中浓度的现象。富集的程度可用富集系数来表示（王公德，1993）。

生物体吸收环境中物质的情况有 3 种：一是藻类植物、原生动物和多种微生物等，主要靠体表直接吸收；二是高等植物，主要靠根系吸收；三是大多数动物，主要靠吞食进行吸收。其中，前两种属于直接从环境中摄取，后一种则需要通过食物链进行摄取。污染物的吸收、积累途径可以通过生物体直接累积或通过食物链而逐级累积，比如鲦鱼 DDT 残留量 30%来自饵料，60%来自水，水和饵料都受污染时残留量最多，表明鱼类可以直接从水中吸收污染物。又如随着时间的增加和食物链不断向更高阶段的推移，汞在水生食物链的迁移累积量也越来越大，以致有些肉食性鱼类体内汞的浓度比其所生长的水环境中的浓度高 10 000 倍以上。

生物富集作用会产生一定的危害，如铅易于污染蔬菜，从而造成人体造血、神经系统和肾脏的损伤；水生生物、陆生植物可富集镉，被人食用后可破坏人体肾脏的近曲小管，造成钙等营养素的丢失，导致骨质脱钙，俗称“痛痛病”。同时，污染物的生物富集可能会影响一部分生物的正常生理机能、繁殖习性、生物遗传、能量转换、摄食行为等，从而破坏生物资源，降低生物生产力，从而导致种类组成或个体数量发生变化，引起一系列的生态效应。如森林树种被灌木和草本所代替，生态系统中的生产者、消费者和还原者之间与非生物环境的关系发生改变，一些有毒污染物（多数有机氯化合物等）对动物的繁殖具有致畸致突变或阻碍其生长发育的现象等。

通过对生物富集作用的研究，可以阐明物质在生态系统内的迁移和转化规律，评价和预测污染物进入生物体后可能造成的危害，在利用生物体对环境进行监测和净化等方面都具有重要意义。

7.1.4 环境污染的防治对策

环境污染的防治主要是解决从污染产生、发展，直至消除的全过程中所存在的有关环境问题和采取防治的一类列措施，其最终目的是保护和改善人类生存的生态环境。污染防治对策包括单个污染源或污染物的防治，也包括区域污染的综合防治。根据治理对象的不同，它又可分为大气污染防治、水污染防治、固体废物处理与处置、噪声和振动控制、恶臭防治、土壤污染防治等。按照不同的防治方法，又可分为物理的、化学的和生物的防治方法。本章重点介绍废水的处理方法水体富营养化及其防治对策、大气污染的综合防治对策、土壤污染的防治以及固体废物的资源化。

7.2 水体污染与废水处理的生物对策

7.2.1 水体污染与水体自净

生命起源于水，生物的生存离不开水。水是环境中最活跃的自然要素之一，也是地表的主要组成物质。水环境学中把水体当作包括水中悬浮物、溶解物质、底泥和水生生物等的完整生态系统或自然综合体。水体按类型还可划分为海洋水体和陆地水体，陆地水体又分为地表水体和地下水体，地表水体包括河流、湖泊等。

7.2.1.1 水体污染

20 世纪 70 年代后，随着全球工业生产的发展和社会经济的繁荣，大量的工业废水和城市生活废水排入水体，水体污染日益严重。由于人类活动而排放的污水、废水、各种废弃物等污染物质进入水域，超出了水体的自净和纳污能力，从而导致水体及其底泥的物理、化学性质和生物群落组成发生了很大变化，破坏了水中固有的生态系统和水体的功能，从而降低水体使用价值的现象，称为水体污染。造成水体污染的因素是多方面的，如向水体排放未经过妥善处理的城市生活污水和工业废水；施用的化肥、农药及城市地面的污染物，被雨水冲刷，随地面径流进入水体；随大气扩散的有毒物质通过重力沉降或降水过程而进入水体等。

水体污染物的种类繁多，根据污染物的理化、生物学性质及污染特征，一般可分为四大类，即无机无毒物、无机有毒物、有机无毒物和有机有毒物。此外，还有放射性物质、生物污染物质和热污染等。事实上，水体不只受到一种类型的污染，而是同时受到多种性质的污染，并且各种污染互相影响，不断地发生着分解、化合或生物沉淀作用。

7.2.1.2 水体自净

通常情况下，污水排入水体后，一方面对水体产生污染，另一方面水体本身有一定的净化污水的能力，经过一段时间后，水体往往能恢复到受污染前的状态，并在微生物的作用下进行分解，从而使水体由不洁净恢复为清洁，这一过程称为水体自净。广义的水体自净是指受污染的水体，经过水中物理、化学与生物作用，使污染物浓度降低，并恢复到污染前的水平；狭义水体自净是指水体中的微生物氧化分解有机物而使得水体得以净化的过程。水体自净包括沉淀、稀释、混合等物理过程，氧化还原、分解化合、吸附凝聚等化学和物理的化学过程以及生物化学过程。其中，物理过程和生物化学过程在水体自净中占据主要地位。物理自净作用是指污染物质在水体中扩散、稀释、挥发、沉淀等；生物自净作用是指微生物在溶解氧充分的情况下因好氧微生物作用，氧化分解为简单的、稳定的无机物，如二氧化碳、水、硝酸盐和磷酸盐等，使水体得到净化。在这个过程中，复氧和耗氧同时进行。溶解氧的变化状况反映了水中有机污染物净化的过程，因而可把溶解氧作为水体自净的标志。

水体自净能力除与水体本身因素有关外，还与有机污染物的数量和性质有关。一般生活污水和食品工业废水中的蛋白质、脂肪和糖类极易被分解，但大多数有机污染物分解较慢，甚至难以分解，并且有毒性，造成污染的水体难以达到自净的效果。因此，我们应充分利用水体自净能力，还应加强废水的综合治理，对污水排放浓度和数量进行达标限制。

7.2.2　废水处理的基本方法

废水处理的基本任务是采用各种手段把水中的污染物质分离出来，或使其转化为无害的物质，从而使废水得到净化。废水处理按其处理程度的不同可分为三级。

一级处理主要是去除废水中呈悬浮状态的固体污染物质，基本上采用物理方法。处理后的废水通常含有有机物及其他污染物，不宜排放，还需二级处理。

二级处理主要除去废水中呈胶体和溶解状态的有机性污染物，BOD 的去除率可达 80% 以上，常用生物化学法。

三级处理，用于去除不能降解的有机物，以及氮、磷等可溶性无机物。常用方法有混凝沉淀、砂滤、活性炭过滤、离子交换、电渗析、生物脱氮等。

废水处理方法分为好氧和厌氧法两大类。好氧生物处理法处理效率高、使用广泛，已成为主要方法。厌氧生物处理法主要用于污泥的消化处理和高浓度废水的处理。本节主要介绍好氧生物处理通常采用的 3 个方法：活性污泥法、生物膜法和氧化塘法。

7.2.2.1　活性污泥法

活性污泥法（activated sludge process）是在人工充氧条件下，对污水和各种微生物群体进行连续混合培养形成活性污泥，利用活性污泥的生物凝聚、吸附和氧化作用，以分解去除污水中的有机污染物，然后使污泥与水分离，大部分污泥再回流到曝气池，多余部分则排出活性污泥系统，如图 7—1 所示。

典型的活性污泥法是由曝气池、沉淀池、污泥回流系统和剩余污泥排除系统组成。污水和回流的活性污泥一起进入曝气池形成混合液。从空气压缩机站送来的压缩空气，通过铺设在曝气池底部的空气扩散装置，以细小气泡的形式进入污水中，目的是增加污水中的溶解氧含量，使混合液处在剧烈搅动的悬浮状态。溶解氧、活性污泥与污水互相混合、充分接触，使活性污泥反应得以正常进行。经过活性污泥净化作用后的混合液进入二次沉淀池，混合液中悬浮的活性污泥和其他固体物质在这里沉淀下来与水分离，澄清后的污水作为处理水排出

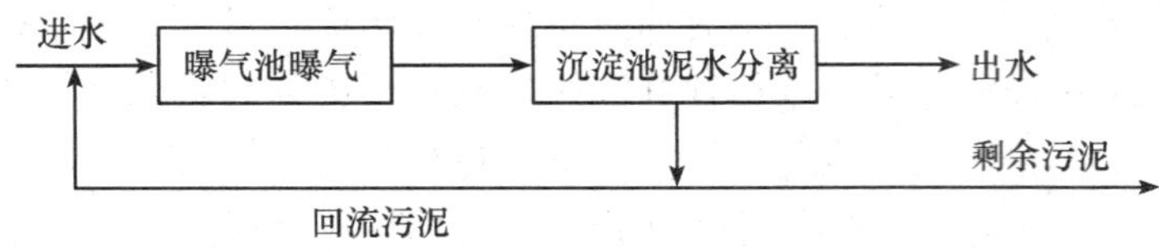

图 7—1 活性污泥法的基本流程

系统。经过沉淀浓缩的污泥从沉淀池底部排出，其中大部分作为接种污泥回流至曝气池，以保证曝气池内的悬浮固体浓度和微生物浓度。增殖的微生物从系统中排出，称为剩余污泥。事实上，污染物很大程度上从污水中转移到了这些剩余污泥中。

7.2.2.2 生物膜法

生物膜法（biomembrance process）又称固定膜法，利用附着生长于某些固体物表面的微生物（即生物膜）进行有机污水处理，去除废水中溶解性的和胶体状的有机污染物。生物膜法依靠固定于载体表面上的微生物膜降解有机物，由于微生物细胞几乎能在水环境中的任何适宜的载体表面牢固地附着、生长和繁殖，由细胞内向外伸展的胞外多聚物使微生物细胞形成纤维状的缠结结构。因此，生物膜通常具有孔状结构，并具有很强的吸附性能。生物膜是由高度密集的好氧菌、厌氧菌、兼性菌、真菌、原生动物以及藻类等组成的生态系统，其附着的固体介质称为滤料或载体。生物膜自滤料向外可分为厌气层、好气层、附着水层、运动水层。

生物膜法的原理是生物膜首先吸附附着水层有机物，由好气层的好气菌将其分解，再进行厌气分解，流动水层则将老化的生物膜冲掉以生长新的生物膜，如此往复以达到净化污水的目的。在污水处理构筑物内设置微生物生长聚集的载体（一般称填料），在充氧的条件下，微生物在填料表面聚附着形成生物膜，经过充氧的污水以一定的流速流过填料时，生物膜中的微生物吸收分解水中的有机物，使污水得到净化，同时微生物也得到增殖，生物膜随之增厚。当生物膜增长到一定厚度时，向生物膜内部扩散的氧受限制，其表面仍是好氧状态，而内层则会呈缺氧甚至厌氧状态，并最终导致生物膜的脱落。随后，填料表面还会继续生长新的生物膜，周而复始，使污水得到净化。微生物在填料表面聚附着形成生物膜后，由于生物膜的吸附作用，其表面存在一层薄薄的水层，水层中的有机物已经被生物膜氧化分解，故水层中的有机物浓度比净水要低得多。当废水从生物膜表面流过时，有机物就会从运动着的废水中转移到附着在生物膜表面的水层中去进一步被生物膜所吸附，空气中的氧也经过废水而进入生物膜水层并向内部转移。生物膜上的微生物在有溶解氧的条件下对有机物进行分解和机体本身进行新陈代谢，因此，产生的二氧化碳等无机物又沿着相反的方向，即从生物膜经过附着水层转移到流动的废水中或空气中去，由于出水的有机物含量减少，废水便得到了净化。生物膜法具有对水量、水质、水温变动适应性强，处理效果好并具良好硝化功能，污泥量小（约为活性污泥法的 3/4）且易于固液分离，动力费用低的特点。

在污水生物处理的发展和应用中，活性污泥和生物膜法一直占据主导地位。随着新型填料的开发和配套技术的不断完善，与活性污泥法平行发展起来的生物膜法处理工艺在近年来得以快速发展。生物膜法克服了活性污泥法中易出现的污泥膨胀和污泥上浮等问题，在许多情况下不仅能代替活性污泥法用于城市污水的二级生物处理，而且还具有处理效率高、运行稳定、抗冲击负荷强、更为经济节能、产泥量低、占地面积少，具有一定的硝化反硝化功能、可实现封闭运转防止臭味等优点，在处理中极具竞争力。通过人工强化作用将生物膜引入到污水处理反应器中，便形成了生物膜反应器。近年来，生物膜反应器发展迅速，由单一到复合，有好氧也有厌氧，逐步形成了一套较完整的生物处理系统。

7.2.2.3 厌氧生物处理法

厌氧生物处理法（biological anaerobic treatment）是在无氧的条件下，利用兼性菌和厌氧菌分解有机物的一种生物处理法。厌氧生物处理技术最早仅用于城市污水厂污泥的稳定处理。有机物厌氧生物处理的最终产物是以甲烷为主体的可燃性气体（沼气），可以作为能源回收利用；处理过程产生的剩余污泥量较少且易于脱水浓缩，可作为肥料使用；运转费也远比好氧生物处理低。因此，在当前能源日趋紧张的形势下，厌氧处理作为一种低能耗，可回收资源的处理工艺，重新受到世界各国的重视。最近的研究结果表明，厌氧生物处理技术不仅适用于污泥稳定处理，而且适用于高浓度和中等浓度有机废水的处理。有的国家还对低浓度城市污水进行厌氧处理研究，并取得了显著进展。

有机物的厌氧分解（又称厌氧消化）过程在微生物学上可分为两个阶段——酸性消化（或酸性发酵）阶段和碱性消化（或碱性发酵）阶段，分别由两类微生物群体完成，如图7—2所示。

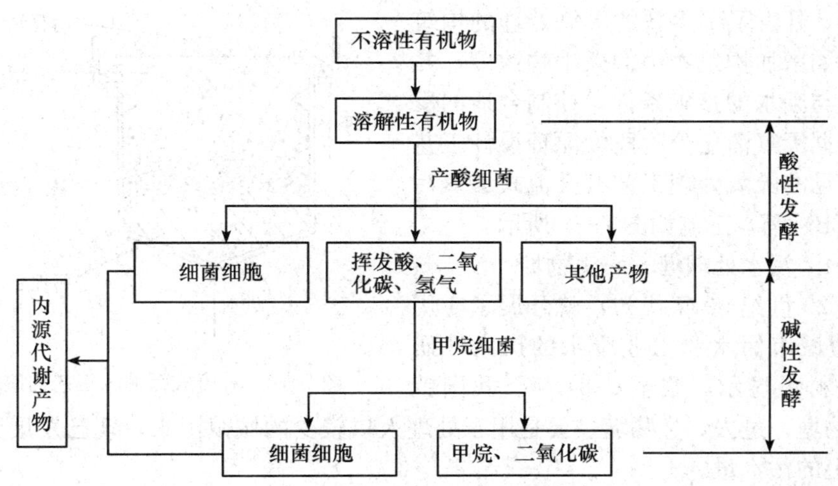

图7—2 有机物的厌氧分解过程的两个阶段

1）酸性消化阶段。厌氧消化过程中，首先发生的是酸性消化阶段，参与这一阶段的微生物主要是产酸细菌（又称酸性腐化细菌或水解细菌），它们属于兼性厌氧细菌或专性厌氧细菌。在这一阶段中，不溶性的有机物在细菌释放的外酶的作用下，水解生成水溶性的有机物。例如，淀粉和纤维素水解为单糖，蛋白质水解为肽和氨基酸，脂肪水解为丙三醇和脂肪酸。接着，水解产物渗入细胞，在内酶的作用下，转化为丁酸、丙酸、乙酸等挥发性有机酸类和醇、氨、硫化物、二氧化碳、氢等无机物和能量。

酸性消化前期，由于细菌首先分解的是碳水化合物，产生大量有机酸，溶液的pH值迅速下降至6以下，有时甚至可以达到5以下，故称为酸性发酵期。随着碳水化合物的减少，有机酸及含氮化合物开始分解，生成氨、胺、碳酸盐等碱性物质，pH 值不再下降，并逐渐上升到 6.6～6.8，同时放出硫化氢、吲哚、硫醇等恶臭气体，称为酸性减退期。产酸细菌对 pH 值及温度的适应性很强，几分钟至几小时即可繁殖一代，多属于异养型兼性细菌群。

2）碱性消化阶段。酸性消化阶段后期，随着 pH 值的逐渐回升，甲烷细菌经一段时间的适应后，开始分解有机酸，使溶液 pH 值上升，产气量增加，有机物厌氧分解进入碱性消化阶段，当 pH 值达到 7.0～7.5 时，产气量达到最大值。

在碱性消化阶段，起主要作用的甲烷细菌是专性很强的一类绝对厌氧菌。甲烷菌能利用产酸菌产生的挥发性脂肪酸、挥发醇、氢作为营养来源，代谢产物为甲烷、二氧化碳、微量硫化氢、氨和氢组成的气体。一般生活污水污泥厌氧消化所产生的气体中，甲烷占 50%～75%，是一种很好的燃料。

甲烷细菌对 pH 值的要求很严格；甲烷细菌对温度的适应性较差，在一定温度下驯化的甲烷细菌，温度变化 1～2℃就能使消化过程受到破坏；甲烷菌的繁殖很慢。同时，专一性很强，每种菌只能代谢特定的基质，因此，有机物的厌氧分解往往是不完全的。

正常的厌氧消化过程应保持酸的形成速率与甲烷的形成速率平衡。由于甲烷细菌的世代期比产酸细菌长，对环境的适应性差，甲烷的形成速率缓慢，所以碱性消化阶段控制着整个系统的反应速率，整个过程中必须维持有效的碱性消化条件。

近年来，开发了不少新的厌氧处理的构筑物和工艺，如增加构筑物中的微生物浓度，并改善微生物与废水的接触条件，控制合适的反应速度，根据厌氧消化分阶段的原理设计工艺流程等，常见的厌氧处理工艺有升流式厌氧污泥床（UASB）等，工艺如图 7—3 所示。

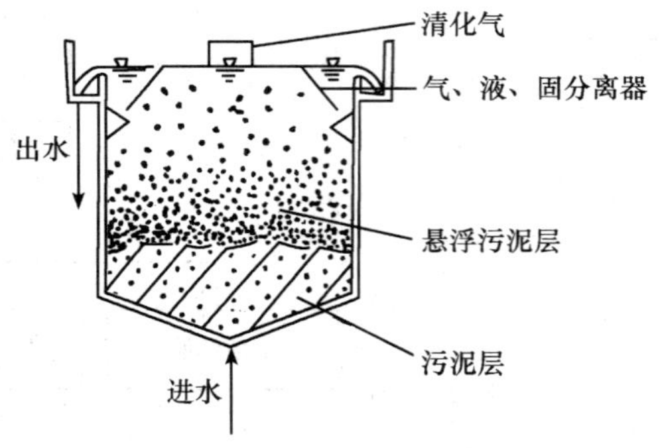

图 7—3　升流式污泥床工艺构造示意图

7.2.2.4　污水处理塘——生物塘

我国从 20 世纪 50 年代初，就开展了应用生物塘处理城市污水和工业废水的探索性研究。据有关材料显示，截至 1984 年，我国就有 38 座生物塘。过去，生物塘主要是用于处理人口较少的城镇污水，现已发展到每天可处理 10^4 t 以上的污水量。

生物塘是一种利用天然净化能力对污水进行处理的构筑物的总称。其净化过程与自然水体的自净过程相似，通常是将土地进行适当的人工修整，建成池塘，并设置围堤和防渗层，依靠塘内生长的微生物来处理污水。生物塘以太阳能为初始能量，通过在塘中种植水生植物，进行水产和水禽养殖，形成人工生态系统，在太阳能（日光辐射提供能量）作为初始能量的推动下，通过生物塘中多条食物链的物质迁移、转化和能量的逐级传递、转化，将进入塘中污水的有机污染物进行降解和转化，最后不仅去除了污染物。而且以水生植物和水产、水禽的形式作为资源回收，净化的污水也可作为再生资源回收再用，实现污水处理资源化。生物塘进水口布置图，如图 7—4 所示。

根据污水处理塘的净化机理，大致可分为好氧塘、厌氧塘、兼性塘、曝气氧化塘、塘田和鱼塘等。各种氧化塘的特性见表 7—1。

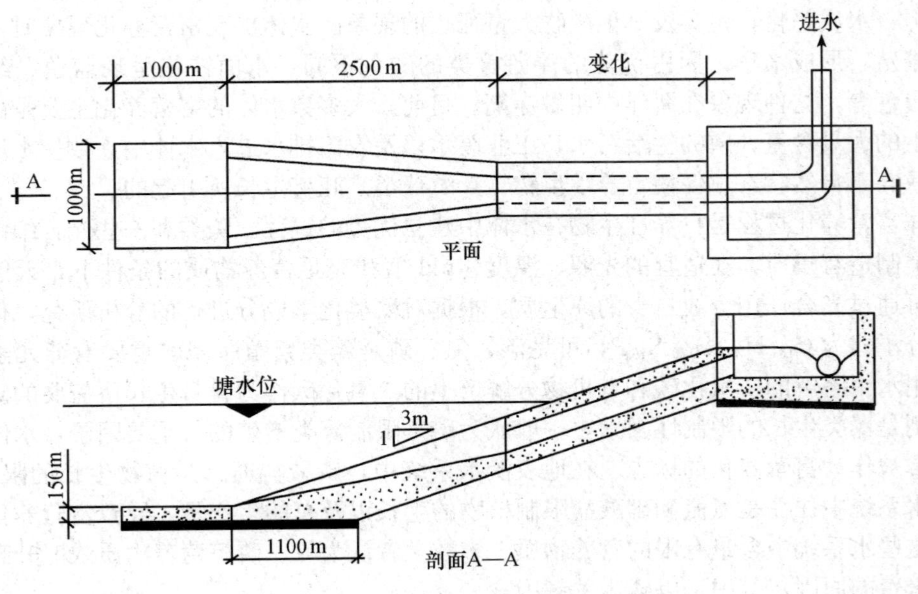

图 7—4　生物塘进水口布置图

表 7—1　　各种氧化塘的特性

名称	深度	特性
好氧塘	池子较浅，深度<1 m	日光可透过水层到达塘底，藻类生长旺盛，塘内维持好氧条件
厌氧塘	池子较深，深度<2～4 m	接纳的有机物负荷较高，塘处于厌氧条件
兼性塘	池子深度在 1～2 m 之间	塘底为厌氧区，上部靠藻类供氧和大气复氧能维持好氧状态。在夜间，光合作用停止，塘表面的大气复氧低于塘内的耗氧，上层水的溶解氧可接近零
曝气氧化塘		一般利用藻类的光合作用供氧和水面的自然复氧，也可通过人工曝气的方式补充氧
塘田和鱼塘		塘田可培植莲藕、水浮莲等水生植物，鱼塘可放养鱼、鸭等，形成一个水生生态系统

生物塘污水处理系统具有基建投资和运转费用低、维护和维修简单、便于操作、能有效去除污水中的有机物和病原体、无需污泥处理等优点。目前，生物塘已被用于处理中小城镇的生活污水，以及处理各种工业废水。此外，由于生物塘可以构成复合生态系统，而且塘底的污泥可以用作高效肥料，所以生物塘在农业、畜牧业、养殖业等行业，特别是在我国人少地多、缺水干旱的地区，采用生物塘是实施污水的资源化利用的有效方法。因此，生物塘已成为我国着力推广的一项新技术。

7.2.3　水体的富营养化及其生物防治

7.2.3.1　水体富营养化的机理

水体富营养化（eutrophication）是指在人类活动的影响下，生物所需的氮、磷等营养物质大量进入湖泊、河口、海湾等缓流水体，引起藻类及其他浮游生物迅速繁殖，水体溶解氧量下降，水质恶化，鱼类及其他生物大量死亡的现象。水体出现富营养化现象时，浮游藻类大量繁殖，形成水华。因占优势的浮游藻类的颜色不同，水面往往呈现蓝色、红色、棕色、乳白色等，这种现象在海洋中叫做赤潮。目前，大多数水体的富营养化主要是由于人类活动产生的大量含氮、磷的生活污水，工业废水以及农田排水进入水体中，致使水体中营养物质严重高于自然状态，促使自养性生物（浮游藻类）旺盛生长所引起的。

水体富营养化过程是自养性生物在水体中建立优势的过程。藻类和一些光合细菌能利用无机盐类制造有机质，在适宜的光照、温度、pH 值和充足营养物质的条件下，天然水体中的藻类可通过光合作用合成自身的原生质。根据对藻类化学成分进行的分析研究，得到藻类的经验分子式为 $C_{104}H_{263}O_{176}N_{16}P$，可见碳、氮、磷是藻类繁殖所需的重要营养元素。藻类可以利用水中溶解的二氧化碳和有机物分解产生的二氧化碳作为自身生长所需要的碳源，而氮和磷则是藻类生长的限制性因素。一般认为磷是限制藻类增殖的最重要因子，水体中磷的含量通常被作为富营养化的标志。在地表淡水系统中，磷酸盐通常是植物生长的限制因素，而在海水系统中往往是氨氮和硝酸盐限制植物的生长以及总的生产量，导致富营养化的物质往往是这些水系统中含量有限的营养物质。多数学者认为氮、磷等营养物质浓度升高，是藻类大量繁殖的原因，其中又以磷为关键因素。

生活污水和化肥、食品等工业的废水以及农田排水都含有大量的氮、磷及其他无机盐类。天然水体接纳这些废水后，水中营养物质增多，促使自养型生物旺盛生长，特别是蓝藻和红藻的个体数量迅速增加，其他藻类的种类则逐渐减少。水体中的藻类本来以硅藻和绿藻为主，蓝藻的大量出现是富营养化的征兆。随着富营养化的发展，最后变为以蓝藻为主。藻类及其他浮游生物死亡后被需氧微生物分解，不断消耗水中的溶解氧，或被厌氧微生物分解，不断产生硫化氢等气体，造成鱼类和其他水生生物大量死亡。藻类及其他浮游生物残体在腐烂过程中，又把大量的氮、磷等营养物质释放入水中，供新的一代藻类等生物利用。因此，富营养化了的水体即使切断外界营养物质的来源，水体也很难自净和恢复到正常状态。

7.2.3.2　水体富营养化的危害及其防治对策

1）水体富营养化的危害。由于总氮、总磷等营养盐相对比较充足，铁、硅等含量比较适度，温度、光照条件、溶解氧含量适宜，水流流态缓慢，水体更新周期长等方面条件都比较适宜的情况下，才会出现某种优势藻类"疯狂增长"的现象，发生水体富营养化。

水体富营养化的危害主要表现在四个方面。一是富营养化的水体表面生长着一层以蓝藻、绿藻为优势种的大量水藻，形成一层"绿色浮渣"，造成景观视觉污染，阻碍水上运输工具通行。二是富营养化造成水的透明度降低，阳光难以穿透水层，阻碍大气复氧，造成局部亏氧，从而影响水中植物的光合作用和氧气的释放；同时浮游生物的大量繁殖，消耗了水中大量的氧，使水中溶解氧严重不足，而水面植物的光合作用，则可能造成局部溶解氧的过饱和。溶解氧过饱和以及水中溶解氧少，都对水生动物（主要是鱼类）有害，造成鱼类大量死亡。三是富营养化水体底层堆积的有机物质在厌氧条件下分解产生的有害气体，以及一些浮游生物产生的生物毒素（如石房蛤毒素）也会伤害水生动物。四是富营养化水中含有亚硝酸盐和硝酸盐，人畜长期饮用这些物质含量超过一定标准的水，会中毒致病，后果严重。

2）富营养化的防治对策。随着水体污染和富营养化程度的加剧，藻类暴发的频率和强度日趋严重，已成为一种生态灾害。由于导致水质富营养化的氮、磷营养物质的污染源具有复杂性，既有天然源又有人为源，既具外源性又具内源性。此外，营养物质的去除也是高难度的，通常的二级生化处理方法只能去除30％～50％的氮、磷。可以说，富营养化的防治是水污染处理中最为复杂和困难的问题，至今还没有任何单一的生物学、化学和物理措施能够彻底去除废水的氮、磷营养物质。针对国内外富营养化水体中除磷和除氮方法的研究，提出了以下富营养化的防治对策供参考：

a. 控制外源性营养物质输入。绝大多数水体富营养化主要是外界输入的营养物质在水体中富集造成的。为此，科学地制定营养物质排放标准和相应的水质标准，从控制污染源着手，调查水体营养物质的主要排放源，在线监测排入水体中的氮、磷浓度，再根据水环境磷容量实施总量控制，为实施控制外源性营养物质的措施提供可靠的科学依据。

b. 减少内源性营养物质负荷。输入到水体的营养物质在时空分布上是非常复杂的。氮、磷元素在水体中可能被水生生物吸收利用，或以溶解性盐类形式溶于水中，或经过复杂的物理化学反应和生物作用而沉降并在底泥中不断积累，或从底泥中释放进入水中。因此，减少内源性营养物负荷，必须有效地控制湖泊内部磷富集，应视不同情况采取不同的方法。一是工程性措施。治理富营养化水体，可采取挖掘底泥沉积物、进行水体深层曝气、注水冲稀以及在底泥表面敷设塑料等工程性措施。挖掘底泥来疏浚底泥，去除水草和藻类，可减少以至消除潜在性内部污染源；深层曝气，可定期或不定期采取人为湖底深层曝气而补充氧，使水与底泥界面之间不出现厌氧层，经常保持有氧状态，有利于抑制底泥磷释放；引入低营养水进行注水稀释，可起到稀释营养物质浓度的作用。二是化学方法。这类方法包括凝聚沉降和用化学药剂杀藻等。例如，有许多种阳离子（铁、铝和钙等）都能与磷酸盐生成不溶性沉淀物，使磷有效地从水溶液中沉淀出来；在水华盈湖的水体中，可采用化学杀藻剂将藻杀死，水藻腐烂分解仍旧会释放出磷，将杀死的藻类及时捞出或再投加适当的化学药品，将藻类腐烂分解释放出的磷酸盐沉降。三是生物性措施。生物性措施是指利用水生生物吸收利用氮、磷元素进行代谢活动这一自然过程达到去除水体中氮、磷营养物质目的的方法。如采用大型水生藻类法或采用微生物群与高等水生动物法。在大型水生污水处理系统中，利用水生植物与藻类竞争水体中的氮和磷，可以在一定程度上减缓富营养化的发生，经过植物直接吸收、微生物转化、物理吸附和沉降作用除去氮、磷和悬浮颗粒，同时对重金属分子也有降解效果。大型水生植物有凤眼莲、芦苇、狭叶香蒲、加拿大海罗地、多穗尾藻、丽藻、破铜钱等，可根据不同的气候条件和污染物的性质进行适宜的选栽。水生植物一般生长快，收割后经处理可作为燃料、饲料，或经发酵产生沼气。同时，还可以根据某些鱼类食用青藻的特点，按一定比例投放鲢鱼、鳙鱼等，用养鱼的方法达到治理的效果。从富营养化水体中筛选出适当的菌体，将其投放到水体中，细菌转换吸收分散的氮、磷及有机物使其进入食物链，浮游动物捕食细菌，高等水生动物又大量捕食浮游动物，这样通过捕捞鱼类有效去除水体中的氮和磷，从而恢复水体的功能。

7.3 大气污染及其防治

7.3.1 大气污染和大气污染物

7.3.1.1 大气污染

大气污染通常系指由于人类活动或自然过程引起某些物质进入大气中，呈现出足够的浓度，达到足够的时间，并因此危害了人体的舒适、健康和福利或环境的现象。大气污染的来源有自然和人为两种。自然污染源由火山爆发、地震、森林火灾等自然灾害产生；人为污染源由人类的生产、生活活动产生。大气污染主要来源于人类活动，特别是工业和交通运输，在工业区和城市中的空气污染特别严重。大气污染的原因及其污染物质如图 7—5 所示。

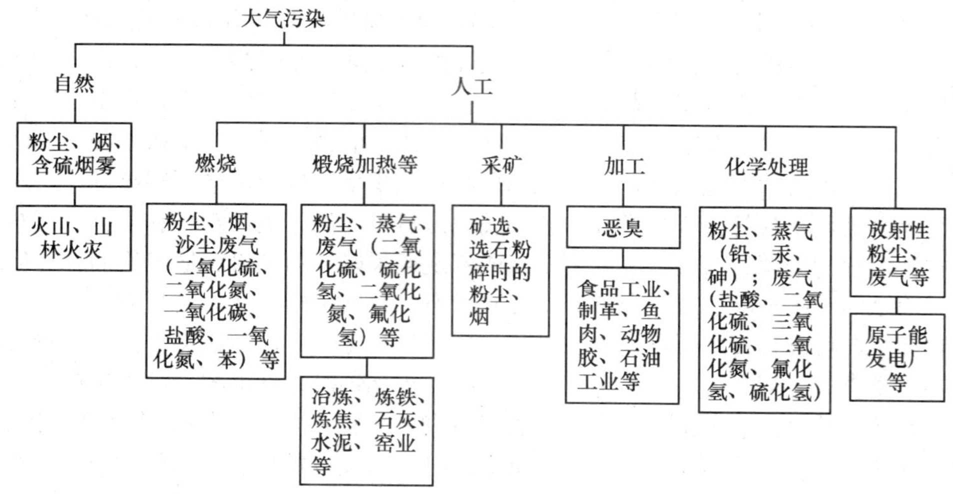

图 7—5 大气污染的原因和污染物质

一般来说，大气污染大体可分四类：局限性的局部地区污染，如受某火力发电厂烟囱的直接影响区；涉及某个地区的地区性污染，如工业地区或整个城市受到污染；涉及更广泛地区的广域污染，如超过行政区的广大地域的空气污染；必须从全球范围考虑的全球性污染，如氢弹的高空爆炸，人类活动的二氧化碳和粒状悬浮物以及形成酸雨的酸性气体等随大气环流的影响。

7.3.1.2 大气污染物

大气污染物是指由于人类活动或自然过程排入大气的，并对人或生物资源产生有害影响的物质。大气污染物的种类很多，按其存在状态可概括分为气溶胶状态污染物和气体状态污染物。

1）气溶胶状态污染物。在大气污染中，气溶胶是指以固体、液体污染物粒子为分散质，以大气为分散剂的分散系。气溶胶状态污染物有两种分类方法，一是按照污染物粒径大小分为飘尘和降尘。飘尘粒径一般小于 10 μm，由于飘尘粒径小能被人直接吸入呼吸道造成危害是指在大气中长期漂浮的悬浮物质，又由于它能在大气中长期漂浮，为化学反应提供反应载体而导致污染范围扩大；在总悬浮颗粒物中，降尘粒径一般大于 10 μm，由于其自身的重力作用会很快沉降下来的微粒。二是按照污染物来源和物理性质分为粉尘、烟、飞灰、雾等。粉尘指悬浮于气体介质中的小固体粒子，粒径一般为 1～200 μm，可在重力作用下发生沉降；烟是由冶金过程中形成固体粒子的气溶胶，粒径一般为 0.01～1 μm；飞灰指燃料燃烧产生的烟气飞出的分散较细的灰分；黑烟是由燃料产生的能见气溶胶；雾是气体中液滴悬浮物的总称，在工程中一般泛指液体微滴悬浮体。

2）气体状态污染物

气体状态污染物简称气态污染物，是以分子态存在的污染物，大部分为无机气体。常见的有五大类：以 SO_2 为主的含硫化合物；以 NO 和 NO_2 为主的含氮化合物；CO、CO_2、碳氢化合物以及卤素化合物等，见表 7—2 所示。

表 7—2 大气中主要污染物

含硫化合物	SO_2、N_2S	SO_3、H_2SO_4、MSO_4
含氮化合物	NO、NH_3	NO_2、HNO_3、MNO_3
碳的化合物	CO、CO_2	—
碳氢化合物	$CmHn$（m<1～5）	醛酮、过氧乙酰硝酸酯
含卤素化合物	HF、HCl	—
颗粒物	金属元素、多环芳烃、二噁英	H_2SO_4、SO_4^{2-}、NO_3^-

对于气态污染物，可分为一次污染物和二次污染物。一次污染物是指直接从污染源排放到大气中的原始污染物质；二次污染物是指由一次污染物与大气中已有组成或几种一次污染物之间经过一系列化学或光化学反应而生成的与一次污染物性质不同的新污染物质。在大气污染中，一次污染物主要有硫氧化物（SO_x）、氮氧化物（NO_x）、碳氧化物（CO、CO_2）以及碳氢化物等，二次污染物主要是二噁英、硫酸烟雾和光化学烟雾。污染物质主要有：

a. 硫氧化物。硫氧化物中主要是二氧化硫，它是目前大气污染物中数量较大、影响面较广的一种气态污染物。它主要来自化石燃料的燃烧过程，以及硫化物矿石的焙烧、冶炼等热过程。火力发电厂、有色金属冶炼厂、硫酸厂、炼油厂以及所有烧煤或油的工业锅炉、炉灶等都排放二氧化硫烟气。在排放的二氧化硫中，约有 96%来自燃烧过程。

b. 氮氧化物。氮氧化物（NO_x）是 N_2O、NO、NO_2、N_2O_4 和 N_2O_5 的总称。污染大气的主要是 NO 和 NO_2，其中 NO 毒性不大，但进入大气后可被氧化成 NO_2，当大气中有 O_3 等强氧化剂存在或在催化剂作用下，其氧化速度会更快；NO_2 的毒性约为 NO 的 5 倍，当 NO_2 参与大气中的光化学反应形成光化学烟雾后，其毒性更强。人类活动产生的 NO_x，主要来自各种炉窑、机动车和柴油机的排气，其次是化工生产中的硝酸生产、硝化过程、氮肥生产、炸药生产及金属表面处理等过程。其中由燃料产生的 NO_x 约占 83%。

c. 碳氧化物。CO 和 CO_2 是各种大气污染中发生量最大的一类污染物，它主要来自燃料燃烧和机动车排气。CO 是一种窒息性气体，排入大气后，由于大气的扩散稀释作用和氧化作用，一般不会造成危害。但在城市冬季采暖季节或在交通繁忙的十字路口，当气象条件不利于排气扩散稀释时，CO 的浓度有可能达到危害环境的水平。当大气中的浓度过高时，氧气含量相对减少，CO_2 对人体会产生不良影响。地球上 CO_2 浓度的增加，能产生“温室效应”，使全球气温升高，生态系统和气候发生变化。

d. 碳氢化物。碳氢化物主要来自燃料燃烧和机动车排气。其中，多环芳烃类物质（PAH），如蒽、萤蒽、苯并芘、苯并蒽、苯并萤蒽等大多具有致癌作用，特别是苯并［a］芘是致癌能力很强的物质，并作为大气受PAH污染的依据。碳氢化合物的危害还在于它参与大气中的光化学反应，生成危害性更大的光化学烟雾。

e. 二噁英。二噁英是一种无色无味的脂溶性物质，它包括210种化合物，毒性很大，是氰化物的130倍、砒霜的900倍。世界卫生组织已确定，二噁英具有一定的致癌性、生殖毒性、免疫毒性和内分泌毒性。国际癌症研究中心已将二噁英列为人类一级致癌物质。二噁英不是天然存在的，而是由工业活动人为造成的。二噁英在工业化国家主要来自化学品杂质、城市垃圾焚烧、纸浆漂白及汽车尾气排放。二噁英最容易存在于生物的脂肪和乳汁中，因此，鱼、家畜、家禽及其蛋、乳、肉是最易被污染的食品，对经常食用这些食品的人群可能造成潜在危害。二噁英一旦被人体吸入就永远积聚在体内无法排出。幼儿吸入，则会影响智力发育。二噁英的结构复杂，其含量在环境和食品中的检测实际上是非常困难的。

f. 硫酸烟雾。硫酸烟雾是大气中的二氧化硫等的含硫化合物，在有水雾、含有重金属的飘尘或氮氧化物存在时，发生一系列化学或光化学反应而生成的硫酸雾或硫酸盐气溶胶。硫酸烟雾污染多发生在冬季、气温较低、温度较高、阳光较弱的气象条件下，特别是在盆地、河谷、山谷区，逆温层的多发区最容易形成。硫酸烟雾引起的刺激作用和生理反应等危害，要比二氧化硫气体本身的危害强得多。

g. 光化学烟雾。在阳光下，大气中的氮氧化物、碳氢化合物和氧化剂之间发生一系列光化学反应而形成的蓝色烟雾（有时带些紫色或黄褐色）称为光化学烟雾，其主要成分有二氧化氮、臭氧、过氧乙酰基硝酸酯（PAN）、酮类和醛类等。光化学烟雾的刺激性和危害性要比一次污染物强烈得多。

7.3.2 温室效应、臭氧空洞及酸雨

7.3.2.1 温室效应

在过去很长一段时期中，空气中含有二氧化碳含量基本上保持恒定，这是由于大气中的二氧化碳始终处于“边增长、边消耗”的动态平衡状态。大气中的二氧化碳有80%来自人和动、植物的呼吸，20%来自燃料的燃烧。散布在大气中的二氧化碳有75%被海洋、湖泊、河流等地面的水及空中降水吸收溶解于水中，还有5%的二氧化碳通过植物光合作用转化为有机物质储藏起来。这就是多年来二氧化碳占空气成分0.03%（体积分数）始终保持不变的原因。但自工业革命以来，人类向大气中排入的二氧化碳等吸热性强的温室气体逐年增加，大气的温室效应也随之增强，已引起全球气候变暖等一系列严重问题。

温室效应是指透射阳光的密闭空间由于与外界缺乏热交换而形成的保温效应，即太阳短波辐射可以透过大气射入地面，而地面增暖后放出的长波辐射却被大气中的二氧化碳等物质所吸收，从而产生大气变暖的效应。随着人口的急剧增加，工业的迅速发展，排入大气中的二氧化碳相应增多；又由于森林被大量砍伐，大气中应被森林吸收的二氧化碳没有被吸收，由于二氧化碳逐渐增加，温室效应也不断增强。除二氧化碳以外，对产生温室效应有重要作用的气体还有甲烷、臭氧、水蒸气、一氧化二氮以及人类活动的产物氯氟烃类等。据分析，在过去200年中，二氧化碳浓度增加25%，地球平均气温上升0.5℃。估计到下个世纪中

叶，地球表面平均温度将上升 1.5～4.5℃，而在中高纬度地区温度上升更多。

为减少大气中过多的二氧化碳，一方面需要人们尽量节约用电（因为发电烧煤），少开汽车；另一方面保护好森林和海洋，比如不乱砍滥伐森林，不让海洋受到污染以保护浮游生物的生存。我们还可以通过植树造林，减少使用一次性方便木筷，节约纸张（造纸用木材），不践踏草坪等行动来保护绿色植物，使它们多吸收二氧化碳，从而减缓温室效应。

7.3.2.2 臭氧空洞

臭氧由太阳辐射使氧分子分解后，一个氧原子和另一个氧分子结合而成，通常生成于日照强烈的赤道上空。大气层中的臭氧总量计约 33 亿吨，但在整个大气层中所占比重极小，不过 3 mm 的厚度。臭氧有吸收太阳紫外线辐射的特性，臭氧层会保护我们不受到阳光紫外线的伤害，所以对地球生物来说是很重要的保护层。不过，随着人类活动，特别是氟氯碳化物（CFCl）和海龙（Halons）等人造化学物质被大量使用，很容易破坏臭氧层，使大气中的臭氧总量明显减少，在南北两极上空下降幅度最大。1974 年，加利福尼亚大学的科学家马里奥·奥利纳与 F.S. 罗兰假设，如果大量使用氟氯烃可能会增加同温层中的氯离子含量。这些氯离子通过复杂的化学反应后，可减少同温层中的臭氧，使臭氧层变薄，形成“臭氧空洞”，这个假设现在已被证实。1984—1986 年，人类发现北极冬季前后出现直径为 1 000 km 的臭氧空洞，在南极上空约有 2 000 多万 km^2 的区域为臭氧稀薄区，其中 14～19 km 上空的臭氧减少达 50%以上，科学家们形象地将之称为“臭氧空洞”。最近 20 多年，在欧洲、北美、北非臭氧层中的臭氧减少了 3%，特别是南极春天臭氧层减少了 50%，并有逐年扩大之势；在我国，北京、昆明的臭氧层在近 10 年也分别减少了 5%和 3%。

臭氧层破坏的危害表现为：一是臭氧每减少 1%，到达地面的紫外线辐射增加 3%，如果臭氧减少 10%，则紫外线将增加 20%（UNEP，1990）。特别是 UV-B、UV-C 增加较多，UV-B 波长 280～320 μm，可杀死生物；UV-C 波长 200～280 μm，能杀死人与生物。二是臭氧水平的持续降低使人类受到过量的太阳紫外辐射，导致皮肤癌等疾病的发病率显著增加。此外，紫外线的增加还会提高白内障的发病率，这种危害在发展中国家比发达国家更严重。三是植物对紫外线暴露程度的增加显示出敏感性，紫外线会缩小叶子的面积，从而减弱光合作用，如大豆对杂草、虫害、病害的敏感性会增加。四是浮游植物是漂浮在水面上进行光合作用的，由于紫外线辐射，它们首先受害。经研究，臭氧减少 25%，浮游植物的生产率减少 35%，引发浮游动物及鱼类的减少，而且生产量、蛋白质及叶绿素都减少，从而会提高大气二氧化碳的含量，加速大气变暖。五是高层臭氧层的破坏，将使靠近地面的臭氧在光化学反应中对生物的危害程度加大。如紫外线对生物体的 DNA 有严重影响，特别是能破人体的免疫系统，如肿瘤病毒的入侵等。六是 UV-B 辐射量增加，会损害合成材料，缩短塑料、橡胶、纺织品等的使用寿命。

7.3.2.3 酸雨

酸雨（acid rain）是指大气中存在的酸性气体污染，pH 值小于 5.65 的降水。酸雨主要是人为地向大气中排放大量酸性物质造成的。我国的酸雨主要是因大量燃烧含硫量高的煤而产生的，此外，各种机动车排放的尾气也是形成酸雨的重要原因。近年来，我国一些地区已经成为酸雨多发区，酸雨污染的范围和程度已经引起人们的密切关注。

酸雨的成因是一种复杂的大气化学和大气物理的现象。酸雨中含有多种无机酸和有机酸，绝大部分是硫酸和硝酸。工业生产、民用生活燃烧煤炭排放出来的二氧化硫，燃烧石油以及汽车尾气排放出来的氮氧化物，经过“云内成雨过程”，即水汽凝结在硫酸根、硝酸根等凝结核上，发生液相氧化反应，形成硫酸雨滴和硝酸雨滴；又经过“云下冲刷过程”，即含酸雨滴在下降过程中不断合并吸附、冲刷其他含酸雨滴和含酸气体，形成较大雨滴，最后降落在地面上，形成了酸雨。由于我国多燃煤，所以我国酸雨类型主要是硫酸型酸雨。酸雨的形成过程：

1）酸雨多形成于化石燃料的燃烧：

$$S \longrightarrow H_2SO_4$$

$$S+O_2\text{（点燃）}=\!=\!=SO_2$$

$$SO_2+H_2O=\!=\!=H_2SO_3\text{（亚硫酸）}$$

$$2H_2SO_3+O_2=\!=\!=2H_2SO_4\text{（硫酸）}$$

总的化学反应方程式：

$$S+O_2\xlongequal{\text{点燃}}SO_2,\ 2SO_2+2H_2O+O_2=2H_2SO_4$$

2）氮的氧化物溶于水形成酸：

a. $NO \longrightarrow HNO_3$（硝酸）

$$2NO+O_2=\!=\!=2NO_2,\ 3NO_2+H_2O=\!=\!=2HNO_3+NO$$

总的化学反应方程式：

$$4NO+2H_2O+3O_2=\!=\!=4HNO_3$$

b. $NO_2 \longrightarrow HNO_3$

总的化学反应方程式：

$$4NO_2+2H_2O+O_2=\!=\!=4HNO_3$$

一般来说，某地二氧化硫污染越严重，降水中硫酸根离子浓度就越高，导致 pH 值越低。大气中的氨（NH_3）对酸雨形成非常重要，氨是大气中唯一溶于水后显碱性的气体。由于能与酸性气溶胶或雨水中的酸反应，起中和作用而降低酸度。大气中氨的来源主要是有机物的分解和农田施用的氮肥的挥发，土壤的氨的挥发量随着土壤 pH 值的上升而增大。大气中的污染物除酸性气体二氧化硫和二氧化氮外，还有颗粒物。颗粒物的来源很复杂，主要有煤尘和风沙扬尘，后者在北方约占 1/2，在南方约占 1/3。颗粒物对酸雨的形成有两方面作用，一是所含的催化金属促使二氧化硫氧化成酸；二是对酸起中和作用。但如果颗粒物本身是酸性的，就不能起中和作用，而且还会成为酸的来源之一。目前，我国大气颗粒物浓度水平普遍很高，如果气象条件和地形有利于污染物的扩散，则大气中污染物浓度降低，酸雨就减弱，反之则加重（如逆温现象）。

7.3.3 大气污染的综合防治对策

7.3.3.1 大气环境质量标准

为防止生态破坏、保护人民健康、促进经济发展，控制和改善大气质量，我国于 1982 年制定了《大气环境质量标准》(GB 3095—82)，标准中列入了总悬浮微粒（TSP)、飘尘、二氧化硫、氮氧化物、一氧化碳、光化学氧化剂（O_3）6 种污染物的浓度标准。随着我国环境保护法律制度的完善，《大气环境质量标准》于 1996 年被《环境空气质量标准》（GB 3095—1996）取代，此标准规定了环境空气质量功能区的划分、标准分级、污染物项目、取值时间及浓度限值，同时配有各项污染物的监测分析方法以及各项污染物数据统计的有效性规定。限定了 10 种污染物的浓度值：SO_2、TSP、PM_{10}、NO_x、NO_2、CO、O_3、Pb、B［**a**］P、F。在 2000 年，国家环境保护总局文件（环发［2000］1 号）《关于发布〈环境空气质量标准〉(GB 3095—1996）修改单的通知》附件中规定，取消氮氧化物（NO_x）指标，对二氧化氮（NO_2）的二级标准的年均值、日均值、小时均值，臭氧（O_3）的一、二级标准的小时均值均进行了重新修改。

7.3.3.2　大气环境质量区的划分及执行标准的级别

《环境空气质量标准》(GB 3095—1996）中规定，空气环境质量分为三级：

1）一级标准：为保护自然生态和人群健康，在长期接触情况下，不发生任何危害影响的空气质量要求。

2）二级标准：为保护人群健康和城市、乡村的动、植物，在长期和短期的情况下，不发生伤害的空气质量要求。

3）三级标准：为保护人群不发生急、慢性中毒和城市一般动、植物（敏感者除外）能正常生长的空气质量要求。

环境空气质量功能区又划分为三类地区：

a. 一类区为自然保护区、风景名胜区和其他需要特殊保护的地区。

b. 二类区为城镇规划中确定的居民区、商业交通居民混合区、文化区、一般工业区和农村地区。

c. 三类区为特定工业区。

一类区执行一级标准，二类区执行二级标准，三类区执行三级标准。

结合《环境空气质量标准》（GB 3095—1996）中各项污染物的浓度限值和《关于发布〈环境空气质量标准〉（GB 3095—1996）修改单的通知》附件中的修改内容，各项污染物的浓度限值可参照表 7—3。

7.3.3.3　大气污染的综合防治对策

在特定区域内，可把大气环境看成一个整体，统一规划能源结构、工业发展、城市建设布局等，综合运用各种防治污染的技术措施，充分利用环境的自净能力以改善大气质量。大气污染的综合防治实质上就是对多种大气污染控制技术方案的技术可行性、经济合理性、措施可能性和区域适应性等进行最优选择，从而得出最优控制方案和工程措施。大气污染的综合防治对策：

1）制定合理的环境规划。影响大气污染的主要因素包括气象因素（风向、风速、气退、雨量、温度等）、地貌（如平原、丘陇、山谷盆地、城市中的高层建筑物等）、植物的净化作用、污染物的综合作用以及工业布局等。因此，根据工业布局、能源消耗、城镇建设、人口密度、生态系统的承受力等，制定切实可行的合理的环境规划，把污染源与治理措施，环境目标与基本建设，近期环境状况与长远规划统一考虑，以期改善大气环境条件。实践证明，只有从整个区域大气污染状况出发，统一规划并综合运用各种防治措施，才可能有效地控制大气污染。

表 7—3　　各项污染物的浓度限值

污染物名称	取值时间	浓度限值			
		一级标准	二级标准	三级标准	浓度单位
二氧化硫（SO_2）	年平均	0.02	0.06	0.10	mg/m^3（标准状态）
	日平均	0.05	0.15	0.25	
	1 小时平均	0.15	0.50	0.70	
总悬浮颗粒物（TSP）	年平均	0.08	0.20	0.30	
	日平均	0.12	0.30	0.50	
可吸入颗粒物（PM_{10}）	年平均	0.04	0.10	0.15	
	日平均	0.05	0.15	0.25	
二氧化氮（NO_2）	年平均	0.04	0.08	0.08	
	日平均	0.08	0.12	0.12	
	1 小时平均	0.12	0.24	0.24	
一氧化碳（CO）	日平均	4.00	4.00	6.00	
	1 小时平均	10.00	10.00	20.00	
臭氧（O_3）	1 小时平均	0.16	0.20	0.20	
铅（Pb）	季平均	1.50			
	年平均	1.00			
苯并［a］芘 B［a］P	日平均	0.01			μg/m^3（标准状态）
氟化物	日平均	7①			mg/m^3（标准状态）
	1 小时平均	20①			
F	月平均	1.8②		3.0③	μg/（dm^2·d）
	植物生长季平均	1.2②		2.0③	

①适用于城市地区；

②适用于牧业区和以牧业为主的半农半牧区，蚕桑区；

③适用于农业和林业区。

2）减少污染物排放和实施区域总量控制。大气污染物的产生与工业生产的原料和燃料相关，为减少和控制污染物排放总量，可采取以下措施：一是改革能源结构，采用无污染能源（如太阳能、风力、水力）和低污染能源（如天然气、沼气、酒精），或对燃料进行预处理（如燃料脱硫、煤的液化和气化），以减少燃烧时产生污染大气的物质。二是采用无污染或低污染的工业生产工艺（如不用和少用易引起污染的原料，采用闭路循环工艺等）。三是改进燃烧装置和燃烧技术（如改革炉灶、采用沸腾炉燃烧等），以提高燃烧效率和降低有害气体排放量。四是节约能源和开展资源综合利用（如改变居民用煤做饭状况和实行集中供热），大力发展能源煤气化和电气化，提高热效率，减少分散污染源。五是加强企业管理，减少事故性排放和逸散。六是及时清理和妥善处置工业、生活和建筑废渣，减少地面扬尘。

3）治理排放的主要污染物。主要方法有 3 种：一是利用各种除尘器去除烟尘和各种工业粉尘。二是采用气体吸收塔处理有害气体（如用氨水、氢氧化钠、碳酸钠等碱性溶液吸收废气中二氧化硫；用碱吸收法处理排烟中的氮氧化物）。三是应用其他物理的（如冷凝）、化学的（如催化转化）、物理化学的（如分子筛、活性炭吸附、膜分离）方法回收利用废气中的有用物质，或使有害气体无害化。

4）利用环境的自净能力。大气环境的自净有物理、化学作用（扩散、稀释、氧化、还原、降水洗涤等）和生物作用。在排出的污染物总量恒定的情况下，污染物浓度在时间上和空间上的分布同气象条件有关，认识和掌握气象变化规律，充分利用大气自净能力，可以降低大气中污染物浓度，避免或减少大气污染危害。例如，以不同地区、不同高度的大气层的空气动力学和热力学的变化规律为依据，可以合理地确定不同地区的烟囱高度，使经烟囱排放的大气污染物能在大气中迅速地扩散稀释。

7.3.3.4　绿色植物对大气污染物的净化作用

绿色植物具有美化环境、调节气候、截留粉尘、吸收大气中有害气体、防噪声等功能，还可以改善小气候、在大范围内连续地净化大气、监测空气污染等方面具有长期和综合效果。因此，在大气中污染物影响范围广、浓度比较低的情况下，发展植物净化是行之有效的方法。

植物净化大气主要是通过叶片的作用实现的。就同一种植物而言，叶的面积越大，叶片生产量越高，净化作用就越强。一般可采用植物生态学中的“叶面积指数”（即植物的总叶面积与该植物所占土地面积之商值）作为衡量植物净化功能的一个参数。绿色植物（包括树木和草坪）净化大气的作用主要有：一是吸收二氧化硫。抗性强的植物主要有侧柏、白皮松、云杉、香柏、臭椿、榆树等，抗性中等的植物有华山松、北京杨、合作杨、美杨、枫杨、桑等，抗性弱的植物有合欢、黄金材、五角枫等。二是吸收氟化氢。植物对氟化氢的最大吸氟量可达 1 000 ppm（ppm$=10^{-6}$，文中涉及 ppm 处多为引文，故不做修改，下同）以上，不同植物的最大的吸氟量一般相差 2～3 倍。三是吸收氯气。植物对氯气有一定的吸收和积累能力。在氯气污染区生长的植物，叶中含氯量往往比非污染区高几倍到几十倍。四是吸收二氧化碳，放出氧气，维持人类环境中两者的平衡。五是对降尘和飘尘有滞留过滤作用。六是在植物抗性范围内能减少臭氧的发生，减轻光化学烟雾污染。七是有过滤细菌或杀菌作用。八是对某些重金属有吸收和净化作用。九是减轻噪声污染。各种植物的净化机理同它们的形态解剖构造和生理生化特性紧密相关，而且有遗传学方面的基础。因此，这种净化机理在不同种属间存在很大差异，另一方面又同植物所生长的环境条件有关。

7.4　土壤的污染与防治

7.4.1　土壤污染

7.4.1.1　土壤污染的基本概念

土壤是指陆地表面具有肥力、能够生长植物的疏松表层，其厚度一般在 2 m 左右。土壤不但为植物生长提供机械支撑能力，而且能为植物生长发育提供所需要的水、肥、气、热等肥力要素。近年来，由于人口急剧增长，工业迅猛发展，固体废物不断向土壤表面堆放和倾倒，有害废水不断向土壤中渗透，大气中的有害气体及飘尘也不断随雨水降落到土壤而引起污染。所谓土壤污染（soil pollution），就是指人为活动产生的污染物或具有生理毒性的物质或过量的植物营养元素进入土壤并积累到一定程度，引起土壤质量恶化和植物生理功能失调，进而造成农作物中某些指标超过国家标准的现象。土壤污染除导致土壤质量下降、农作物产量和品质下降外，还对污染物具有富集作用。一些毒性大的污染物，如汞、镉等富集到作物果实中，人或牲畜食用后会发生中毒。如中国辽宁沈阳张士灌区由于长期引用工业废水灌溉，导致土壤和稻米中重金属镉含量超标，人畜不能食用。土壤不能再作为耕地，只能改作他用。

由于土壤处于陆地生态系统中的无机界和生物界的中心，不仅在本系统内进行着能量和物质的循环，而且与水域、大气和生物之间也不断进行物质交换，一旦发生污染，三者之间就会有污染物质的相互传递，特别是作物从土壤中吸收和积累的污染物往往通过食物链传递。因此，土壤污染应引起高度重视。

7.4.1.2　土壤中污染物质的来源和种类

污染物进入土壤的途径是多样的，土壤污染的发生特征是与土壤所处的地理位置和功能相联系的，其污染物主要来自两个方面。一是人为污染源。随着农业现代化，大量化学肥料及农药散落到环境中，土壤受非点源污染的几率越来越高，其程度也越来越严重。土壤污染物主要来自工业和城市的废水和固体废物、农药和化肥、牲畜排泄物、生物残体及大气沉降物等。其中，废气中含有的污染物质，特别是颗粒物，在重力作用下沉降到地面进入土壤，废水中携带大量污染物进入土壤，固体废物中的污染物或其渗出液能够直接进入土壤。农药、化肥的大量使用，也会造成土壤有机质含量下降，使土壤板结。在水土流失和风蚀作用等的影响下，污染面积会不断地扩大。通过大气污染与水污染的转化而产生的污染物，可以单独起作用，也可以相互重叠和交叉进行，属于点污染。二是自然污染物，在自然界中某些矿床或物质的富集中心周围，经常形成自然扩散，而使其附近土壤中某些物质的含量超出土壤正常含量范围，而造成土壤污染。

土壤污染物的来源广、种类多，根据污染物的性质不同，土壤污染物可分为化学污染物、物理污染物、生物污染物和放射性污染物。其中，以土壤的化学污染最为普遍、严重和复杂。化学污染物又包括无机污染物和有机污染物。土壤中的无机污染物主要是汞、镉、铅、砷、铜、锌、钴、镍、硒等重金属，过量的氮、磷、硫、硼等植物营养物质以及氟、酸、碱、盐等其他物质；有机污染物是化学农药，目前在世界范围内大量使用的农药约50余种，有机氯类、有机磷类、氨基甲酸酯类、苯氧羧酸类、苯酰胺类、石油、多环芳烃、多氯联苯、甲烷等。物理污染物主要来自工厂、矿山的固体废弃物，如尾矿、废石、粉煤灰和工业垃圾等。生物污染物是指带有各种病菌的城市垃圾和由卫生设施（包括医院）排出的废水、废物以及厩肥等，如肠细菌、炭疽杆菌、蠕虫类等侵入土壤，它们的大量繁衍，对人体健康或生态系统均产生不良影响。放射性污染物主要存在于核原料开采和大气层核爆炸地区，以^{90}Sr、^{317}Cs等在土壤中生存期长的放射性元素为主。

7.4.1.3　土壤污染的主要发生途径

污染物质可以通过多种途径进入土壤，其主要发生途径可归纳为以下四种：

1）大气污染型。污染物质来源于被污染的大气，污染物质主要集中在土壤表层，其主要污染物是大气中的二氧化硫、氮氧化物和颗粒物等，通过大气沉降和降水而降落地表。如大气中的二氧化硫等酸性氧化物使雨水酸度增加，可引起土壤酸化，破坏土壤肥力与生态系统的平衡；各种大气飘尘（包括重金属、非金属有毒有害物质及放射性散落物等）降落到地面，会造成土壤的多种污染。

2）水污染型。城乡工矿企业废水和生活污水，未经处理不实行清污分流而直接排放，会使水系和农田遭到污染。特别是在水源不足的地区，引用污水灌溉，常使土壤受到重金属、无机盐、有机物和病原体的污染，并影响到作物、蔬菜的质量。

3）固体废弃物污染型。工厂矿山的尾矿废渣、污泥和城市垃圾等作为肥料施用或在堆放过程中，通过大气扩散、降水淋洗等作用直接或间接地进入土壤，从而造成了土壤污染。

4）农业污染型。污染物主要来自施入土壤的化学农药和化肥，其污染程度与化肥、农药的数量、种类、利用方式及耕作制度等有关。如有机氯杀虫剂、六六六、DDT 等农药在土壤中长期残留，并在生物体内富集；氮、磷等化学肥料，凡未被植物吸收利用和未被根层土壤吸附固定的养分都在根层以下积累或转入地下水，成为潜在的环境污染物。残留在土壤中的农药和氮、磷等化合物在地面径流或土壤风蚀时，就会向其他地方转移、扩大土壤的污染范围。

上述土壤污染类型是相互联系的，在一定的条件下可以发生相互转化。固体废弃物污染型可以转化为水污染型和大气污染型，农业污染型本身就是固体废弃物污染型、大气污染型及水污染型。

7.4.1.4 农药和化肥污染土壤的机理

1）农药在土壤环境中的吸附与降解。土壤对农药的吸附作用是指进入土壤的农药，可通过物理吸收、化学吸附、氢键结合及配价键结合等形式吸附在土壤颗粒的表面。各种农药在土壤中吸附能力的强弱，主要取决于土壤和农药两者的性质及相互作用的条件。一般来讲，黏性土壤和有机质含量高的土壤其吸附能力强，如土壤有机质可将大部分的林丹、西马津及 2，4，5-T 吸附，对有机磷农药（马拉硫磷）也有很强的吸附能力；化学农药本身的性质也直接影响到土壤对它的吸附作用。在各种农药的分子结构中，凡是带有 R_3N^+—、—$CONH_2$、—OH、—NH_2COR、—NH_2、—OCOR、—NHR 等功能团的农药都能增加其吸附强度，尤其是带有—NH_2的化合物，吸附能力更强。

农药在土壤有机质和矿物质上的吸附过程中可能起作用的机制有离子交换、配位体交换、氢键结合、质子化作用等。农药既可被土粒吸附，又可释放到土壤溶液中去。农药在土壤环境中的吸附可降低农药的活性，但吸附作用是暂时的、可逆过程，一旦吸附条件被破坏，农药又可解析出来进入土壤溶液中，从而导致土壤受到农药的二次污染。

农药在土壤中的降解作用包括光化学降解、化学降解和微生物降解等。光化学降解是指土壤表面接受太阳辐射能和紫外线等而引起农药的分解作用，大多数农药都能发生光降解作用；化学降解以水解和氧化最为重要，水解是最重要的反应过程之一。例如，二嗪农的降解原因就是化学的水解。

微生物降解是指土壤中的微生物通过生物化学作用参与分解土壤中的有机农药，其降解机理有脱氮作用、氧化还原作用、脱烷基作用、水解作用、环裂解作用等。土壤微生物对农药的降解与农药的结构有关，土壤微生物最容易分解脂肪烃化合物和含羟基的芳香化合物。

2）化学肥料在土壤中的转化。

a. 土壤中氮肥的转化。土壤中氮肥的转化实际上是有机氮化物的矿化作用，基本上是连续的三个反应过程：氨基化作用、氨化作用和硝化作用。前两步是通过异养性生物进行的，第三步基本上是由土壤中的自养性微生物来完成的。异养性微生物以有机碳化物为能源，自养性微生物则通过氧化无机盐类而获得能量，从周围大气中的二氧化碳获得所需的碳素。

氨基化作用：这一作用是多种异养性微生物共同作用的结果。

$$蛋白质\longrightarrow R-NH_2+CO_2+能+其他产物$$

氨化作用：上述反应中释放出的胺和氨基酸，进一步被其他异养性微生物所利用而释放出氨。如下式：

$$R-NH_3+HOH\longrightarrow NH_3+R-OH+能量$$

硝化作用：由氨化作用释放出的 NH_4 有一部分转化成硝态氮。由铵到硝酸盐的这种生物氧化作用叫做硝化作用。这个反应分两步进行：首先是铵转变成亚硝酸盐（NO^{2-}），然后再转变成硝酸盐（$NO_3{}^-$）。转变成亚硝酸的作用主要是专性自养细菌亚硝酸化毛杆菌进行的。

$$2NH_4{}^++3O_2\longrightarrow 2NO_2+2H_2O+4H^+$$

从亚硝酸盐转变成硝酸盐的作用主要由专性自养细菌硝化杆菌进行的。

$$2NO_2{}^-+O_2\longrightarrow 2NO_3{}^-$$

由反应式可以看出，在通气良好的土壤中，硝化作用的结果形成氢离子。因此，当氨态氮肥和许多有机氮肥转变成硝酸盐时，释放出的氢离子可导致土壤的酸化。

b. 土壤中磷肥的转化。土壤中的磷可分为有机磷和无机磷两类。有机磷包括磷脂、核酸和磷酸肌醇。无机磷大多与铁、铝、钙、氟等他元素结合，并以多种形态存在于土壤中。有一部分是由肥料盐类同某些土壤组成反应形成的特殊化合物，只微溶于水。磷酸盐也可以同黏粒作用形成不溶性的黏粒—磷酸盐复合物，而水溶性的磷为一代和二代磷酸盐离子（$H_2PO_4{}^-$和 $HPO_4{}^{2-}$），它们存在于土壤溶液中。

土壤中磷的各种形态相互之间存在着动态平衡：

有机结合态磷⇔土壤溶液磷⇔相对不溶性的磷酸铁、铝和黏粒化合物

有机磷的转化是在土壤有机质分解时进行的，转化的结果可释放出铵态氮和硝态氮，与此同时，也伴随着无机磷的释放；土壤中的无机磷化物以多种形态存在于土壤中，其中的肥料盐类所形成的化合物被称为土壤—肥料反应产物。这种磷酸盐对作物的有效性是通过作物吸收磷元素而获得的。

7.4.2 土壤净化与土壤防治

7.4.2.1 土壤净化

土壤净化是指通过物理、化学以及生物的作用达到降低或消除土壤中的污染物质和毒素的措施和过程。土壤净化能力取决于土壤在环境中起着三方面的作用：一是土壤中含有各种各样的微生物与土壤动物，对外界进入土壤的各种物质都能分解转化；二是土壤中存在有复杂的土壤有机胶体与土壤无机胶体体系，通过吸附、解吸、代换等过程，对外界进入土壤中的各种物质起着“蓄积作用”，使污染发生形态变化；三是土壤是绿色植物生长的基地，通

过植物的吸收作用，土壤中的污染物质发生迁移转化的作用。

不同类型的土壤，其净化能力是不同的，性质不同的污染物在土壤中可通过挥发、扩散、分解等作用，逐步降低污染物浓度，减少毒性或被分解成无害的物质；经沉淀、胶体吸附等作用可使污染物发生形态变化，或通过生物降解与化学降解，使污染物变为毒性较小或无毒性的物质；有些污染物在土体中还会被分解气化，迁移至大气中。只要污染物浓度未超过土壤的自净容量，就不会造成污染。因此，在土壤中污染物的累积与净化是同时进行的，是两种相反的作用的对立统一过程，两者处于一定的相对平衡状态。

7.4.2.2 土壤污染的防治

土壤的特性是复杂的，尤其是受到重金属的污染。金属污染具有隐蔽性、长期性、累积性等特点，治理非常困难。因此，在大力发展工农业生产的同时，应开展综合防治工作，防止土壤污染，保护好生态环境。

1）控制农药污染的生态措施。土地处理系统是利用土地来处理污水，其处理方式有浸流或溢流、灌溉、渗流或渗漏等，具有费用低廉、省能耗、利用肥源的特点，采用土地处理系统可促进土壤生态平衡，保护土壤，现已成为代替三级深度处理的重要途径之一。

2）土壤污染治理的生态对策。生态对策主要有：

a. 控制农药污染的生态措施。农药使用后大部分直接落入土壤中，其次为植物吸收或飞扬到大气中，或随水流走。目前我国禁用有机农药，在生态治理上主要是通过天敌和生物转化，研制高效、低毒、低残留的农药替代物。

b. 控制土壤受金属污染的生态对策。严格控制进入土壤的重金属。以防为主，综合治理，可采用改种法、有抑制吸收法、土壤改造法或生物改良法等。

3）科学地进行污水灌溉。废水种类繁多，成分复杂，有些工厂排出的废水可能是无害的，但与其他工厂排出的废水混合后，就变成有毒的废水。因此，在利用废水灌溉农田之前，应按照《农田灌溉水质标准》规定进行净化处理，既可以有效利用废水，又可避免工业废水对土壤的污染。

4）合理使用农药，重视开发高效低毒低残留农药。合理使用农药，不仅可以减少对土壤的污染，还能经济有效地消灭病、虫、草害，发挥农药的积极效能。在生产中，不仅要控制化学农药的用量、使用范围、喷施次数和喷施时间，提高喷洒技术，还要改进农药剂型，严格限制剧毒、高残留农药的使用，重视低毒、低残留农药的开发与生产。

5）合理施用化肥，增施有机肥。根据土壤的特性、气候状况和农作物生长发育特点，配方施肥，严格控制有毒化肥的使用范围和用量。增施有机肥，提高土壤有机质含量，可增强土壤胶体对重金属和农药的吸附能力。如褐腐酸能吸收和溶解三氯杂苯除草剂及某些农药，腐殖质能促进镉的沉淀等。同时，增加有机肥还可以改善土壤微生物的流动条件，加速生物降解过程。

6）施用化学改良剂，采取生物改良措施。在受重金属轻度污染的土壤中施用抑制剂，可将重金属转化成为难溶的化合物，减少农作物的吸收。常用的抑制剂有石灰、碱性磷酸盐、碳酸盐和硫化物等。例如，在受镉污染的酸性、微酸性土壤中施用石灰或碱性炉灰等，可以使活性镉转化为碳酸盐或氢氧化物等难溶物，改良效果显著。因为重金属大部分为亲硫元素，所以在水田中施用绿肥、稻草等，在旱地上施用适量的硫化钠、石硫合剂等有利于重金属生成难溶的硫化物。

总之，按照“预防为主”的环保方针，防治土壤污染的首要任务是控制和消除土壤污染源，对已污染的土壤，要采取一切有效措施，清除土壤中的污染物，控制土壤污染物的迁移转化，改善农村生态环境，提高农作物的产量和品质，为广大人民群众提供优质、安全的农产品。

7.5 固体废物的处理与资源化

7.5.1 固体废物污染

按《中华人民共和国固体废物污染环境防治法》的规定，固体废物（solid waste）是指在生产、生活和其他活动中产生的丧失原有利用价值或者虽未丧失利用价值但被抛弃或者放弃的固态、半固态和置于容器中的气态的物品、物质以及法律、行政法规规定纳入固体废物管理的物品、物质。固体废物按来源大致可分为生活垃圾、一般工业固体废物和危险废物三种。生活垃圾是指在人们日常生活中产生的废物，包括食物残渣、纸屑、灰土、包装物、废品等。一般工业固体废物包括粉煤灰、冶炼废渣、炉渣、尾矿、工业水处理污泥、煤矸石及工业粉尘。危险废物是指易燃、易爆、腐蚀性、传染性、放射性等有毒有害废物，除固态废物外，半固态、液态危险废物在环境管理中通常也划入危险废物一类进行管理。此外，还有农业固体废物、建筑废料及弃土。

固体废物如不加妥善收集、利用和处理处置将会污染大气、水体和土壤，危害人体健康。具体表现为：一是对水体的污染，固体废物进入水体，还影响水生生物的生存和水资源的利用；投弃海洋的废物会在一定海域造成生物的死区；废物堆或垃圾填地经雨水浸淋，渗出液会污染土地、河川、湖泊和地下水。二是对大气的污染，固体废物堆中的尾矿、粉煤灰、干污泥和垃圾中的尘粒会随风飞扬，遇到大风，会刮到很远的地方；许多种固体废物本身或者在焚化时，会散发毒气和臭气。三是对土壤的污染，固体废物及其渗出液所含的有害物质会改变土质和土壤结构，影响土壤中微生物的活动，有碍植物根系生长，或在植物机体内积蓄；矿业、工业所排出的大量废物堆置不当，还可能发生泥石流、塌方和滑坡等事故；固体废物的排弃会占用大量土地，在按人口计算耕地面积少的国家，这种矛盾更为尖锐。四是对人体的危害：许多种固体废物所含的有毒物质和病原体，除通过生物传播外，还以水、气为媒介传播和扩散，人体由呼吸道、消化道或皮肤摄入环境中的有害废物而致病。

7.5.2 固体废物的控制与处理

固体废物实际只是针对“原所有者”而言。在任何生产或生活过程中，所有者对原料、商品或消费品，往往仅利用了其中某些有效成分，而对于原所有者不再具有使用价值的大多数固体废物中仍含有其他生产行业中需要的成分，经过一定的技术环节，可以转变为有关部门行业中的生产原料，甚至可以直接使用。通常按照生活垃圾焚烧污染控制标准（GW 18485—2001）、危险废物储存污染控制标准（GB 18597—2001）等固体废物污染控制标准进行控制手段的干预。固体废物的处理技术涉及物理学、化学、生物学、机械工程等多种学科，结合当国内外研究动态，总结固体废物的污染处理方法和技术如下。

7.5.2.1 固体废物的处理方法

固体废物处理通常是指通过物理、化学、生物、物化及生化方法，把固体废物转化为适于运输、储存、利用或处置的过程。处理方法主要有：

1）固体废物的预处理。在对固体废物进行综合利用和最终处理之前，往往需要实行预处理，以便于进行下一步处理。预处理主要包括破碎、筛分、粉磨、压缩等工序。

2）物理法处理固体废物。利用固体废物的物理和物理化学性质，从中分选或分离有用或有害物质。根据固体废物的特性可分别采用重力分选、磁力分选、电力分选、光电分选、弹道分选、摩擦分选和浮选等分选方法。

3）化学法处理固体废物。通过固体废物发生化学转换回收有用物质和能源。煅烧、焙烧、烧结、溶剂浸出、热分解、焚烧、电力辐射都属于化学处理方法。

4）生物法处理固体废物。利用微生物的作用处理固体废物。其基本原理是利用微生物的生物化学作用，将复杂有机物分解为简单物质，将有毒物质转化为无毒物质。沼气发酵和堆肥即属于生物处理法。

5）固体废物的最终处理。没有利用价值的有害固体物质需进行最终处理。其方法有焚化法、填埋法、海洋投弃法等。固体废物在填埋和投弃海洋之前需要进行无害化处理。

7.5.2.2 固体废物的处理技术

固体废弃物处理的目标是无害化、减量化、资源化。目前采用的主要技术有：

1）压实技术。压实是一种通过对废物实行减容化，降低运输成本、延长填埋场寿命的预处理方法，如汽车、易拉罐、塑料瓶等通常首先采用压实处理。此法适用于压实减少体积处理的固体废弃物还有垃圾、松散废物、纸带、纸箱及某些纤维制品等。对于那些可能使压实设备损坏的废弃物不宜采用压实处理，某些可能引起操作问题的废弃物，如焦油、污泥或液体物料，一般也不宜做压实处理。

2）破碎技术。为了使进入焚烧炉、填埋场、堆肥系统等废弃物的外形尺寸减小，预先必须对固体废弃物进行破碎处理。经过破碎处理的废物，由于消除了大的空隙，不仅使尺寸大小均匀，而且质地也均匀，在填埋过程中更容易压实。固体废弃物的破碎方法很多，主要有冲击破碎、剪切破碎、挤压破碎、摩擦破碎等，此外还有专用的低温破碎和湿式破碎等。

3）分选技术。固体废物分选是实现固体废物资源化、减量化的重要手段，通过分选将可回收利用的固体废物分选出来加以利用，同时和有害的固体废弃物分离开；另一种是将不同粒度级别的废弃物加以分离。分选定基本原理是利用物料的某些性质方面的差异，将其分选开。例如，利用废弃物中的磁性和非磁性差别进行分离；利用粒径尺寸差别进行分离；利用比重差别进行分离等。根据不同性质，可以设计制造各种机械对固体废弃物进行分选。分选包括手工捡选、筛选、重力分选、磁力分选、涡电流分选、光学分选等。

4）固化处理技术。固化技术是通过向废弃物中添加固化基材，使有害固体废弃物固定或包容在惰性固化基材中的一种无害化处理过程。理想的固化产物应具有良好的抗渗透性，良好的机械特性，以及抗浸出性、抗干—湿、抗冻—融等特性。这样的固化产物可直接在安全土地填埋场处置，也可用做建筑的基础材料或道路的路基材料。固化处理根据固化基材的不同可以分为水泥固化、沥青固化、玻璃固化、自胶质固化等。

5）焚烧和热解技术。焚烧法是固体废物高温分解和深度氧化的综合处理，把大量有害的废料分解而变成无害物质的过程。由于固体废弃物中可燃物的比例逐渐增加，采用焚烧方法处理固体废弃物，利用其热能已成为必然的发展趋势。焚烧过程获得的热能可以用于发电。利用焚烧炉发生的热量，可以供居民取暖，用于维持温室室温等。热解是将有机物在无氧或缺氧条件下高温（500～1 000℃）加热，使之分解为气、液、固三类产物。与焚烧法相比，热解法基建投资少，是很有前景的一种处理方法。

6）生物处理技术。生物处理技术是利用微生物对有机固体废物的分解作用使其无害化。此技术可以使有机固体废物转化为能源、食品、饲料和肥料，还可以用来从废品和废渣中提取金属，是固体废物资源化的有效的技术方法。目前应用比较广泛的有堆肥化、沼气化、废纤维素糖化、废纤维饲料化、生物浸出等。

终态固体废弃物是指对于因技术原因或其他原因还无法利用或处理的固态废弃物。对于终态固体废弃物的处置，能够将固体废弃物在环境中最大限度地与生物圈隔离，避免或减少其中的污染组成对环境的污染与危害。不但是控制固体废弃物污染的末端环节，也是解决固体废弃物的归宿问题。

7.5.3 固体废物的资源化

20 世纪 60 年代中期，环境保护开始在国际上受到重视，污染治理技术迅速发展，从而形成了一系列固体废物的处理方法。1970 年以来，一些工业发达国家，由于废物处置场地紧张，处理费用巨大，也由于资源缺乏，提出了“资源循环”口号，开始从固体废物中回收资源和能源，逐步发展成为控制废物的途径——“资源化”。

固体废物资源化的基本任务是采取工艺措施从固体废物中回收有用的物质和能源。相对自然资源来说，固体废物属于二次资源或再生资源范畴，虽然它一般不具有原使用价值，但是通过回收、加工等途径，可以获得新的使用价值。资源化应遵循的原则是资源化技术是可行的；资源化的经济效益比较好，有较强的生命力；废物应尽可能在排放源就近利用，以节省废物在储放、运输等过程的投资；资源化产品应当符合国家相应产品的质量标准，并具有与之相竞争的能力。

2003 年，全国工业固体废物产生量为 10.0×10^{9} t，比上年增加 6.3%；工业固体废物排放量为 1.941×10^{8} t，比上年减少 26.3%。工业固体废物综合利用量为 5.6×10^{9} t，综合利用率为 55.8%，比上年增加 3.8 个百分点。危险废物产生量 1.171×10^{8} t，比上年增加 17.1%。2003 年，全国生活垃圾清运量为 $1.485\ 7\times10^{9}$ t，比上年增加 8.8%；其中生活垃圾无害化处理量为 7.550×10^{8} t，比上年增加 2.0%，生活垃圾无害化处理率为 50.8%。可见，以实现能源和资源的多重循环利用，提高其利用率为目标，固体废物资源化利用取得较好的进展。

固体废物具有两重性，在一定时间、地点，某些物品对用户不再有用或暂不需要而被丢弃，成为废物；但对另外一些用户或者在某种特定条件下，废物可能成为有用的甚至是必要的原料。固体废物污染防治正是利用这一特点，力求使固体废物减量化、资源化、无害化。对那些不可避免地产生和无法利用的固体废物需要进行处理处置。其次，固体废物还有来源广、种类多、数量大、成分复杂的特点。因此，防治工作的重点是按废物的不同特性分类收集运输和储存，然后进行合理的资源化利用和处理处置。

本章小结

通过本章学习使学生了解污染物在生态系统中的迁移规律，水体富营养化的机理、危害及其防治对策；熟悉水体自净、生物富集、固体废物等概念及环境污染的概念性质和分类，在生态系统中的迁移转化途径及其影响因素，大气污染的综合防治对策，植物对大气污染物的净化作用；掌握废水处理的基本方法，以及固体废物的控制与处理技术。

思考题

1. 简述水体富营养化的机理、危害及其防治对策。
2. 给出生物富集的定义，并举例说明这一现象。
3. 论述环境污染的概念、性质和分类，在生态系统中的迁移转化途径及其影响因素。
4. 结合周围生活的区域，给出当地大气污染的主要污染源和污染物，并提出大气污染的综合防治对策。
5. 提出利用植物对大气污染物的净化作用的几点好处。
6. 简述目前我国所采用的固体废物的控制与处理技术。

技能实训 6　城市污水处理厂工艺实习

一、实习目的

通过实习，使学生直观地了解城市污水处理系统，掌握实习内容所涉及的污染防治技术的工艺流程，污染治理的工艺设备的基本操作方法和监测技术要点，并能进行初步的设备运行管理和维护等；同时，培养学生科学的思维方式、独立思考的能力、严谨的工作作风、爱岗敬业品质、团体协作和承受挫折的能力，达到理论联系实际、强化综合职业能力、提高实践技能和业务素质的目的，为今后从事技术工作、生产工作和管理工作奠定基础。

二、基本内容

以××污水处理厂为实习单位，通过现场负责人员的讲解，学生积极思考，仔细观察、详细记录。实习内容包括项目的工程概况介绍，项目的技术方法、主要设施（设备）及工艺流程，项目的主要设施（设备）操作、运行管理，处理效果、存在问题及其原因分析，合理化建议，总结和评价等。整理成实习报告上交、准备答辩。

三、重点、难点

重点：污水处理的工艺流程，各构筑物的作用、运行与维护。

难点：熟练运用工程制图软件绘制各构筑物的剖面图。

四、注意事项

遵守实习单位的规章制度，讲究职业道德，严格执行实习单位的规章制度和要求，对仪器进行规范操作；同时注意个人安全防护。

8 生态监测

本章学习目标

1. 了解生态监测的概念、特点和理论依据。
2. 了解大气污染指示植物的选择以及各种监测方法。
3. 了解水体生物监测中的生物群落监测方法。
4. 熟悉生态监测类别和基本方法。
5. 熟悉生物样品的采集、制备和预处理。
6. 掌握指示生物的选择方法。

8.1 生态监测概述

8.1.1 生态监测概念、内容及分类

8.1.1.1 生态监测的概念

在环境科学中，环境监测是研究和测定环境质量的基础与必要手段。除了常见的各类污染因子外，由人为因素影响、灾害性天气增加、森林植被锐减、水土流失严重、土壤沙漠化加剧、洪水泛滥、沙尘暴、泥石流频发、酸沉降等，使我国本已十分脆弱的生态环境更加恶化。随着人们对环境及其规律认识的不断深化，人们应该用新的思路和方法重新审查环境问题的复杂性，不仅要关注环境的污染问题，更要重视生态平衡状态及资源的可持续发展问题。针对环境生态的演化趋势、特点及存在的问题应建立一套行之有效的动态监测与控制体系，这就是生态环境监测。环境监测也从一般意义上的环境污染因子的监测向生态方面的监测过渡，而生态监测是环境监测发展的必然趋势。

目前生态监测的定义不一致，国内有学者提出“生态监测是指运用可比的方法，在时间和空间上对特定区域范围内生态系统或生态系统组合体的类型、结构和功能及其组合要素等进行系统地测定和观察的过程。监测的结果用于评价和预测人类活动对生态系统的影响，为

合理利用资源、改善生态环境和自然保护提供决策依据。”关于生态监测的定义大体还有如下看法：

1）生态监测是生态系统层次的生物监测。生态监测就是观测与评价生态系统对自然变化及人为变化所做的反应，包括生物监测和地球物理化学监测两方面内容。

2）生态监测是比生物监测更复杂、更综合的一种监测技术。从学科上看，生态监测属于生物监测的一部分，但因它涉及的范围远比生物学科广泛、综合，因此可把生态监测独立于生物监测之外。

3）生物监测包括生态监测。生物监测就是系统地利用生物反应以评价环境的变化，并把它的信息应用于环境质量控制的程序中去。从生物学组建水平观点出发，各级水平上都可以有反应，但重点放在生态系统级的生物反应上。

4）生态监测又称生物监测。生态监测和生物监测都是利用生态系统各层次对自然或人为因素引起环境变化的反应来判定环境质量，从而研究生命系统与环境系统的相互关系。凡是利用生命系统为主进行环境监测的方法和手段都可称为生态监测。

实际上，无论是生物监测还是生态监测，都是利用生命系统各层次对自然或人为因素引起环境变化的反应来判定环境质量，都是研究生命系统与环境系统的相互关系。因此，凡是利用生命系统为主进行环境监测的方法和手段都可称为生态监测。

8.1.1.2　生态监测的内容

生态监测是在地球的全部或局部范围内观察和收集生命支持能力的数据，通过各种物理的、化学的和生态学原理的技术方法和手段，对生态环境中的各个要素、生态系统结构及功能进行监控和测试，以了解生态环境质量现状以及变化趋势，制定行之有效的保护生态环境的措施及建议，从而合理利用自然资源。

从宏观角度上分析，提出了以下生态监测的内容：

1）生态环境中非生命成分的监测，这种对各种生态因子的监控和测试，包括自然环境条件的监测（如气候、水文、地质等），以及物理指标及化学指标的异常（如大气污染物、水体污染物、土壤污染物、噪声、热污染、放射性等）。

2）生态环境中生命成分的监测，包括对生命系统的个体、种群、群落的组成、数量、动态的统计和监控，以及污染物在生物体中的量的测试。

3）生物与环境构成的系统的监测，包括对一定区域范围内生物与环境之间构成的生态系统的组合方式、镶嵌特征、动态变化和空间分布格局等的监测，相当于宏观生态监测内容。

4）生物与环境相互作用及其发展规律的监测，针对生态系统的结构和功能展开的研究，既包括监测自然条件下（如自然保护区内）的生态系统结构、功能特征的监测，也包括生态系统在受到干扰、污染或恢复、重建，治理后的生态系统的结构和功能的监测。

5）社会经济系统的监测，人类在生态监测这个领域，既是生态监测的执行者，又是生态监测的主要对象，因此，人类所构成的社会经济系统同样也是生态监测的内容之一。

8.1.1.3　生态监测的分类

1）根据监测对象的价值尺度划分。根据生态监测对象的价值尺度可分为城市生态监测、农村生态监测、森林生态监测、草原生态监测及荒漠生态监测等。这类划分旨在通过生态监测获得关于各生态系统生态价值的现状资料、受干扰（特别指人类活动的干扰）程度、承受影响的能力、未来发展趋势等。

2）根据监测涉及的空间尺度划分。可划分以下两类：

a. 宏观生态监测。宏观生态监测是对区域范围内生态系统的组合方式、镶嵌特征、动态变化、空间分布格局等，在人类活动影响下的变化进行观察和测定。宏观生态监测的地域等级至少应在区域生态范围之内，最大可扩展到全球。其监测手段主要依赖于遥感技术和生态图技术，监测所得的信息多以图件的方式输出，以原有的自然本底图和专业图件等相比较，评价生态系统质量的变化，也可以采取生态图技术、区域生态调查和生态统计等监测手段。

b. 微观生态监测。微观生态监测以大量的生态监测站为工作基础，配合流动监测和空中监测，以物理、化学或生物学的方法对生态系统各个组分提取属性信息。每个监测站的地域等级最大可包括由几个生态系统组成的景观生态区，最小也应代表单一的生态类型。根据监测的具体内容，微观生态监测又分为干扰性生态监测、污染性生态监测和治理性生态监测，在于揭示生态系统在人类的影响下，其内部各个环境要素所发生的变化及程度。微观监测主要有：一是干扰性生态监测，对人类特定生产活动干扰生态系统的情况进行监测，如草场退化造成的生产力降低的影响监测等；二是污染性生态监测，对农药及重金属等污染物在生态系统食物链中的传递及富集进行监测，如土壤中富集农药等污染物质造成土壤板结的监测等；三是治理性生态监测，对破坏的生态系统经人类治理后，生态平衡恢复过程中的监测，如水土流失后的生态工程重建和恢复过程的监测等。

总之，宏观生态监测必须以微观生态监测为基础，微观生态监测又必须以宏观生态监测为主导，二者既相互独立又相辅相成。因此，一个完整的生态监测应包括宏观和微观监测两种尺度所形成的生态监测网。

8.1.2 生态监测特点

生态监测是本世纪初发展起来的，在环境监测中占有十分重要的地位和作用，不但为受损生态系统的恢复和重建提出科学依据，也为区域生态环境质量的变化趋势作出科学预测。生态监测主要侧重于宏观的、大区域的生态破坏问题，它具有反映人类活动对我们所处生态环境的全貌、有机综合影响的特点。生态监测的特点主要有：

8.1.2.1 能综合地反映环境质量状况

环境问题是相当复杂的，某一生态效应常是几种因素综合作用的结果。理化监测仪器常常反映不出这种复杂的关系，而生态监测却具有这种特征。例如，在污染水体中利用网箱养鱼进行的野外生态监测，鱼类样本的各项生物学指标状况就是水体中各种污染物及其之间复杂关系综合作用的结果和反映。如鱼类生长速度的减缓，既与某些污染物对鱼类的直接作用有关，同时也有污染物对饵料生物影响所起到的间接作用。

8.1.2.2 具有连续监测的功能

用理化监测方法可快速而精确测得某空间内许多环境因素的瞬时变化值，但却不能以此来确定这种环境质量对长期生活于这一空间内的生命系统影响的真实情况。而生命系统各层次都有其特定的生命周期，生态监测能够利用生命系统的变化来“指示”环境质量，其监测结果能反映出某地区受污染或生态破坏后累积结果的历史状况。例如，大气污染的监测植物，能够长期地记录污染危害的全过程和植物承受的累积量。事实证明，植物这种连续监测的结果远比非连续性的理化仪器监测的结果更准确，如利用仪器监测某地的二氧化硫，其结果是4次痕量、4次未检出、仅1次为0.06 mg。但分析生长在该地的紫花苜蓿叶片，其含硫量却比对照区高出0.87 mg/g。有些生态监测结果还有助于对某地区环境污染历史状况的分析，这都是理化监测所办不到的。

8.1.2.3 具有多功能性

通常理化监测仪器的专一性很强，测定臭氧的仪器不能兼测二氧化硫，测二氧化硫的也不能兼测乙烯。生态监测却能通过指示生物的不同反应症状，分别监测多种干扰效应。例如在污染水体中，通过对鱼类种群的分析就可获得某污染物在鱼体内的生物积累速度以及沿食物链产生的生物学放大情况等许多信息。植物受二氧化硫、PAN（过氧乙酰硝酸酯）和氟化物的危害后，叶的组织结构和色泽常表现出不同的受害症状。

8.1.2.4 监测灵敏度高

生态监测灵敏度高包含着两种含义，从物种的水平上说是指有些生物对某种污染物的反应很敏感。如唐昌蒲，在0.01 ppm的氟化氢下，20 h就出现反应症状。据记载，有的敏感植物能监测到十亿分之一浓度的氟化物污染，而现在许多仪器也未达到这样的灵敏度水平；另外，对于宏观系统的变化，生态监测更能真实和全面地反应外干扰的生态效应所引起的环境变化。许多外干扰对生态系统的影响都因系统的功能整体性而产生连锁反应，如大气污染可影响植物的初级生产力，可采用理化的方法可对此予以定量分析。然而，初级生产力变化导致的系统内一系列生态关系的改变，才是大气污染影响的全部效应，也是干扰后该系统的真实环境质量状况。因此，生态系统的各组分对系统功能变化的反应是很敏感的，只有通过生态监测才能对宏观系统的复杂变化予以客观的反映。

生态监测具有物理监测和化学监测所不能替代的作用，然而从整体上考虑，生态监测仍存在着一定的局限性，在监测方法上仍有一些问题亟待解决，主要有如下表现：

一是监测的结果不够精确，出具分析结果时间较长。理化监测仪器能够在较短的时间内获得监测结果，并精确地监测出环境中某些污染物的含量，而生物监测通常只能反映各监测点的相对污染或变化水平。

二是外干扰容易影响生态监测结果和生物监测性能。如利用斑豆监测臭氧，其致伤率与光照强度密切相关，二氧化硫对植物的危害受气候条件影响很大等。相同强度的同种干扰对处于不同状态的生物常产生不同的生态效应。如水稻在抽穗、扬花、灌浆时期对污染反应最敏感，污染危害最大，而成熟期的敏感性就明显降低。因此，生态监测结果和生物监测的性能受外界各种因子的影响较大。

三是影响指示生物受害症状的因素复杂。指示生物同一受害症状可由多种因素造成，增加了对生态监测结果判别的困难。如二氧化硫对植物的伤害往往与霜冻或无机盐缺乏的症状也很相似。许多植物的落叶、矮态、卷转、僵直和扭曲等，大气氟化物的污染和低浓度除草剂的施用均可造成上述异常现象。

8.1.3 生态监测理论依据

环境创造了生物，生物又不断地改变着环境，两者相互依存、相互补偿、协同进化。这是生态学最重要的理论基础之一，也是生态监测理论依据的核心。

8.1.3.1 生态监测的基础——生命与环境的统一性和协同进化

按照进化论理论分析，现在地球上多种多样的生物并非从来就有的，原始生命始于无机小分子，它是物质进化的结果。产生生命的物质运动包括天体运动，尤其是太阳辐射能起了重要作用。生命的产生是地球上各种物质运动综合作用的结果，从这种意义上说，环境创造了生命，生命是适应于这一环境的一种特殊的物质运动。

然而生命一经产生，又在其发展进化过程中不断地改变着环境，形成了生物与环境间的相互补偿和协同发展的关系，群落原生演替就是这方面的典型例子。许多发展到“顶极”阶段的群落，都是从裸露的岩石上发展起来的，生物从无到有，从只有植物或动物到两者并存。生物群落从低级阶段向高级阶段发展——小生境和物种多样性增大、结构和功能趋于相对稳定和完善的“顶极”状态。在这一过程中，环境则由光秃秃的岩石裸地向着小生境增多的方向演变，原生演替是生物改变环境的过程，是两者协同发展的过程。生物与环境间的这种关系，是自然界长期发展中形成的。因此，生物的变化既是某一区域内环境变化的一个组成部分，同时又可作为环境改变的一种指示和象征。生物与环境间的这种统一性，正是开展生态监测的基础和前提条件。

8.1.3.2 生态监测的可能性——生物适应的相对性

生物对环境的适应实际上就是各种生物能够很好地生活在各种环境的适宜现象。适应是普遍的生命现象，生物的多样性其中就包括了适应的多样性。南极大陆是地球上最寒冷的地方，年均温度为−25℃，最低温度达−88℃。即使在这样极端的环境条件下，已知生活的动物仍达70余种。这个区域水体中生活的许多鱼类，能够合成不同寻常的生化物质——抗冰蛋白。它可使鱼类降低血液的冰点。据分析，南极海水的冰点为−1.8℃，而含有抗冻蛋白的鱼类的血液冰点是−2.1℃，这就保证了这些鱼类在该海域里能够安全生活。

在一定环境条件下，某一空间内的生物群落的结构及其内在的各种关系是相对稳定的。当存在人为干扰时，一种生物或一类生物在该区域内出现、消失或数量的异常变化，都与环境条件有关，是生物对环境变化适应与否的反映。同时，生物的适应具有相对性，生物为适应环境而发生某些变异，但生物适应能力并不是无限的，应有一个适应的范围（生态幅），超过这个范围，生物就表现出不同程度的损伤特征。

8.1.3.3 污染生态监测的依据——生物富集

生物富集也称为生物浓缩，是指生物体或处于同一营养级上的许多生物种群，从周围环境中浓缩某种元素或难分解物质的现象。通过生物富集，一些元素或某种难分解物质在生物体内的浓度可以大大超过该物质在环境介质中的浓度。人类的干扰如农药的使用、某些人工合成化学物质等进入环境后，也必然要被生物吸收和富集，而且还会通过食物链在生态系统中传递和被放大。当这些物质超过生物所能承受的浓度后，将对生物乃至整个群落造成影响或损伤，并通过各种形式表现出来。污染的生态监测就是以此为依据来分析和判断各种污染物在环境中的行为和危害的。

8.1.3.4 生态监测结果的可比性——生命具有共同特征

生态监测结果的可比性是因为生命具有共同的特征，如各种生物（除病毒和噬菌体外）都是由细胞所构成的；都能进行新陈代谢、具有感应性和生殖能力等。这些共同特征决定了生物对同一环境因素变化的忍受能力有一定的范围，即不同地区的同种生物抵抗某种环境压力或对某一生态要素的需求基本相同。例如，我国广泛分布的白鲢鱼的性成熟年龄和产卵时间南、北方差别较大，但达到性成熟所需总积温却基本相同（见表 8—1）。人为干扰（如人为增温）可使其性成熟年龄或产卵时间提前（见表 8—2）。这是人为干扰作用存在的表现和水体增温的结果，但并没有改变鱼类性成熟对总积温的需求。所以，生命具有共同特征是生态监测结果可比性的基础。

表 8—1　　不同地区白鲢性成熟总计为对比

项目	广西	江苏	吉林	黑龙江
生长期/（月）	12	8	5.6	5.5
生长期平均水温/（℃）	27.2	24.1	20.5	20.2
生长总积温/（℃·d）	9 792.0	5 780.0	3 485.0	3 333
性成熟年龄	2	3～4	5～6	5～6
性成熟总积温/（℃·d）	19 584.0	17 340～23 120	17 425～20 910	16 665～19 998
性成熟总积温均值/（℃·d）	19 584.0	20 230	19 167	18 331

表 8—2　　人为增温对鲤鱼产卵期影响的监测

水体与样站		最早产卵时间			年总积温/（℃·d）
		1973 年前	1984 年	1985 年	
增温水体	增温>3℃	每年 4 月下旬或 5 月上旬	4 月 14 日	4 月 17 日	
	增温<3℃		4 月 18 日	4 月 15—17 日	6 478.4
	自然水区		4 月 23 日	4 月 18 日	4 857.4
近自然水体		与增温水体相同		5 月 7 日	4 013.6

采用同样的结构指标和功能指标，可以对不同生态系统的环境质量或人为干扰效应的生态监测结果进行对比，如系统结构是否缺损，能量转化效率多少、污染物的生物学富集和生物学放大效应是否显著等均可用作比较指标。若方法选取得当、指标体系选取一致，则处于不同地区的同一类生态系统的生态监测结果将具有可比性。

8.1.4　生态监测基本要求

与理化监测不同，生态监测有些特殊要求。明确和掌握这些基本要求，对生态监测工作的顺利开展是有益的。

8.1.4.1　样本容量应满足统计学要求

因受环境复杂性和生物适应多样性的影响，生态监测结果的变异幅度往往很大，要使监测结果准确可信，除监测样点设置和采样方法科学、合理和具有代表性外，样本容量应该满足统计学的要求，对监测结果原则上都需要进行统计学的检验。否则，不但浪费大量的人力和物力，而且容易得出不符合客观实际的结论。例如，有人曾专门调查了东北、安徽、贵州等地区黄鼬冬季针毛的长度，以此来分析气候条件的差异是否对其有影响。每个地区随机取四个样本，得到了表 8—3 的结果。从表中项看，地区间有一定差异，但同一地区的不同样本间也有差异。如果对结果的分析停留在这个水平上，就容易得出“黄鼬冬季针毛长度的地区差异与气候条件无关”的结论。而研究者正是通过采用统计学方法处理以及各区之间的相互比较，证实了我国黄鼬冬季针毛长度不同的原因是地区气候差异造成的。这个结论显然符合客观实际。

表 8—3　　不同地区的黄鼬冬季针毛长度（mm）

样本数	东北	内蒙古	河北	安徽	贵州	总计
1	32.0	29.2	25.2	23.3	22.3	
2	32.8	27.4	26.1	25.1	22.5	
3	31.2	26.3	25.8	25.1	22.9	
4	30.4	26.7	26.7	25.5	23.7	
$\sum X$	126.4	109.6	104.1	99.0	91.4	530.5
n	4	4	4	4	4	20
$\bar{X}$	31.6	27.4	26.03	24.75	22.85	26.53
$\sum X^2$	3 997.44	3 007.98	2 709.99	2 453.16	2 089.64	14 258.21

8.1.4.2　定期、定点连续观测

生物的生命活动具有周期性特点，如生理节律、日、季节和年周期等变化规律。生态监测在方法上应实行定期的、定点的连续观测，每次监测都要保证一定的重复性工作，不可依据一次监测结果就对监测区的环境质量给出判定和评价。例如，在水生态系统中，浮游生物受光照、水温等因素的影响而有垂直移动的生态习性，一天内的不同时间采样其密度往往差别很大。因此，监测时间的科学性和一致性是结果可比性的重要条件。

8.1.4.3　综合分析

通过对诸多复杂关系的层层剥离，找出生态效应的内在机制及其必然性，以便对环境质量做出更准确的评价。根据生态学的基本原理做综合分析，既对监测结果产生机理的解析，也对干扰后生态环境状况对生命系统作用途径和方式以及不同生物间影响程度的具体判定。例如，通过对热污染水体多年的生态监测发现，严重的热污染会对水库的渔业资源造成破坏，鱼产量明显减少。但构成渔获物的 5 种主要经济鱼类中，白鲢和鲫鱼数量减少最多，生长速度减慢、疾病增多污染对水体渔业资源的影响与鱼类种群的生态特性有关，其影响程度、方式与鱼类的生态位有关。因此，应加强综合分析，从解决实际问题。

8.1.4.4　有扎实的专业知识和严谨的科学态度

生态监测涉及面广、专业性强，监测人员需要掌握生态学基础知识娴熟的生物种类鉴定技术和具有一定的专业知识及操作技术，掌握试验方法，熟悉有关环境法规、标准等技术文件，具有极其负责的态度以保证监测数据的清晰、完整、准确，以确保监测结果的客观性和真实性。

8.1.5　生态监测指标体系

生态监测指标体系是生态监测的主要内容和基本工作，主要指一系列能敏感清晰地反映生态系统基本特征及生态环境变化趋势，并相互印证的项目。生态监测指标的选择首先要考虑生态类型及系统的完整性，传统的生态监测指标体系无法适应于现今对生态环境质量监测的要求。从我国正在开展的生态监测工作来看，生态监测构成了一个复杂的网络，各地纷纷建立生态监测网站与网络，生态监测的指标体系丰富而庞杂，主要有以下各方面构成。

8.1.5.1 非生命系统的监测指标

监测指标主要有：

1）气象条件。包括太阳辐射强度和辐射收支、日照时数、气温、气压、风速、风向、地温、降水量及其分布、蒸发量、空气湿度、大气干湿沉降等，以及城市热岛强度。

2）水文条件。包括地下水位、土壤水分、径流系数、地表径流量、流速、泥沙流失量及其化学组成、水温、水深、透明度等。

3）地质条件。包括地质构造、地层、地震带、矿物岩石、滑坡、泥石流、崩塌、地面沉降量、地面塌陷量等。

4）土壤条件。包括土壤养分及有效态含量（氮、磷、钾、硫）、土壤结构、土壤颗粒组成、土壤温度、土壤 pH、土壤有机质、土壤微生物量、土壤酶活性、土壤盐度、土壤肥力、交换性酸、交换性盐基、阳离子交换量、土壤容重、孔隙度、透水率、饱和含水量、凋萎水量等。

5）化学指标。应用环境化学分析技术主要对化学污染物监测，包括各种大气污染物、水体污染物、土壤污染物、固体废弃物等方面的监测内容。

6）大气污染物。包括颗粒物、二氧化硫、氮氧化物、一氧化碳、碳氢化合物、硫化氢、氟化氢、PAN、臭氧等。

7）水体污染物。包括水温、pH、溶解氧、电导率、透明度、水的颜色、嗅味及感官性状、流速、悬浮物、浑浊度、总硬度、矿化度、侵蚀性二氧化碳、游离二氧化碳、总碱度、碳酸盐、重碳酸盐、氨氮、硝酸盐氮、亚硝酸盐氮、挥发酚、氰化物、氟化物、硫酸盐、硫化物、氯化物、总磷、钾、钠、六价铬、总汞、总砷、镉、铅、铜、溶解铁、总锰、总锌、硒、铁、锰、铜、锌、银、大肠菌群、细菌总数、COD、BOD_5、石油类、阴离子表面活性剂、有机氯农药、六六六、滴滴涕、苯并［a］芘、叶绿素 a、油、总 α 放射性、总 β 放射性、丙烯醛、苯类、总有机碳、底质。

8）土壤污染物。包括镉、汞、砷、铜、铅、铬、锌、镍、六六六、DDT、pH、阳离子交换量等。

9）固体废弃物。包括颗粒物、氨、硫化氢、甲硫醇、臭气浓度、悬浮物、COD、BOD_5、大肠菌值等，以及苯酚类、酞酸酯类、苯胺类、多环芳烃类、苯系物等。

10）物理指标。是应用环境物理计量技术针对能量污染的监测，包括噪声、振动、电磁波、热污染、放射性等水平的监测。

8.1.5.2 生命系统的监测指标

生物个体的监测主要是对生物个体大小、生活史、遗传变异、跟踪遗传标记等的监测。主要有以下几个方面：

1）物种的监测。包括优势种、外来种、指示种、重点保护种、受威胁种、濒危种、对人类有特殊价值的物种、典型的或有代表性的物种。

2）种群的监测。包括种群数量、种群密度、盖度、频度、多度、凋落物量、年龄结构、性别比例、出生率、死亡率、迁入率、迁出率、种群动态、空间格局。

3）群落的监测。包括物种组成、群落结构、群落中的优势种统计、生活型、群落外貌、季相、层片、群落空间格局、食物链统计、食物网统计等。

4）生物污染监测。包括放射性、镉、六六六、DDT、西维因、敌菌丹、倍硫磷、异狄氏剂、杀螟松、乐果、氟、钠、钾、锂、氯、溴等离子、镧、锑、钍离子、铅、钙、钡、锶、镭、铍等、碘、汞、铀、硝酸盐、亚硝酸盐、灰分、粗蛋白、粗脂肪、粗纤维等。

8.1.5.3　生态系统的监测指标

生态系统的监测主要对生态系统的分布范围、面积大小进行统计，在生态图上绘出各生态系统的分布区域，然后分析生态系统的镶嵌特征、空间格局及动态变化过程。以北京市森林生态系统监测指标体系（DB11/T 477—2007）为例，将森林生态系统的监测指标包括森林大气与声环境指标、森林常规气象及小气候指标、森林水文指标、森林群落学特征监测指标、森林土壤监测指标、森林生态系统健康监测指标等方面。

8.1.5.4　生态系统功能的监测指标

包括生物生产量（初级生产、净初级生产、次级生产、净次级生产）、生物量、生长量、呼吸量、物质周转率、物质循环周转时间、同化效率、摄食效率、生产效率、利用效率等。

8.1.5.5　社会经济系统的监测指标

包括人口总数、人口密度、性别比例、出生率、死亡率、流动人口数、工业人口、农业人口、工业产值、农业产值、人均收入、能源结构等。

生态监测指标体系设计的优劣，直接关系生态监测本身能否揭示生态环境质量的现状、变化和趋势。在选择生态监测指标时应该注意以下问题。第一，要充分考虑生态系统的功能及不同生态类型间相互作用的关系；第二，经济发展程度不同的地区，对环境质量和价值的要求及评价指标也不同；第三，现有的监测能力、技术与设备水平有限，应结合本地特点选取易监测、针对性强、能说明问题、对特定环境敏感和属于污染的因子开展监测工作；第四，目前生态监测的理论方法很多，微观和宏观生态监测尚未有机结合，一些指标和方法路线也缺少统一的规范，应加快制订指标体系，同时考虑各指标内容的具体优化。

8.2　生态监测的基本方法

生物监测的方法主要有指示生物法、生物样品的污染监测方法、群落和生态系统层次的生态监测三种方法。

8.2.1　指示生物法

指示生物法是指根据对环境中有机污染或某种特定污染物质敏感的或有较高耐受性的生物种类的存在或缺失，来指示环境染状况的方法。通常选取生命期较长的指示生物来监测环境状况，可在较长时期内反映所在环境的综合影响，是经典的生物学水质评价方法。

8.2.1.1　指示生物及其基本特征

所谓指示生物，就是指污染物的作用或环境条件的改变能较敏感和快速地产生明显反应的生物，通过其所作的反应可了解环境的现状和变化。静水中指示生物主要为底栖动物或浮游生物，流水中主要用底栖动物作为指示生物，鱼类也可作为指示生物，大型无脊椎动物是应用最多的指示生物。生态监测中所说的指示生物，通常都具有以下的基本特征：

1）对干扰作用反应敏感且健康。对某种异常干扰作用在绝大多数生物尚未作出反应的情况下，指示生物中健康的个体却出现了可见的损害或表现出某种特征，有“预警”的功能。由于生物种类很多，不同生物甚至同种生物不同品种和亚种对同一干扰的反应都不同。因此，要根据监测对象和监测目的挑选相应的敏感种类和指示生物。

2）具有代表性。从指示效果的角度要求，指示生物的适宜性越窄越好。但这样的生物在群落中的数量与分布区很小。因此，指示生物除具有敏感性强的特点外，还应是常见种，最好是群落中的优势种。

3）对干扰作用的反应个体间的差异小、重现性高。许多生物个体差异很大，若以此作为指示生物，往往会影响监测结果的准确性。指示生物应是个体间差异小的种类，这样才能保证监测结果的可靠性和重现性。用作指示植物的植物，最好选用无性繁殖的植物。这类植物在遗传性上差异甚小，可保证获得较为一致且可比的监测结果。

4）具有多功能性。尽量选择除监测功能外还兼有其他功能的特性，达到一举多得的目的。如有的有经济价值，有的有绿化与观赏价值等。国内外在大气污染的监测上，常选用唐昌蒲、秋海棠、牡丹、兰花、玫瑰等，既起到了报警的作用，又达到了观赏价值和经济效益。

8.2.1.2 指示生物的选择方法

选择指示生物时，首先要考虑生物的敏感性问题，然后再进行选择方法方面的研究。

1）生物敏感性的划分。指示生物的选择，首先是生物敏感性的（或抗性的）分级标准。同一种生物，由于采用的标准不同，所归入的敏感性等级就不同。如在植物敏感性的标准划分上，有时是根据植物最后的经济效益来断定的，有时则根据叶片的受害程度来划分。植物各抗性级的划分依据大致可做以下概括：

a. 敏感。这类植物不能长时间生活在一定浓度的有害气体污染环境中。否则，植物的生长点将干枯；全株叶片受害普遍、症状明显，大部分受害叶片迅速脱落；生长势衰弱，植物受害后生长难以恢复。

b. 抗性中等。这类植物能较长时间生活在一定浓度的有害气体环境中。在遭受高浓度有害气体袭击后，生长恢复慢，植株表现出慢性中毒症状。如节间缩短、小枝丛生、叶形缩小以及生长量下降等。

c. 抗性强。这类植物能较正常地生活在一定浓度的有害气体环境中，基本不受伤害或受害轻微，慢性受害症状不明显。在遭受高浓度有害气体袭击后，叶片受害轻或受害后生长恢复较快，能迅速萌发出新枝叶，并形成新的树冠。各种植物（包括动物）对污染的抵抗能力是不相同的，但有些植物对不同污染物的抗性往往是一致的。另外，些植物对不同污染物具有不同的抗性，生物对污染或其他因子作用强度的抗性与其生物学特性有关。

2）指示生物选择方法。选择方法有：

a. 现场比较评比法。选取排放已知单一污染的现象，对污染源影响范围内的各类生物进行观察记录。对用于大气污染监测的植物来说，应特别注意叶片上出现的伤害症状特征与受害面积，比较后评比出各自的抗性等级，凡敏感植物（即受害最重者）就可选作指示植物。这种方法简单易行，但易受野外各种复杂因子条件相互作用的影响，造成个体间的不一致性而影响选择结果。此法仅适用于植物或运动性很小的生物。

b. 栽培或饲养比较试验法。将各种预备筛选的生物进行栽培或饲养，然后把这些生物放置在监测区内，观察并记录其生长发育状况与受害反应。经一定时间后，评定各种生物的抗性，选出敏感生物。此法由于环境条件比较一致，对敏感种类的筛选效率与准确性比现场评比要高。此法适用于动、植物。植物的栽培试验包括盆栽和地栽两种方法。盆栽法是为排除土壤系统各种因素的干扰而设置的。其优点是用地面积少，即使在不具备栽培条件的地方也能进行监测，同时还兼有植物净化能力测定的功能；缺点是管理要求严格，苗木准备费工时。地栽法是把经过初选的抗性植物直接栽种于污染环境中，使其经受较长时间的作用。经一年以上的试验和观察，苗木生长正常的便是可靠的抗性植物。

c. 人工熏气法。将需要筛选的生物移植或放置在人工控制条件的熏气室，把所确定的单一或混合气体与空气相混均匀后通入熏气室内，依不同要求控制熏气时间。动态熏气室是用抽吸的方法，使污染气体不断地进入熏气室，接着又不断被抽出，始终让室内保持浓度一定的污染气体的动态平衡。熏气室装置改进和发展很快，现已有开顶式熏气罩或田间全开放式熏气系统，这些装置更接近于自然状态。人工熏气法的优点在于能人工控制试验条件，能较准确地把握生物的反应症状或观察的其他指标，受害的临界值（引起生物受害的最低浓度和最早时间）以及评比各类生物的敏感性等。此法对于动植物均适用。

d. 浸蘸法。即人工配制某种化学溶液，浸蘸生物的组织或器官，如浸蘸亚硫酸（H_2SO_3）可产生二氧化硫熏气的效果。试验证明，此法所得结果与人工熏气法基本相同，而且具有简便、省时和快速的优点。浸蘸法仅适用于植物，特别适用于对大量植物的初选。

8.2.1.3 指示生物的指示方式和指标

污染或其他环境变化对生物的形态、行为、生理、遗传和生态等各个方面都可能产生影响。因此，生物在这些方面的反应均可作为指示或监测环境的指标。指示生物法常用的指示方式和指标主要有以下几个方面：

1）症状指示指标。指示生物的这类指标主要是通过肉眼或其他宏观方式可观察到的形态变化。如重金属污染水体中的水生生物和鱼类的致畸形现象等均属这类指标；大气污染监测中，指示植物叶片表面出现的受害症状和由此建立的评价系统，见表 8—4。

表 8—4　以莱豆对周围臭氧反应受害症状建立的评价系统

受害估计	评价指数	叶受害百分率/%
无	0	0
轻微	1	1～25
中度	2	26～50
中度—严重	3	51～75
严重	4	76～99
完全受害	5	100

2）生长势和产量评价指标。生物生长发育状况是各种环境因素作用的综合，即使是一些非致死的慢性伤害作用，最终也将导致生物生产量的改变。因此，对于植物而言，各类器官的生长状况观测值都可用指示指标。如植物的茎、叶、花、果实、种子发芽率、总收获量等。其中，果树和乔木等木本植物还可采用小枝、茎干生长率、胸径、叶面积、座果率等；动物的指标也基本雷同，如生长比速、个体肥满度等。

3）生理生化指标。这类指标已被广泛应用于生态监测中，它比症状指标和生长指标更敏感和迅速，常在生物未出现可见症状之前就已有了生理生化方面的明显改变。如大气污染对植物光合作用有明显影响，在尚未发现可见症状的情况下，测量光合作用却能得到植物体短暂的或可逆的变化。植物呼吸作用强度、气孔开放度、细胞膜的透性、酶学指标（如硝酸还原酶、核糖核酸酶、过氧化氢酶等）以及某些代谢产物等也都能用作监测指标。用于水污染监测的生理生化指标也很多，采用的最普遍、同时又比较成功的是鱼类脑胆碱酯酶对有机磷酯农药的反应；转氨酶、糖酵解酶和肝细胞的糖朊等也是常用指标。生化指标的突出优点是反应敏感。但由于酶反应所具有的一些特点，同一种酶对不同污染物往往都能产生反应。因此，多数生化指标只能用来评价环境的污染程度，而无法确定污染物的种类。

4）行为学指标。在污染水域的监测中，水生生物和鱼类的回避反应也是监测水质的一种比较灵敏、简便的方法。回避反应是指水生生物（特别是游动能力强的水生生物）避开受污染的水区、游向未受污染的清洁环境的行为反应。这是生物“趋利避害”的本能之一。生物回避性能是由于外干扰作用于其感官系统，信息再传递到中枢神经所引起的。利用生物这种反应进行生态监测，可检出水环境中低浓度的污染物，其结果是制定水质标准的重要依据。另外，污染水体中生物群落结构的破坏，污染物引起的中毒死亡和对生长、繁殖的危害固然是重要因素，但生物回避反应的作用也不可低估，它可使水生生物的种类组成、区系分布随之改变，进而打乱原有的生态平衡。因此，生物回避反应的试验或监测结果，是分析和判断群落结构状况以及指导生物资源保护、水利工程兴建的重要科学依据。回避反应的野外监测多见于鱼类，鱼类对水质变化非常敏感。当水体遭到污染时，鱼类就会发生迁移。当污水区域缩小，鱼类的生活区域就立即扩大。然而野外回避反应的监测试验难度很大，目前多在实验室内进行，通常采用回避度测量回避行为。

8.2.2 生物样品的污染监测法

生物样品的污染监测是采用物理、化学方法，通过对生物体所含环境污染物的分析，对环境质量进行监测。与大气污染监测、水体污染监测、土壤污染监测相比，最大的差异在于分析对象的特殊性。掌握污染物质进入生物体的途径及迁移和在各部位的分布规律，是准确的采集样品、选择正确的测定方法和获得精确的测定结果的前提工作。

8.2.2.1 生物对污染物的吸收及在体内分布

1）生物对污染物的吸收。生物对污染物的吸收分为表面附着和生物吸收。详述如下：

a. 表面附着。污染物附着在生物体表面的现象。

b. 生物吸收。大气、水体和土壤中的污染物，可经生物体各器官的主动吸收和被动吸收进入生物体。主要有两大类：一是植物吸收大气中的气体污染物或粉尘污染物，可以通过植物叶面的气孔吸收，经细胞间隙抵达导管，而后运转至其他部位；二是动物吸收环境中的污染物质，可以通过呼吸道、消化道和皮肤吸收等途径进入动物肌体。

2）污染物在生物体内的分布。

a. 污染物在植物体内的分布。植物受污染物的途径有表面附着（如散逸到大气中的各种气态污染物、施用农药、大气中的粉尘降落及含大气污染的降水等，会有一部分黏附在植物表面上，造成对植物的污染和危害）和植物吸收（如二氧化硫被植物叶片的气孔吸入使叶片的叶绿体遭到破坏，组织坏死，在叶子外表出现伤斑）等。污染物进入植物体后，在植物体各部位分布和积蓄情况与植物种类、吸收污染物的途径、植物品种、污染物的性质及其作用时间等因素有关。从土壤和水体中吸收污染物的植物，一般分布规律和残留含量的顺序是：根＞茎＞叶＞穗＞壳＞种子。当然也有一些不符合这个规律，而从空气中吸收污染物的植物，一般叶部残留含量多一些；渗透能力强的农药富集于果肉、米粒的较多；渗透能力弱的农药多停留于果皮、米糠中。

b. 污染物在动物体内的分布。环境中的污染物主要通过呼吸道、消化道和皮肤吸收等途径进入动物体，通过食物链而得到浓缩富集，最后进入人体。动物吸收污染物质后，主要通过血液和淋巴系统传输到全身各组织发生危害，通常有如下分布规律：一是能溶解于体液的物质，如钾、钠、锂、氟、氯、溴等离子，在体内分布比较均匀；二是水解后生成胶体的物质，如镧、锑、钍等三价和四价阳离子主要蓄积于肝脏和其他网状内皮系统；三是与骨骼亲和性较强的物质，如铅、钙等二价阳离子通常在骨骼中含量较高；四是对某一器官具有特殊亲和性的物质，在该种器官中蓄积较多；五是脂溶性物质，如有机氯化合物（六六六、DDT 等）易蓄积于动物体内的脂肪中。

8.2.2.2　生物样品的采集

1）植物样品的采集。植物样品的采集方法：

a. 调查。确定采样的目的、污染情况、环境因素、植物特点以及其他情况。选择采样区域，确定采样时间和采样位置，注意采集的植物样品要具有代表性、典型性和适时性。

b. 布点方法。常采用梅花形五点取样法或交叉间隔取样法。

c. 采样方法。具体包括：一是采样前应预先准备好采样工具；二是根据实际情况确定样品采样量（20～50 g 干样，80％～90％水含量）；三是选择优势种植物在采样区内，按梅花形五点或交叉间隔取样，采集 5～10 处的植株，混合组成一个代表样品；四是将采集的样品装入布口袋或聚乙烯塑料袋中，贴好标签，并填写采样登记表。

2）动物样品的采集。动物样品的采集方法：

a. 尿的采集。定性检测尿液成分时应采集晨尿，定量检测尿液成分时一般采集 24 h 总排尿量。

b. 血液的采集。一般用注射器抽取 10 mL 血样冷藏备用。常用于分析血液中所含金属毒物及非金属毒物。

c. 毛发和指甲的采集。采集和保存较为方便，主要用于汞、砷等含量的测定。

d. 组织和脏器采集。

8.2.2.3　生物样品的制备

对于液体状态的动物样品无需制备，通常用捣碎动物组织和脏器的方法，制成浆状鲜样备用，而对植物样常根据不同情况，不同利用方式进行样品制备。

生物样品的制备方法：

1）平均样的获得。四分法、切成块的 1/4～1/8 混合。

2）分析试样的制备　①鲜样；②风干样：60～70℃低温真空干燥箱中烘干（匀浆、小片）；③水分含量测定（100～105℃烘干/真空干燥/低温烘干）。

3）分析结果表示方法　以干重计（mg/kg）。

8.2.2.4　生物样品的预处理

常用的预处理方法有湿化消解法、灰化法、提取、分离和浓缩法等。详述如下：

1）湿化消解法。利用强酸等与生物样品共同煮沸，将样品中有机物分解成二氧化碳和水除去。常用的消解试剂体系有：浓硝酸—高氯酸、浓硝酸—浓硫酸、浓硫酸—过氧化氢、硫酸—高锰酸钾、硝酸—硫酸—五氧化二钒等。

2）灰化法。利用坩埚或氧燃烧瓶，使样品在高温条件下分解，并用适当的溶液溶解或吸收分解产物，制成分析试液。不使用或者少使用化学试剂，并可处理较大称量的样品，有利于提高测定微量元素的准确度，但是因为灰化温度一般为450～550℃，不宜处理测定易挥发组分的样品。此外，灰化所用的时间也较长。

3）提取法。整个过程包括提取、分离、浓缩三个步骤，具体详见表8—5。

表8—5　提取法的步骤、意义和手段

方法	意义和备注	常用手段
提取	根据样品的特点、待测组分的性质、存在形态和数量、分析方法等因素选择	振荡提取法、组织捣碎提取法、脂肪提取器提取法、直接球磨提取法
分离	用提取剂从生物样品中提取欲测组分的同时，不可避免地会将其他相关组分提取出来，测定之前须将上述杂质分离	液—液萃取法、层析法、磺化法、低温冷冻法、吹蒸法、液上空间法等
浓缩与富集	当生物样品的提取液经过分离净化后，其中的污染物浓度往往仍达不到分析方法的要求，需要进行浓缩和富集	蒸馏或减压蒸馏法、K-D浓缩器浓缩法、蒸发法、真空冷冻干燥法等

8.2.2.5　污染物的测定

1）光谱分析法。

a. 可见—紫外分光光度法。可用于测定多种农药以及某些重金属和非金属化合物等。

b. 红外分光光度法。可鉴别有机污染物结构，并对其进行定量测定。

c. 原子吸收分光光度法。适用于镉、汞、锌、铅等有害金属元素的定量测定，具有速度快、选择性好、操作简单等优点。

d. 发射光谱法。适用于多种金属元素进行定性和定量分析。

e. X射线荧光光谱分析。适用于生物样品中多元素的分析，特别是硫、磷等轻元素很容易测定。

2）色谱分析法。

a. 薄层层析法。此法应用与层析板对有机物进行分离、显色和检测，可对多种农药进行定性和半定量分析。如果与薄层扫描仪联用或洗脱后进一步分析，则可进行定量测定。

b. 气相色谱法。此法广泛用于粮食等生物样品中烃类、酚类、苯和硝基苯、胺类、多氯联苯及有机磷、有机氯农药等有机污染物的测定。此法操作简单，分析速度快、灵敏度高。

c. 高压液色谱法。此法特别适用于相对分子质量大于300，热稳定性差和离子型化合物的分析。应用于粮食、蔬菜等样品中的多环芳烃、酚类、异氰酸酯类等农药的测定，效果良好。

8.2.3　群落和生态系统层次的生态监测

近几年来，我国十分重视野外和现场的生态监测，其重点放在群落和生态系统层次水平上的研究。因此，关于陆地生态系统人为干扰的生态监测方法和指标体系也有了迅速发展。

8.2.3.1　污水生物系统

污水生物系统是由科尔科威茨和马森于1909年提出的，后经许多学者不断完善用于河流污染特别是有机污染的监测。这种方法的理论基础是当河流受到污染后，随着河水污染程度的逐渐减轻，在不同河段将出现不同的物种，生物的种类组成随之发生变化，污染源下游的一段流程里会发生自净过程。

用群落中优势种群来划分污染带的方法，实际上是污水生物系统法的另一种形式。这种方法已被用于河流和湖泊的监测中，如福杰丁格斯德（1964）根据污染水体中优势种群的不同，把污染水体（主要是河流）划分为9个污水带，其中各带的优势藻类分别是：一是粪生带：无藻类优势群落；二是甲型多污带：裸藻群落，优势种为绿裸藻；三是乙型多污带：裸藻群落，优势种为绿裸藻和静裸藻；四是丙型多污带：绿色颤藻群落；五是甲型中污带：环丝藻群落或底生颤藻等群落；六是乙型中污带：脆弱刚毛藻或席藻等群落；七是丙型中污带：红藻群落，优势种群为串珠藻，或绿藻群落，优势种为团刚毛藻或环丝藻；八是寡污带：绿藻群落，优势种群为簇生竹枝藻，或环状扇形藻群落，或红藻群落；九是清水带：绿藻群落，优势种群为羽状竹枝藻或红藻群落，优势种为胭脂藻等。

8.2.3.2　PFU微型生物群落监测法

利用泡沫塑料块（polyurethane foam unit，简称PFU）作为人工基质，收集水体中的微型生物群落，测定该群落结构与功能的各种参数，以评价水质。由于微型生物群落在水生态系统中客观存在，用PFU浸泡水中，曝露一定时间后，水体中大部分微型生物种类均可群集到PFU内，挤出的水样能代表该水体中的微型生物群落。已证明原生动物（包括植物性鞭毛虫、动物性鞭毛虫、肉足虫和纤毛虫）在群集过程中符合生态学上的MacArthur-Wilson岛屿区域地理平衡模型，由此可求出群集过程中的三个功能参数（Seq、G、T 90%）。在生物组建水平中，群落水平高于种和种群水平，因而在群落水平上的生物监测和毒性试验比种和种群水平更具有环境真实性。此法可以为环境管理部门提供符合客观环境的结构和功能参数，从而作出科学的判断。

8.2.3.3　群落和生态系统层次的其他监测指标

人为干扰或污染对生态系统压迫的结构——功能反应，从理论上讲有三种类型：一是结构改变并没有伴随着功能的改变。如群落中执行同种生态功能的种类多，某一种群的消失并没有使群落的这一功能改变或消失，即生态系统的后备力强；二是功能改变而结构不变，如某些亚致死性的压迫效应，使系统的功能发生了改变但结构仍是完整的；三是系统的结构与功能同时改变（Cairns，1977）。生态监测中常用结构的信息来判断外干扰对生态系统的压迫强度，主要是以第三种类型为基础的。

从系统结构的角度所进行的生态监测已有很多方法，积累的资料也很多，群落和生态系统水平上的生态监测方法以水域监测为多，例如，贝克生物指数、贝克—津田生物指数、群落的物种多样性指数等，将在本章第四节做具体介绍。

8.3 大气污染的生态监测

大气是生物赖以生存的条件，当大气受到污染时某些植物的形态结构、生理功能会发生变化。虽然植物不像仪器监测那样能够精确地测出各种污染物的浓度及瞬间变化，但对大气污染物质的反应非常敏感，能够长时间地监测其慢性污染变化，并找出不同污染源及污染物种类。植物作为监测大气污染的指示物，具有种类多、来源广、成本低、操作简单等优点，一些技术发达的国家也在采用这种方法。因此，利用植物发生的变化来监测大气污染状况具有一定的可行性。

8.3.1 植物污染症状监测法

8.3.1.1 监测二氧化硫（SO_2）

植物受二氧化硫伤害后出现的初始典型症状为：微微失去膨压、失去原来光泽、出现暗绿色的水渍状斑点，叶面微微有水渗出并起皱。这几种症状可以单独出现，也可能同时出现。随着时间推移，症状继续发展，成为比较明显的失绿斑，呈灰绿色，然后逐渐失水干枯，直至出现显著的坏死斑。

阔叶植物中典型急性中毒症状是叶脉间有不规则的坏死斑，伤害严重时点斑发展成为条状、块斑，坏死组织和健康组织之间有一失绿过渡带。单子叶植物在平行叶脉之间出现斑点状或条状的坏死区。针叶植物受二氧化硫伤害首先从针叶尖端开始，逐渐向下发展，呈红棕色或褐色。

8.3.1.2 监测氟化物

植物受氟危害的典型症状是叶尖和叶缘坏死，伤区和非伤区之间常有一条红色或深褐色界线。氟污染容易危害正在伸展中的幼嫩叶子，因而出现枝梢顶端枯死现象。此外，氟伤害还常伴有失绿和过早落叶现象，使生长受抑制，对结实过程也有不良影响。

8.3.1.3 监测光化学烟雾

光化学烟雾主要是指氮氧化物和碳氢化合物（HC）在大气环境中受强烈的太阳紫外线照射后产生一种浅蓝色烟雾。在这种复杂的光化学反应过程中，主要生成光化学氧化剂（主要是 O_3）及其他多种复杂的化合物，统称光化学烟雾。氧化剂以 O_3 为主，其次是过氧酰基硝酸酯，此外和还有一些醛类、二氧化氮等。当这些氧化剂的混合物浓度达 0.03～0.04 ugL/m^3 时，形成光化学烟雾。光化学烟雾是一种大气污染物，也能对植物形成危害。监测方法有：

1）臭氧（O_3）的监测 植物受臭氧急性伤害后出现的初始典型症状为叶片上散布细密点状斑，几乎是均匀地分布在整个叶片上，并且其形状、大小也比较规则，颜色呈银灰色或褐色，这种斑点随着叶龄的增长逐渐脱色，变成黄褐色或白色。

2）过氧酰基硝酸酯类（PAN_s）的监测 PAN 诱发的早期症状是在叶背面出现水渍状或亮斑。随着伤害的加剧，气孔附近的海绵叶肉细胞崩溃并被气窝取代。结果使受害叶片的叶背面呈银灰色，两三天后变为褐色。PAN 诱发的一个最重要的受害症状是出现“伤带”。这些症状出现于最幼嫩的对 PAN 敏感的叶片的叶尖上。

3）氮氧化物（NO_x）的监测　NO_x危害植物的症状特点是叶脉之间和近叶缘处的组织显示不规则的白色或棕色的解体损伤。

4）乙烯（C_2H_4）的监测　C_2H_4对植物危害不像其他污染物那样会造成叶组织的破坏，它的作用是多方面的，其中一个特殊的效应是“偏上生长”，就是使叶柄上下两边的生长速度不等，从而使叶片下垂。乙烯的另一个作用是引起叶片、花蕾、花和果实的脱落，因而影响某些农作物产量和花卉的观赏效果。

5）氨（NH_3）的监测　NH_3对植物的伤害大多为脉间点状或块状伤斑。中龄叶片似乎对NH_3最为敏感，整个叶片会因受NH_3的伤害而变成暗绿色，然后变成褐色或黑色。伤斑与正常组织之间界限明显。另外，症状一般出现较早，稳定得快。

6）氯气（Cl_2）的监测　Cl_2对许多植物的伤害大多为脉间点状或块状伤斑，与正常组织之间界限模糊，或有过渡带。有些植物的症状出现在叶缘附近，先是出现深绿色至黑色斑点，继而转变成白色或褐色。严重危害时造成全叶失绿漂白，甚至脱落。针叶树种也会出现叶尖枯斑或斑迹。

8.3.2　指示植物监测法

对大气污染反应敏感并被用于监测和评价大气污染状况的植物称为大气污染指示植物，包括高等植物和低等植物。大气污染指示植物的敏感性与污染物的种类有关，故不同污染物所用的指示植物并不相同。

8.3.2.1　监测二氧化硫（SO_2）的指示植物

监测SO_2的指示植物有一年生早熟禾、芥菜、堇菜、百日草、欧洲蕨、苹果树、颤杨、美国白蜡树、欧洲白桦、紫花苜蓿、大麦、荞麦、南瓜、美洲五针松、加拿大短叶松、挪威云杉，以及苔藓和地衣等。

8.3.2.2　监测氟化氢（HF）的指示生物

对氟化氢特别敏感的植物是唐菖蒲，因此常用它作为生物监测器。此外，金荞麦、梅、葡萄、玉簪、玉米、烟草、苹果、郁金香、金钱草、山桃、榆叶梅、紫荆、杏、落叶杜鹃、梓树、北美黄杉、美洲云杉、美国黄松、小苍兰、欧洲赤松、挪威云杉等都能作为监测HF的指示生物。

8.3.2.3　监测臭氧（O_3）的指示生物

O_3的监测植物及其典型症状见表8—6。

表8—6　O_3的监测植物及其典型症状

监测植物	典型症状	监测植物	典型症状
美国白蜡	白色刻斑、紫铜色	松树	烧尖、针叶呈杂色斑
菜豆	古铜色、褪绿	马铃薯	灰色金属状斑点
黄瓜	白色刻斑	菠菜	灰白色斑点
葡萄	赤褐色至黑色斑	烟草	浅灰色斑点
牵牛花	褐色斑点、褪绿	西瓜	灰色金属状斑点
洋葱	白色斑点、尖部漂白		

8.3.2.4　监测硝酸过氧化乙酰（PAN）的指示生物

监测 PAN 的监测植物有矮牵牛、瑞士甜菜、菜豆、繁缕、番茄、长叶莴苣、芹菜、燕麦、芥菜、大丽花以及一年生早熟禾等。

8.3.2.5 监测乙烯（C_2H_4）的指示生物

监测C_2H_4的指示植物以洋玉兰最为有名。其他有芝麻、番茄、香石竹、棉花、兰花、麝香、石竹、茄子、辣椒、向日葵、蓖麻、四季海棠、含羞草、银边翠、玫瑰、香豌豆、黄瓜、万寿菊、大叶黄杨、瓜子黄杨、楝树、刺槐、臭椿、合欢、玉兰、皂荚树等。

8.3.2.6 监测氨气（NH_3）的指示植物

监测NH_3的指示植物有向日葵、悬铃木、枫杨、女贞、紫藤、杨树、虎杖、杜仲、珊瑚树、薄壳核桃、木芙蓉、楝树、棉花、芥菜、刺槐等。

8.3.2.7 监测氯气（Cl_2）的指示植物

监测Cl_2的指示植物芝麻、荞麦、向日葵、萝卜、大马蓼、藜、万寿菊、大白菜、菠菜、韭菜、葱、番茄、菜豆、冬瓜、繁缕、大麦、曼陀罗、百日草、蔷薇、郁金香、海棠、桃树、雪松、池柏、水杉、薄壳核桃、木棉、樟子松、紫椴、赤杨、复叶槭、落叶松、火炬松、油松、枫杨等。

8.3.2.8 监测二氧化氮（NO_2）的指示植物

监测NO_2的指示植物有悬铃木、向日葵、番茄、秋海棠、烟草等。

8.3.3 地衣、苔藓监测法

地衣和苔藓分布很广泛，多数种类对二氧化硫和氟化氢等反应很敏感。二氧化巯年平均浓度在0.04～0.3 mg/m^{3}时，就可以使地衣绝迹；当大气中二氧化硫浓度超过0.05 mg/m^{3}时，大多数苔藓植物便不能生存。

地衣是由菌（真菌）和藻类共生所组成，对SO_2最敏感部位是疏松菌丝与藻类共生体部分。在工业城市，通常距市中心越近，地衣的种类越少，重污染区内一般仅有少数壳状地衣分布，随着污染程度的减轻，便出现枝状地衣分布；在轻污染地区，叶状地衣数量最多，具有很强的富集能力。因此，可以选择地衣和苔藓为大气污染指示生物，通过调查树干上的地衣和苔藓的种类与数量，估计大气污染程度。

8.3.3.1 种类分布调查

种类分布的调查步骤：

1）生长型调查。地衣的形态按生长型分为叶状、壳状和枝状三类，地衣对大气污染的耐受能力是壳状地衣＞叶状地衣＞枝状地衣，通过对监测地区各类生长型地衣分布状况的调查，将大气污染程度分为四级：一是最严重污染区，一切地衣均绝迹；二是严重污染区，只有壳状地衣；三是轻度污染区，具壳状地衣和叶状地衣，无枝状地衣；四是清洁区，枝状地衣与其他地衣生长均良好。

2）种属分布调查。调查当地种属的分布、数量和生长状态、敏感种类是否消失、分布数量的增减、较敏感种类的生长发育状态等资料。

3）含量分析。在调查地区选择抗性及吸污能力较强的种类，对原植体内污染物质的含量进行综合分析。

4）用盖度和频率进行评价。地衣的盖度通常以地衣覆盖树皮的面积表示，由于在树干上多形成上下的带状群落，也可以用面积比表示，即地衣生长的宽度与树干周长之比，分为五个梯度（20%为度）表示为宜。调查时应分别记录各种和全部地衣的盖度和频度，最后进行归纳和综合评价。

8.3.3.2 人工移植法

把较为敏感的地衣或苔藓移植到监测地区进行定点监测。对地衣和苔藓和移植方法是不同的。把地衣连同树皮一起切下，固定在监测地区的同种树干上；从非污染区连树皮切下附生苔藓，切成直径为 5 cm 左右的圆盘，置于各监测点 8～10 m 高的树干或其他支架上，面向污染源。也可把附生苔藓放入用窗纱做成的袋内，制成直径为 4～5 cm 圆球形苔袋，代替上述圆盘。

8.3.3.3 评价方法

根据受害面积或受害长度的百分率，一般以受害面积的百分率为 0 时，定为清洁，0%～25%为相对清洁，25%～50%为轻度污染，50%～75%为中度污染，75%～100%为严重污染；根据原植体污染物的含量的多少，结合相应的标准进行评价。

8.3.4 树木年轮监测法

除热带外，在气候有明显年变化的地区，树木一般每年形成一个生长层，即年轮。树木生长与环境条件有密切关系，如果某一年环境条件很好，树木就生长旺盛，年轮宽度大；相反，如果某一年大气污染很重，对树木的生长必然会产生影响，树木生长慢，年轮宽度小。因此，可以根据树木年轮来反映大气污染程度。树木年轮分析法常用的监测指标主要有年轮的宽度和年轮中重金属的变化两个监测指标。

8.3.4.1 年轮的宽度

树木年轮的宽窄不仅反映了树木的生长速度、材积的年生长量、材性的优劣等，而且也是衡量外界环境因子变化的重要指标。因此测定树木年轮宽度的差异，可以获取连续的定量资料，较全面地反映一个地区的污染历史。

8.3.4.2 年轮中重金属的变化

树木的年轮是大气污染的资料储存库，例如由开采金属矿藏，或金属冶炼加工中飞扬出来的重金属尘埃，逐渐沉降到附近的土壤中，树木在生长过程中，不断从土壤中吸进大量重金属，结果通过光谱分析，便可测出年轮中“记录”下来的各年吸收重金属的含量。当氟化氢气体的污染侵害松树只有几星期，从年轮上即可表现出生长不良的痕迹来。因此，利用树木或年轮化学分析是监测环境中重金属等微量元素水平历史变化行之有效的方法。

8.3.5 植物污染物含量监测法

污染环境中的植物能够不同程度地吸收积累一些污染物，可以通过分析植物叶片中积累的污染物含量的多少，分析大气污染的种类、范围和程度。污染指数法是根据监测项目布点、采样后，某污染物质的实测含量与对照点含污量比值，按污染程度划分确定大气质量。这种方法应用较多，可分为单向指数法和综合指数法。

8.3.5.1 单项指数法

单项指数法是用一种污染物的含污量指数来监测和评价大气污染，计算公式如为

$$IPC = \frac{C_m}{C_c} \qquad (8—1)$$

式中 IPC——含污量指数；

C_m——监测点植物叶片（或组织）某污染物实测含量；

C_c——对照点同种植物叶片（或组织）某污染物实测含量。

根据 IPC 值可对各监测点空气污染程度分成 4 个等级：

(1) Ⅰ级：清洁，$IPC<1.20$

(2) Ⅱ级：轻度污染，$IPC=1.21\sim2.00$

(3) Ⅲ级：中度污染，$IPC=2.01\sim3.00$

(4) Ⅳ级：严重污染，$IPC>3.00$

8.3.5.2 综合指数法

如果污染物不是一种，就要用综合污染指数，其公式如下：

$$ICP = \sum_{i=1}^{n} W_i \times IPC_i \tag{8—2}$$

式中 ICP——综合污染指数；

W_i——第 i 种污染物的权重值；

IPC_i——第 i 种污染物的含污量指数；

n——污染物的种数。

选取 4～5 种主要监测因子，分别求出各自的含污量指数，根据事先确定的各污染物的权重值，计算各污染指数 ICP 值，然后进行污染程度分级。

8.4 水污染的生态监测

水污染的生态监测是全世界普遍存在的主要环境问题之一。水污染包括无机污染和有机污染两大类，尽管这两种类型同时存在于同一水域，其生态效应有一定差异。通常有机污染会引起生物群落结构的变化，而无机污染一般不形成富营养——过营养区域，只是随着水质污染的日趋严重，生物种类的逐渐减少，生物指数呈下降趋势。

8.4.1 水污染的生物群落监测与生物学评价

8.4.1.1 水环境污染生物监测

1) 监测目的。了解污染对水生生物的危害状况，判别和测定水体污染的类型和程度，为制定控制污染措施，使水环境生态系统保持平衡提供依据。

2) 样品采集。尽可能与化学监测断面一致，采样点数使视具体情况而定。

3) 监测项目。监测项目及频率见表 8—7。

4) 监测方法。根据生物与环境相适应的原理，通过测定水生生物的变化，间接判断水质。比较常用的方法有：一是指示生物法。指示生物指在一定的水环境中生活、当水环境质量发生变化时便敏感地呈现出受害症状甚至消亡的生物。观察和测定指示生物个体和种群的变化，可以比较准确地判断出环境质量状况。二是群落结构法。群落结构指存在于自然界一定范围（或地域）内互相依存的一定种类的动物、植物和微生物的组成。监测水生生物的这种群落结构的变化可判断水质状况。三是生物测试法。即利用水生生物受到污染物的毒害后，产生生理机能变化的症状来判断水体污染状况。四是残毒测定法。生物从环境户吸收各

表 8—7 河、湖、库淡水生物监测项目及频率

项目		适用范围	监测频率
名称	必（选）测		
浮游植物	必测 选测	湖泊、水库 河流	每年不少于两次
浮游动物	选测	河流、湖泊、水库	同上
着生生物	必测 选测	河流 湖泊、水库	同上
底栖动物	必测	河流、湖泊、水库	同上
水生维管束植物	选测	河流、湖泊、水库	同上
叶绿素 a 测定 黑白瓶测氧	必测 选测 选测	湖泊、水库 河流 湖泊、水库	同上 同上 同上
残毒	部分必测	河流、湖泊、水库、池塘等	参照《地表水监测技术规范》执行
细菌总数 总大肠菌群 粪大肠菌群	必测 必测 选测	饮用水、水源水、地面水、废水等 饮用水、水源水、地面水、废水等 饮用水、水源水、地面水、废水等	同上 同上 同上

种污染物质，经过体内迁移、转化和再分配，以残毒形式蓄积在生物体内。生物体内的残毒含量往往比周围环境中的相应含量高好几倍，通过测定生物体内的残毒含量，可判定水受污染的状况。

8.4.1.2 生物群落监测方法

1）水体污染的指示生物法。生物群落中生活着各种水生生物，如浮游生物、着生生物、底栖动物、鱼类和细菌等。由于它们的群落结构、种类和数量的变化能反映水质状况，故称为指示生物。

2）生物指数监测法，主要有以下几种方法：

a. 贝克（Beck）生物指数 贝克生物指数由 W. M. Beck 于 1955 年提出，这项指数根据生物对有机污染物的耐性，把从采样点采到的大型底栖无脊椎动物分成两类。Ⅰ类是对有机物污染缺乏耐性的（即敏感的）种类，Ⅱ类是对有机物污染有中等程度耐性的（即不敏感的）种类。

$$BI = 2A + B \qquad (8—3)$$

式中 BI——贝克生物指数；

A、B——分别为敏感底栖动物种类数和耐污底栖动物种类数。

当 $BI>10$ 时，为清洁水域；BI 处于 1～6 中间时，为中等污染水域；$BI=0$ 时，为严重污染水域。

b. 贝克—津田生物指数 日本津田松苗于 1960、1964、1974 年对贝克指数作了多次修

改，提出不限于在采样点采集，而是在拟评价的河段把各种大型底栖无脊椎动物尽量采到，再依公式进行计算。

$$I = 2A + B \tag{8—4}$$

式中 I——贝克—津田生物指数；

A——不耐污种数；

B——耐污种数。

当 $BI \geqslant 20$ 时，为清洁水区；当 $10 < BI < 20$ 时，为轻度污染水区；当 $6 < BI \leqslant 10$ 时，为中等污染水区；当 $0 < BI \leqslant 6$ 时，为严重污染水区。

c. 硅藻生物指数

$$I = \frac{2A + B - 2C}{A + B - C} \times 100 \tag{8—5}$$

式中 A——不耐污染藻类的种类数；

B——广谱性藻类的种类数；

C——仅在污染水域才出现的藻类种类数。

硅藻指数 0～50 为多污带；硅藻指数 50～100 为 α-中污带；硅藻指数 100～150 为 β-中污带；硅藻指数 150～200 为轻污带。

d. 生物种类多样性指数　我国自 60 年代以来，发展了一类以群落中的优势种为重点，通过测量群落结构来评价环境质量的生物种的多样性指数。主要有：①马加利夫（Margalef）多样性指数；②香农—威勒（Shannon—Wiener）多样性指数；③Simposon 指数（1949）（又称组合型多样性指数）。公式如下：

$$d = \frac{S - 1}{\ln N} \tag{8—6}$$

$$H = -\sum_{i=1}^{S} (n_i / N) \log_2 (n_i / N) \tag{8—7}$$

$$d = \frac{N(N-1)}{\sum_{i=1}^{S} n_i (n_i - 1)} \tag{8—8}$$

式中 H，d——生物种类多样性指数；

N——单位面积样品中收集到的各类动物的总个数；

n_i——单位面积样品中第 i 种动物的个数；

S——收集到的动物种类数。

研究表明，动物种类越多，指数越大，水质越好；反之，种类越少，指数越小，水体污染越严重。威尔姆对美国十几条河流进行了调查，总结出指数与水样污染程度的关系。当 d 值 $<$ 1.0 时，处于严重污染；当 d 值在 1.0～3.0 之间，处于中等污染；当 d 值 $>$ 3.0 时，处于清洁。

3）污水生物系统法。该方法将受有机物污染的河流按其污染程度和自净过程划分为几个互相连续的污染带，每一带生存着各自独特的生物（指示生物）。根据河流的污染程度，通常将其划分为四个污染带，即多污带、α-中污带、β-中污带和寡污带。每个带都有其各自的物理、化学和生物学特征。各污染带水体内存在着特有的生物种群（见表 8—8）。

表 8—8　　污水系统生物学、化学特征

项目	多污带	α-中污带	β-中污带	寡污带
化学过程	还原作用明显开始	水及底泥中出现氧化作用	到处进行氧化作用	因氧化使矿化作用完成
溶解氧	全无	少量	较多	很高
BOD	很高	高	较低	低
硫化氢的生成	有强烈硫化氢气味	无硫化氢气味	无硫化氢气味	无硫化氢气味
水中有机物	有大量高分子有机物	因高分子有机物分解产生胺酸	有很多脂肪酸胺化合物	有机物完全分解为无机物
底泥	有黑色硫化铁存在，常呈黑色	硫化铁已氧化成氢氧化铁，不呈黑色	—	大部分已被氧化
水中细菌	大量存在＞100 万个/mL	很多＞10 万个/mL	数量减少＜10 万个/mL	少＜100 个/mL
栖息生物的生态学特征	所有动物无例外地皆为细菌摄氏者，均能耐 pH 强烈变化，耐低溶解氧的嫌气性生物，对硫化氢、氨等毒物有强烈抗性	以摄食细菌的动物占优势，其他有肉食性动物，对 pH 和溶解氧有高度适应性，对氨有一定耐性，对硫化氢有弱的耐性	对溶解氧和 pH 变化耐性差，对腐败毒物无长时间耐性	对溶解氧及 pH 的变化耐性很差，特别是对腐败性毒物和硫化氢的耐性很差
植物	无硅藻、绿藻、结合藻以及高等植物出现	出现蓝藻、绿藻、结合藻、硅藻等	出现多种类的硅藻、绿藻、结合藻，此带为鼓藻主要分布区	水中藻类少，但着生藻类多
动物	以微型动物位置，原生动物居优势	仍以微型动物占大多数	多种多样	多种多样
原生动物	有变形虫、纤毛虫，但无太阳虫、双鞭毛虫及吸管虫	初见出现太阳虫、吸管虫，但无双鞭毛虫出现	太阳虫和吸管虫中耐污性差的种类出现，双鞭毛虫也出现	鞭毛虫、纤毛虫中有少量出现
后生动物	仅有少数轮虫、蠕形动物、昆虫幼虫出现，淡水海绵、苔藓动物、小型甲壳类、贝类、鱼类没有出现	贝类、甲壳类、昆虫出现，淡水海绵及苔藓动物没有出现	淡水海绵、苔藓动物、贝类、小型甲壳类、两栖动物、鱼类均有出现	昆虫幼虫很多，其他各种动物逐渐出现

4）PFU 微型生物群落监测法（简称 PFU 法）。1969 年，由美国弗吉尼亚工程学院及州立大学环境研究中心的 Cairns 等创立，PFU 法是微型生物（主要是原生动物）群落是水生生态系统内重要组成部分，用聚氨酯泡沫塑料块采集水域中微型生物和测定其群集速度来监测和评价环境质量状况。最近研究结果表明，微型生物群落结构特征与高等生物群落特征相类似，如果环境受到外界的严重干扰，群落的平衡被破坏，其结构特征也随之发生变化。此法简便易行，仅用一小块 PFU 的挤出液就能测出微型生物群落结构与功能的各项参数，

并克服了用单一生物种类的监测结果扩大到评价整个群落层次的不足，使监测水平提高到群落层次，更符合客观事实和真实环境。

8.4.2 污水生物处理系统的生物监测与评价

在污水中生长着各种各样的污水生物，各种生物需要的最适环境条件不同，当生物处于有利条件时，其生长、繁殖非常活跃；当处于不利条件时，则出现衰退趋势。实践表明，环境因子的变化会使只是生物的种类、数量、代谢等方面发生变化，因此利用这种变化来指示污水的处理效果。

8.4.2.1 丝状细菌的优势生长

丝状菌分布在水生环境、潮湿土壤和活性污泥中，分为铁细菌和丝状硫细菌等。在含有大量还原性硫化物的废水中，有时能见到密集的丝状体从活性污泥凝絮体中向外伸展，形成“刺毛球”状的絮粒，可能是由硫细菌的增殖造成的。此外，细胞曝气池内的溶解氧浓度过低或过高都可能引起污泥膨胀。当曝气池内溶解氧浓度过低时，菌胶团菌的数量和活性都会受到抑制，而丝状菌是兼性菌，能够很好地适应低溶解氧环境。这样就使丝状菌在低溶解氧状态下占了优势，进而引发污泥膨胀。

8.4.2.2 轮虫的出现

在污水处理系统运行正常、水质较好以及有机物含量低的时候出现少量轮虫，这是水质净化程度较高的表现。但当进水有机物含量极低、污泥老化絮凝、污泥碎屑较多时，会刺激轮虫的大量繁殖，数量可达每毫升近万个，这是污泥老化的标志，造成污泥量急剧下降，处理效果减退。

8.4.2.3 固着性纤毛虫的出现

钟虫、独缩虫、累枝虫、聚缩虫和盖纤虫等都是常见的固着性纤毛虫，他们靠柄分泌黏液固着于忤逆絮状体上，以吞噬有利细菌为主，他们的出现标志污泥絮状体结构较好，有利细菌较少。钟虫数量保持恒定而活跃是水质处理良好的标志。累枝虫、独缩虫、聚缩虫和盖纤虫也是污水处理效果好的指示生物。

8.4.2.4 游泳型纤毛虫的大量繁殖

游泳型纤毛虫的大量繁殖往往是污泥发生变化的标志，一般在活性污泥培养中期或处理效果较差时出现。随着污泥絮状体结构的改善而数量大大减少时，出水水质相应的好转。当发生污泥中毒、负荷增加或营养缺乏时，游泳型纤毛虫的数量也会大大增加。此外，当变形虫、游离细菌、鞭毛虫等大量出现时，也是水质净化效果不理想、出水有机物含量高的标志。

总之，当固着性纤毛虫多时，指示处理效果较好，出水 BOD_5、浑浊度较低，它们都固着在絮状体上，其中还夹杂着一些爬行的纤毛虫类，说明优质的活性污泥已成熟。与此同时往往会出现少量的红眼旋轮虫和转轮虫，其中小口钟虫无论在生活污水还是工业污水处理中，当处理效果很好时，它都是优势种；当游泳型纤毛虫成为优势种或者数量突然增多时，都表示指示处理效果下降。

本章小结

通过对本章学习使学生了解生态监测的概念、特点、分类、理论依据和指标体系，大气污染指示植物的选择及各种监测方法；熟悉水体生物群落监测方法的原理和简单的操作。掌握污染物的来源及在生物体内的分布，生物样品的采集、制备、预处理和测定方法。

思考题

1. 试述生态监测包括哪些内容。
2. 简述生态监测主要有哪些类型。
3. 简述生物样品的采集和制备方案。
4. 试述指示生物包括哪些指标。
5. 简述大气污染指示植物的选择方法。
6. 举例说明指示植物在大气污染中的应用。
7. 简述水体生物监测中的生物群落监测方法。

9 生态系统管理

本章学习目标

1. 理解生态系统管理、景观生态规划与设计等基本概念。
2. 熟悉生态系统管理的基本原则。
3. 了解生态系统管理的途径与技术，生态系统规划与设计的主要内容与步骤。

9.1 生态系统管理的内涵

9.1.1 生态系统管理的定义

生态系统管理是指在充分认识生态系统整体性与复杂性的前提下，以持续地获得期望的物质产品、生态及社会效益为目标，并依据对关键生态过程和重要生态因子长期监测的结果而进行的管理活动。

对生态系统管理的定义，由于不同的生态研究人员和机构所从事的研究领域的不同，研究对象的不同，所提出的生态系统管理的定义也存在差异。

生态系统管理的内涵主要包括以下几个方面：一是生态系统管理要求将生态学和社会科学的知识和技术以及人类自身和社会的价值整合到生态系统的管理活动中；二是生态系统管理的对象主要是受自然和人类干扰的系统；三是生态系统管理的效果可以用生物多样性和生产力潜力来衡量；四是生态系统管理要求科学家与管理者确定生态系统退化的阈值及退化的根源，并在退化前采取措施；五是生态系统管理要求利用科学知识做出最小损害生态系统整体性的管理选择；六是生态系统管理的时间和空间尺度应与管理目标相适应。

生态系统管理是人类以科学理智的态度利用、保护生存环境和自然资源的行为体现。可持续发展主要依赖于可再生资源特别是生物资源的合理利用，因而生态系统管理是实现可持续发展的手段和重要途径。

9.1.2 生态系统管理的原则

人类在生态系统管理中具有双重作用。一方面，人类对自然资源的过度利用和对环境的破坏是致使自然生态系统退化的一个主要因素；另一方面，生态系统的管理又是以人类为主体的活动。所以只有加强建设规范人类行为的法规、政策和制度，提高人类的环境保护意识，树立可持续发展的观念，才能真正实现可持续发展的生态系统管理。生态系统管理应遵循以下原则：

9.1.2.1 整体性原则

整体性原则是生态系统的基本特征，各种自然生态系统都有其自身的整体运动规律，人为地随意分割都会给整个系统带来灾难。因此在生态系统管理中要遵循系统的整体性原则，切忌人为切割。任何一条河流、一个湖泊、一个地区都与生态系统周围环境以及人类社会经济活动有密切关系，需要分析自然条件、人口变动、经济发展、现时利益与长远利益、局部与整体等多种因素，否则，就不可避免地发生决策的失误，或顾此失彼，或造成长远的不良影响。

9.1.2.2 动态性原则

生态系统的发育是一个动态的过程，是一个演替的过程，包括正向演替或逆向演替。即使没有人为干扰，也始终处于动态变化之中。生态系统中生物与生物、生物与环境相联系，使系统在输入和输出过程中维持需求的平衡。特定生态系统的功能总是和周围生态系统相互影响，在不同的时间和空间尺度上发生着各种生态过程。

9.1.2.3 再生性原则

生态系统最显著的特征之一是具有很高的生产能力和再生功能。其主要组分——生产者，为地球上一切异养生物提供营养物质，是全球生物资源的营造者。异养生物对初级生产的物质进行取食加工和再生产，通过生态系统的多种功能流，如物质流、能量流等，形成次级生产。初级生产和次级生产为人类提供了几乎全部的食品、工农业生产的原料以及医药等。生态系统的这种生产能力和再造性，在管理中必须得到高度的重视，从而保证生态系统提供充足的资源和良好的服务。

9.1.2.4 循环利用性原则

生态系统中有些资源是有限的，而非“取之不尽，用之不竭”。因此在进行管理时要遵循经济、生态规律。例如，在水资源的管理上，我们要将宏观的工、农业生产系统工程和生态工程技术结合起来，采用少量化和循环利用等多种途径，解决水资源问题。在城市用水管理时，尽量采用重复用水和循环用水系统，使废水排放量减至最少。

9.1.2.5 平衡性原则

生态系统健康是生态系统管理的目标，一个健康的生态系统常处于稳定和自我调节的状态，生态系统各部分的结构与功能处于相互适应与协调的动态平衡。生态系统自我调节能力受生态阈限的制约。

9.1.2.6 多样性原则

生物多样性是生态系统持续发展和生产力的核心，其重要作用主要体现在以下三个方面：一是生物多样性在复杂的时空梯度上维持生态系统过程的运行；二是生物多样性是生态系统抗干扰能力和恢复能力的物质基础；三是生物多样性是生态系统适应环境变化的物质基础。由此可见，维持生物多样性是生态系统管理中不可缺少的组成部分。

9.2 生态系统管理的内容及途径

9.2.1 生态系统管理的数据基础

进行生态系统管理必须要采集数据．由于生态系统具有不同的尺度和层次，生态系统管理也具有不同的尺度和层次，所以在不同尺度和层次上进行生态系统管理时所需要采集的数据类型是不同的（见表 9—1）。

表 9—1 不同尺度上的生态系统管理所需的数据类型

生态系统类型	数据类型	时间尺度
个体及种群	气候与群落微气象、生物气象、地形与微地形、生理、生态特征、植物营养和水分吸收、种群与环境的物质和能量交换、种群动态	秒、分、小时、天、月、年
群落与生态系统	气候和微气候与气候变化、地形地貌及其空间分布、土壤的理化性质与空间分布、动植物的生理生态特性与环境适应性、物种组成与多样性、消费者的层次结构、物种互作关系	年或几年
景观生态系统	气候、地形条件、土壤理化特性的空间分布、群落与生态系统类型、生态系统的空间格局、人文和社会条件	几年或几十年
生物圈与地球生态系统	气候变化与植被类型演替、地形、地貌与地质变化、人类活动与资源利用、人口和社会经济、科技进步、文化教育	几十年、几百年以上

9.2.1.1 植物个体及种群层次

这一层次收集的数据大部分都直接与植物个体及种群生存密切相关，这些数据的时间尺度是秒、分、小时、天、月、年。值得注意的是，由于幼苗常没有竞争、幼苗和成年植株对胁迫的反应不同、盆栽幼苗的生长速率与野外的不同等原因，不能把幼苗的数据当作成年植株的数据用，另外，在小样方内测定的数据不能当作大样方的用。

9.2.1.2 群落与生态系统层次

在收集这一层次的数据时，气候因素被当作常量；样地太小时应收集更多的数据，可用更多的变量来研究生态过程控制和反馈；很难从本层次的样方数据推测景观层次的数据；大型动物和鸟类因其活动范围较大，所以不能仅在生态系统尺度开展研究，需要更大尺度。

9.2.1.3 景观层次

景观生态系统是若干类型生态系统的组合，其数据的空间尺度要比生态系统大，时间尺度是几年至几十年。在研究景观尺度问题时，要考虑明确的边界和空间异质性，在进行尺度推译时，部分的叠加可当作整体的性质，主要研究方法有遥感、GIS 和模型等。景观尺度是评价动物生境的最佳层次。

9.2.1.4 生物圈层次

生物圈是地球上最大的生态系统，由于空间尺度大，一些生态学过程的速率相对较慢。因此数据主要是气候、地形和植被类型方面等。气候是植被分布的决定因子，时间尺度可以不考虑，海拔高度对植被分布有一定影响，但也可忽略。

在进行生态系统管理时，数据管理者常常遇到的问题有：一是采集的大量数据未被有效利用。二是错误数据被采集。三是科学的管理数据的半衰期很短。四是信息被存储，而原始的数据却没有。最有用的信息常常没有被编辑。五是在某一地理水平上采集的数据被用来在其他水平上得出结论。六是科学信息交流方法落后。七是数据管理者和存储者由于管理和存储方式而产生潜在的错误。所以在进行生态系统管理时，要考虑以上问题，在实际管理中尽可能避免。

9.2.2 生态系统管理的要素

在进行生态系统管理时应该考虑的主要因素如下：

一是根据管理的对象确定生态系统管理的定义，此定义必须把人类及其价值取向整合进生态系统。

二是确定明确的、可操作的目标。可持续性是生态系统管理的首要目标。

三是确定生态系统管理的时间和空间尺度。空间尺度的划分很重要，若管理区划分的边界和单位与生态系统过程的发生在空间上是一致的，则生态系统管理的实施会极大地简化。而在时间尺度上，要掌握不确定性因素，并要进行适应性管理，保证生态系统的可持续性。

四是收集适量数据，理解生态系统的复杂性和相互作用，提出合理的生态模式。由于生态系统的层次性和复杂性，收集的数据类型不一，所以，数据采集标准和数据共享是生态监测过程中需要解决的两大问题。近年来，遥感已成为空间数据采集的重要途径，计算机成为数据组织、存储、传播和分析的有效手段。

五是监测并识别生态系统内部的动态特征，确定生态学限定因子。对生态系统要进行长期的定位观测，了解其限定因素，使生态系统能动地适应环境，改造环境，突破限定因子的束缚，表现出可持续发展生态系统所具有的过程稳定性。

六是确定影响生态系统管理活动的政策、法律和法规。进行生态系统管理活动在遵循生态学基本原理的基础上，还需要与国家的政策、法律和法规相协调，所以要了解国家目前发布的与生态系统管理活动有关的各项政策、法律和法规。此外，还要选择、分析和整合生态、经济和社会信息，并强调部门与个人之间的合作，实现生态系统的可持续性。

七是选择和利用生态系统管理的工具和技术。如遥感、全球定位系统（GPS）、地理信息系统技术（GIS）和环境管理信息系统（EMIS）等都是非常有效的工具和技术。

生态系统管理的科学基础是生态系统生态学、景观生态学、保护生物学、环境科学，还包括社会学、经济学和管理学等学科。为了使生态系统管理更为有效，需要生态学家、社会经济学家和政府管理人员的全力合作，才能真正实现资源与环境的可持续发展。

9.2.3 生态系统管理的主要途径与技术

9.2.3.1 生态风险评估

生态风险评估是利用生态学、环境化学及毒理学的知识，定量确定环境危害对人类负效应的概率及其强度的过程。其目的在于通过对某种环境危害效应的科学评价，为生态环境和生态系统的保护和管理提供决策依据。生态系统管理中最重要的是风险管理，风险管理是指对生态风险评估的结果采取的对策与行动，是一个决策过程，又称为风险控制。风险管理的水平依赖于生态风险评价的质量和人类可使用的手段。图 9—1 为生态风险管理的过程图，风险管理者根据风险评估的结果，综合考虑各种因素，来决定这种风险是否可接受，还是需要减少或阻止。

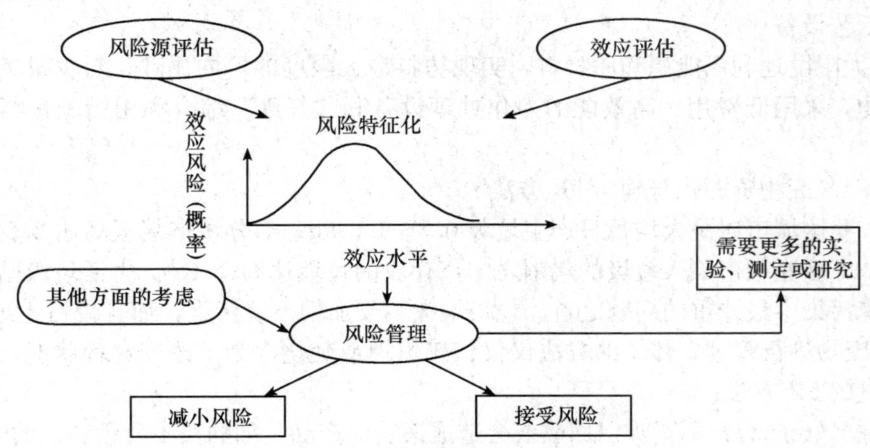

图 9—1　生态风险管理的过程图示（SuterⅡ，1993）

9.2.3.2　适度干扰与恢复重建

适度干扰理论是由 T. W. Connell 等提出来的，它是指中等程度的干扰水平能维持较高多样性。对生态系统的适度干扰不仅不会使生态系统受损，反而会使系统的结构和功能进一步完善，系统更加稳定。

由于人类的过度干扰，生态系统的结构和功能受到损害，导致生态系统退化。例如，对草地生态系统过度放牧，会使草地植被覆盖减少，土地沙化、碱化严重。受损害生态系统的恢复和重建一般可采用两种模式途径：一种是当生态系统受到的损害没有超过系统的阈值，并且是在可逆的情况下，外来的干扰和破坏解除后，生态系统自然恢复。例如，为了恢复由于过度放牧造成的退化草场，可进行围栏保护，几年之后，草场可自然恢复；另一种是生态系统受到的损害超过系统的承载力，并且发生了不可逆的变化，在这种情况下，仅靠自然过程不能使系统恢复到初始状态，必须加以人工措施才能迅速恢复。例如，在已经完全退化的盐碱地上，人为地引进一些先锋植物，在没有受到外来干扰的情况下，经过一段时间的演替，可恢复为一个完整的生态系统。

9.2.3.3　清洁生产

清洁生产是指不断采取改进设计、使用清洁的能源和原料、采用先进的工艺技术与设备、改善管理、综合利用等措施，从源头削减污染，提高资源利用效率，减少或者避免生产、服务和产品使用过程中污染物的产生和排放，以减轻或者消除对人类健康和环境的危害。清洁生产又被称为“无公害工艺”“无污染生产”“废料减量化”等。根据经济可持续发展对资源和环境的要求，清洁生产谋求达到两个目标：一是通过资源的综合利用，短缺资源的代用，二次能源的利用，以及节能、降耗、节水，合理利用自然资源，减缓资源的耗竭；二是减少废物和污染物的排放，促进工业产品的生产、消耗过程与环境相融，降低工业活动对人类和环境的风险。其主要途径有：

1）用无污染、少污染的产品替代毒性大、污染大的产品；

2）用无污染、少污染的能源和原材料替代毒性大、污染重的能源和原材料；

3）用能耗少、效率高、无污染、少污染的工艺设备替代消耗高、效率低、产污量大、污染重的工艺设备；

4）最大限度地利用能源和原材料，实现物料最大限度的厂内循环；对少量的、必须排放的污染物，采用低费用、高效能的净化处理设备和“三废”综合利用措施进行最终的处理、处置。

9.2.3.4　废物资源化管理与5R方法

目前，我国城市居民人均每日产生垃圾0.8～1.5 kg，部分城市甚至高达2.5 kg。目前全国已有200多座城市陷入垃圾的包围之中，存放的垃圾达66×10^8。生活垃圾已被人们列为居住环境污染中最严重的问题之首。垃圾堆放不仅加剧环境污染，而且侵占土地面积达5亿m^2。对废物进行管理，传统的方法仅仅依赖填埋或焚烧，为了改变这种状况，提出了减少废物数量的5R方法：

1）抵制（reject）：不买难以回收或会造成浪费的产品，如购买不含汞和镉的电池。

2）减少（reduce）：改变产品生产和人们购物的方式，减少过度消费和浪费，如只购买需要的商品，不购买过度包装的商品。

3）修复（repair）：修复损伤的物品而不更换新的物品，如修好损坏的物品再用，而不是随意丢弃。

4）回收（recycle）：将废旧物品送到回收中心，重新制成产品，多次循环利用丢弃的产品。研究表明，用回收纸的纸浆造纸比用木材造纸至少要少消耗70%的能源和50%的水。

5）响应（react）：让生产者和消费者了解造成浪费的情况和不负责的废物管理，共同改变行为，实行源头削弱，减少废物的产生。生产者可少生产和少使用带有不必要包装或过度包装的商品，延长产品的使用寿命；消费者可购买真正需要的产品、使用可以重复使用的产品，购买绿色产品，做一个绿色消费者。消费者的消费将导致生产者转变它的生产，向有利于环境的方向转变。

9.2.3.5　生态工业园区（EIP）

工业园区是工业化国家中作为一种促进、规划和管理工业发展的手段。由于园区内各种工业相对集中，污染问题特别突出，可以说工业园区在促进工业快速发展的同时，对环境产生了严重的破坏。各种有毒有害气体的排放，导致酸性降水、臭氧耗损和全球变暖等；各种废水的排放，造成水质恶化，危害人体健康；大量工业废料的堆放，污染地表水和地下水；另外，运输、储藏和处置油类、溶剂、特种金属和溶液也会增加对环境的损害。在工业生态学的清洁生产、绿色消费、废物循环利用等思想的指引下，一种新型的工业园区——生态工业园区产生了。

生态工业园区是在生态学、生态经济学、工业生态学和系统工程理论指导下，将在一定地理区域内的多种具有不同生产目的的产业，按照物质循环、生物和产业共生原理组织起来，构成一个从摇篮到坟墓利用资源的具有完整生命周期的产业链和产业网，以最大限度地降低对生态环境的负面影响，求得多产业综合发展的产业集团。它们在运行过程中，有计划地进行物质和能量交换，高效分享资源，寻求资源和能源消耗最小化、废物产生最小化，努力建设可持续发展的经济、生态和社会关系。目前国外主要有三种类型的生态工业园区：

1）现有改造型EIP：对现已存在的工业企业通过适当的技术改造，在区域内成员间建立起废物和能量的交换关系。它强调大企业与政府密切配合，通过市场交易共享水、气、废气、废物，建立一种创新的生态共生关系。其主体（企业和政府）都是系统的受益者。

2）全新规划型 EIP：在良好规划和设计的基础上，从无到有地进行建设，并创建一些基础设施使得企业间可能进行废水、废热等的交换。该区的特点是基于园区所在地丰富的特定资源，采用“绿色”的废物资源化技术构造出系统核心工业生态链，围绕核心工业生态链进一步扩展成工业生态网。

3）虚拟型 EIP：利用现代信息技术，通过园区的数学模型和数据库，先在计算机上建立起成员间的物、能交换联系，然后再在现实中加以实施。我国对生态工业园区也进行了有益的尝试，如广西糖业基地之一的贵港市率先提出采用生态工业园区建园的思路。

9.2.3.6 实施标准化环境管理系列标准

目前由世界标准化组织（ISO）最新推出的环境管理系列标准为 ISO 14000，该标准从 14001～14100，共 100 个标准号。实施 ISO 14000 的目的是规范、约束企业和社会团体所有组织的环境行为，以实现节约资源、减少环境污染、改善环境质量和促进经济的持续、健康发展的目标。ISO 14000 具有以下特点：

1）确定了环境保护的有效的新机制：随着人们环境意识的不断提高，环境保护已逐渐由政府的强制手段转化为市场的压力，ISO 14000 利用了人们的这种观念和意识，构建了促进环境保护的新机制，提高了环境保护的有效性。

2）具有较强的操作性：ISO 14000 不仅在提出的管理方法上体系完整，而且翔实具体，便于实施。该标准中几乎没有绝对量的明确要求，使采用者在使用中能适度应用，可操作性很强。

3）倡导预防为主的原则：ISO 14000 系列标准体系特别强调要加强企业自身尤其是生产现场环境要素的管理，建立严格的操作控制程序，从源头开始，实施全程污染控制，以保证企业环境保护目标的实现。

4）使用性广泛：ISO 14000 系列标准不仅适用于任何类型和规模的企业或组织，各种地理、文化和社会条件，而且还涵盖了一个企业或组织的各个管理层次，对产品开发、决策评价、现场管理各个方面都有详细规定，构成了企业管理的完整框架。

ISO 14000 的实施，对于管理者和社会公民自觉提高环境意识和管理水平具有非常重要的作用，是进行生态系统有效管理的重要途径。

9.2.3.7 大力开展生态工程和生态建设

大力开展以生态工程为主的生态环境建设是我国环境建设的主要内容。我国已完成的“三北”防护林、长江中上游防护林、沿海防护林等生态工程，使我国的生态建设进入了新的发展时期。国家实施西部大开发战略，把以“退耕还林、还草”为核心的生态建设提到了举足轻重的地位，为西部地区生态环境的改善提供了千载难逢的机遇。把生态建设与提高农牧业生产水平结合起来，以增加荒漠区的林草植被为主，生产措施、工程措施和农艺措施综合配套，积极治理草地退化、沙化和碱化，控制荒漠化扩大。采取人工种草、飞播种草等措施，变草地粗放经营为集约经营，实现草场和畜牧业的可持续发展。

9.2.3.8 加强自然保护的管理和研究，建立各种类型自然保护区

自然保护主要有两种方式。一种是直接保护目标生物或特殊类群，可以在自然状态下和

人工环境或条件下进行，对生物与生物资源实施禁止任何形式的利用，建立物种的长期种子库、基因库、植物园、动物园和水族馆等；另一种是建立各种类型的自然保护区，通过保护物种生存繁衍的栖息地，达到实现生物多样性的长久保护。从 1956 年我国在广东肇庆鼎湖山建立第一个自然保护区以来，我国自然保护区事业呈现迅速发展的良好势头，截至 2004 年年底，我国自然保护区数量已经达到 2 194 个，总面积为 14 822.6 万公顷，占陆地国土面积的 14.8%。建立自然保护区是保护自然资源和生态环境最重要、最有效的措施，是维护生态安全，促进生态文明，实现经济全面、协调、可持续发展和人与自然和谐共存的重要保障。

9.2.3.9　现代信息技术及应用

3S 技术是遥感技术（remote sensing，RS）、地理信息系统（geography informationsystems，GIS）和全球定位系统（global positioning systems，GPS）的统称，是空间技术、传感器技术、卫星定位与导航技术和计算机技术、通讯技术相结合，多学科高度集成的对空间信息进行采集、处理、管理、分析、表达、传播和应用的现代信息技术。

RS 是指从高空或外层空间接收来自地球表层各类地物的电磁波信息，并通过对这些信息进行扫描、摄影、传输和处理，从而对地表各类地物和现象进行远距离探测和识别的现代综合技术。遥感技术可用于植被资源调查、气候气象观测预报、作物产量估测、病虫害预测、环境质量监测、交通线路网络与旅游景点分布等方面。

GIS 是一个专门管理地理信息的计算机软件系统，它不但能分门别类、分级分层地去管理各种地理信息；而且还能将它们进行各种组合、分析、再组合、再分析等；还能查询、检索、修改、输出、更新等。地理信息系统还有一个特殊的“可视化”功能，就是通过计算机屏幕把所有的信息逼真地再现到地图上，成为信息可视化工具，清晰直观地表现出信息的规律和分析结果，同时还能在屏幕上动态地监测“信息”的变化。地理信息系统技术现已在资源调查、数据库建设与管理、土地利用及其适宜性评价、区域规划、生态规划、作物估产、灾害监测与预报、精确农业等方面得到广泛应用。

GPS 是美国从 20 世纪 70 年代开始研制，于 1994 年全面建成，具有海、陆、空全方位实时三维导航与定位能力的新一代卫星导航与定位系统。GPS 是由空间星座、地面控制和用户设备等三部分构成的。GPS 测量技术能够快速、高效、准确地提供点、线、面要素的精确三维坐标以及其他相关信息，具有全天候、高精度、自动化、高效益等显著特点，广泛应用于军事、民用交通（船舶、飞机、汽车等）导航、大地测量、摄影测量、野外考察探险、土地利用调查、精确农业以及日常生活（人员跟踪、休闲娱乐）等不同领域。

3S 技术的不断发展，将遥感、全球卫星定位系统和地理信息系统紧密结合起来的“3S”一体化技术已显示出更为广阔的应用前景。以 RS、GIS、GPS 为基础，将 RS、GIS、GPS 三种独立技术中的有关部分有机集成起来，构成一个强大的技术体系，可实现对各种空间信息和环境信息的快速、机动、准确、可靠的收集、处理与更新。

9.2.3.10　环境管理信息系统（EMIS）

环境管理信息系统（environmental management information system，EMIS）是以现代数据库技术为核心，将环境信息存储在电子计算机中，在计算机软、硬件支持下，实现对环境信息的输入、输出、修改、删除、传输、检索和计算等各种数据库技术的基本操作，并结合统计数学、优化管理分析、制图输出、预测评价模型、规划决策模型等应用软件，构成一个复杂而有序的、具有完整功能的技术工程系统。它既是各种环境信息的数据库，又是环境管理政策和策略的实验室。

环境管理信息系统主要有以下功能：

1）全面准确地查询和检索各种环境信息。因此，系统提供环境科研和管理所需要的各种数据和信息具有统一的格式。

2）分析各种空间数据。利用数学模型进行数据加工，进行区域环境质量的现状评价、污染源评价、污染控制方案预测、经济发展对环境影响的预测以及区域环境质量控制规划等工作。

3）决策支持。针对不同层次环境管理部门的不同要求，输出各种图件和报告，为环境管理工作提供辅助决策。

4）有效地利用系统本身的功能，可降低系统成本，提高效益。

9.3 生态风险评价

美国于 20 世纪 70 年代开始生态风险评价工作的研究。EPA 美国环境保护署（U. S environmental protection agency）在 1992 年对生态风险评价作了定义，即生态风险评价是评估由于一种或多种外界因素导致可能发生或正在发生的不利生态影响的过程。其目的是帮助环境管理部门了解和预测外界生态影响因素和生态后果之间的关系，有利于环境决策的制定。生态风险评价被认为能够用来预测未来的生态不利影响或评估因过去某种因素导致生态变化的可能性。

生态风险评价与环境管理存在以下联系，能够有效地用于环境决策的制定：

第一，生态风险评价的计划和执行是给环保部门提供关于不同的管理决策所产生的潜在不利后果。风险评价首先考虑环境管理的目标，因此生态风险评价的计划有助于评价的结果用于风险的管理。

第二，生态风险评价有利于环境保护决策的制定。在 EPA，生态风险评价被用于支持多类型的环境管理行为，包括危险废物、工业化学物质、农药的控制以及流域或其他生态系统由于多种非化学或化学因素产生影响的管理。

第三，生态风险评价过程中，要不断利用新的资料信息，能够促进环境决策的制定。

第四，生态风险评价的结果可以表达成生态影响后果的变化作为暴露因素变化的函数，对于决策制定者——环境保护部门非常有用，通过评估选择不同的计划方案以及生态影响的程度，确定控制生态影响因素，并采取必要的措施。

第五，生态风险评价提供对风险的比较、排序，其结果能够用于费用—效益分析，从而对改变环境管理提供解释和说明。

生态风险评价在美国和其他欧洲国家得到广泛的应用，并有明显的优点，这并不意味着它是唯一的管理决策的决定因素，环境保护部门还要考虑其他因素，如制定法律法规，社会、政治和经济方面的因素也可以引导环境保护部门采取措施。

事实上，将风险减少到最低限度将会付出很大的代价，或者从技术上是不可行的，但是在环境决策制定的过程中，必须加以考虑。

我国的风险评价工作起步较晚，在化工项目，易燃、易爆、有毒化学品等方面作过大量的工作，但是还没有导则参照执行。生态风险评价我国已经作过一些研究工作，但是还难于系统的应用与环境影响评价当中，原因是生态风险评价不同于化学物质和物理变化能够直观的评价对环境的破坏。生态风险评价需要大量的基础数据和生态调查，以及评价方法的研究，美国于1998年才颁布了生态风险评价的导则。根据我国目前的环境影响评价现状，生态项目是我国环境影响评价的重点拓展领域。由于生态项目所在地的差别，使项目类型千差万别，每个项目的环境影响有所不同。对我国西部地区大规模的区域开发建设、重大项目建设所造成的生态影响，生态风险评价的研究成果给环境保护部门提供决策依据。

9.3.1 生态风险评价的内容

生态风险评价是一个预测环境污染物对生态系统或其中一部分产生有害影响可能性的过程。以生态学、环境化学和环境毒理学为基础，生态风险评价针对某种人为或自然活动对环境的影响以及这种活动导致的生态效应提供了一种工具，为达到环境资源的可持续利用提供重要途径。

生态风险评价包括以下内容：

一是预测可能产生的生态效应和健康效应的类型及特征；

二是估计这些负面效应发生的概率；

三是估计具有负面效应的生物个体、种群、群落数等；

四是在空气、水和食品中某些化学污染物的可接受浓度的建议及有关预防措施。

环境风险管理者根据风险评价的结果，选择和实施最恰当的法规条文，选用最有效的控制技术，以及效益—费用分析等，把生态风险减小到最低程度，保护作物以及人体健康。

9.3.2 生态风险评价的程序

生态风险评价过程包括四个主要步骤，即问题的形成、分析过程、风险特征化以及风险的管理，如图9—2所示。

9.3.2.1 问题的形成

问题的形成是确定生态风险评价的范围和目的的过程。由于生态风险评价不仅仅只限于一个物种，而且可以涉及不同的水平（如个体、种群或生态系统），它不像人类健康风险评价中那样有明确的、较为统一的研究目的（如灾难导致的死亡率或发病率），而完全取决于具体情况。因此，这就要求评价首先要有明确的研究目的。要做到这一点，评价者必须定义或选择评价结点。生态风险评价的结点是指风险源引起的非愿望效应。典型的结点如：杀虫剂引起的鸟类死亡；酸雨引起的鱼类死亡。一种风险源可能导致多种结点，如森林的砍伐可以引起某物种的灭绝，同时也可以引起水土流失等。结点的选择要满足几个条件：一是受到社会关注，即选择的评价结点是决策者及公众所关心并认为有价值的问题；二是

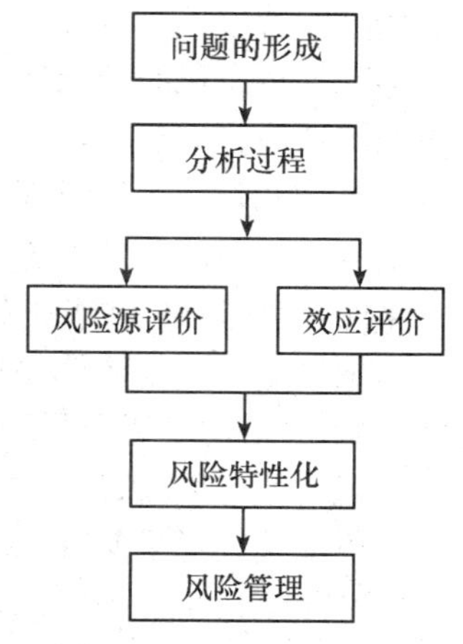

图9—2 生态风险评价

具有生物学重要性；三是具有实际测定的可行性。值得注意的是，受社会关注的结点不一定绝对具有生物学重要性。例如，非洲大象和游隼的大量存在均受到社会的关注，但大象种群的急剧减少会严重地影响其赖以生存的稀树干草原生态系统，然而，游隼种群的灭绝对生态系统并没有明显的影响。具有社会和生物学重要性的结点应优先考虑。

9.3.2.2　分析过程

分析过程需要确定分析方法以及收集有关的数据。分析方法主要是根据研究目的确定所用的模型或建模方法。数据的来源包括已发表文献中的数据或已建立的数据库。

分析过程包括两部分内容。一部分是对灾难本身的特征评价，即风险源评价。对于评价新型化学物质的引入而引起的生态效应而言，风险源是指某种化学物质的浓度在环境中的时空分布。风险源评价也要估测化学物质在不同媒介中运转、分解、吸收等以及不同媒介间的分割过程。这些过程通常包括一系列的建模过程。

分析过程的另一部分内容是生态效应评价。生态效应评价是指定量地确定增加某种危害物的暴露强度而引起生态效应的强度及频度加强的过程，它也被称为剂量—反应评价或毒理学评价。效应评价确定了危害物的暴露强度与评价结点之间的关系。目前，大多数的效应评价基于毒理学实验。

9.3.2.3　风险特征化

风险特征化是将分析步骤中的两部分内容即风险源评价和效应评价综合起来，总结危害物导致的生态危机的过程。

风险特征化具体包括：一是总结对风险源评价的结果。二是对风险定量化。若风险源由多个组分组成，则首先包括每一组成对研究对象的风险定量化。然后综合各种风险源组成对同一研究对象的风险，即总的效应风险。三是对生态评价中的不确定性进行评价。四是考虑研究地区在这方面已有的研究，为下一步的风险管理提供合理建议。

9.3.2.4　风险的管理

风险管理是指对生态风险评价的结果应采取何种对策与行动，这是一个决策过程。通常管理者或决策者需要考虑如何在不影响其他社会价值的情况下减小这种风险。虽然风险管理不属于评价者的工作，可以独立地进行，但是风险评价的结果是风险管理的重要依据。要使风险评价的结果充分发挥作用，就要求生态风险评价者、风险管理者或决策者之间有良好的相互合作关系。

管理者或决策者要决定这种风险是否可以接受、还是需要减小或阻止，要考虑最可能的生态效应及其分布，以及最严重的效应。在决定这种风险是否可接受的过程中，决策者除了考虑来自生态风险评价及人类健康风险评价的结果外，还需要考虑社会、法律、技术及经济等方面的因素。由于生态风险评价中的结点可能各种各样，因而对风险的可接受与不可接受的界限也没有统一的标准，因此人为因素在最后的决策过程中起更大的作用。目前逐渐建立的一些生物保护法，将对生态风险管理提供可依赖的标准。

9.3.3　生态风险评价的方法

生态风险评价研究，目前其主要内容是关于方法学的探讨、选择或创新研究，以发展成为系统的科学评价体系。从生态风险评价的目的来看，其方法研究可分为优先权，建立标准或指南，为管理进行风险评价三类；从生态风险评价的准确程度出发，可分为定性和定量两类研究方法。目前应用较多的是生态风险评价的定性和定量方法。

生态风险评价的定性研究，可用具有少量定量信息的效应影响做出评价，为决策过程的调查研究获取多层次的信息资料。通常建立优先权时，无论是筛选过程或是排序过程，均可利用定性方法。

定量研究可分为商值法和暴露—反应法两种。

9.3.3.1　商值法

最常用的商值法，可以确定某一特定的环境污染水平是否有生态学相关性。为保护某一特殊受体设立参照浓度标准，然后与估测的环境浓度相比较。超过参照浓度的环境浓度就被认为其有潜在有害影响。为确定风险的“是”与“否”，常采用商值法。可用于筛选水平的评价。1%的成体死亡率是一个可以接受的急性效应指标，用作可接受的风险相关水平，在推导参照浓度指标的过程中获得（USEPA，1988 年）。

相对费用低的商值法，依据较易获得的 LC_{50}、LD_{50} 指标（半数致死浓度、半数致死剂量），因此适于建立优先权和发展建立标准。局限性是不能预测风险等级或某一特定污染水平产生某种效应的定量数据。“模型化的商值法”试图解决这方面的不足，根据估测的环境浓度与参照浓度的比例为<0.1，等于 0.1～60，>10，分别表示为“无关”“可能有关”和“高度相关（Barnthouse，1986 年）”，估测的环境浓度还可以与最大可接受毒性浓度（MATC）和 LC_{50} 两项指标比较，如估测的环境浓度低于 MATC，鱼群被认为是“安全的”，如估测的环境浓度高于 LC_{50}，则确定鱼群正处于增加死亡的风险之中，如估测的环境浓度介于 MATC 和 LC_{50} 之间，则认为鱼群处于亚致死的风险之中，从而对污染效应定量化。

9.3.3.2　暴露—反应法

暴露—反应法用于估测某种污染物的暴露浓度产生某种效应的数量。暴露—反应曲线可估测风险。估测某种污染物的直接影响预期结果——引起鱼类数量减少 10%、20%、100%的暴露浓度。Ballou（1981 年）利用暴露—反应曲线，评价了燃煤工厂排放二氧化硫对作物生产力的影响，估计了作物减产的区域和程度。暴露—反应研究很适用于估测风险发生的数量，以支持建立某种标准或进行风险管理分析。暴露—反应法也曾被用于建立优先权。因此这种方法的优点是可适用于多种目的，而缺点在于难于获得许多化学品和受体结合的暴露—反应数据资料。

9.4　生态规划与设计

9.4.1　生态规划与设计的概念与特点

生态规划的概念是：以生态学原理和城乡规划原理为指导，应用系统科学、环境科学等多学科的手段辨识、模拟和设计人工复合生态系统内的各种生态关系，确定资源开发利用与保护的生态适宜度，探讨改善系统结构与功能的生态建设对策，促进人与环境关系持续协调发展的一种规划方法。

生态规划与设计的特点有：

一是以人为本。强调从人的生产、生活活动与自然环境和自然生态过程的关系出发，追求区域及城市总体关系的和谐和各部门、层次之间的和谐，人与自然关系的和谐。

二是资源环境的承载力为控制因子。强调区域与城市的发展应立足于当地资源环境的承载力，充分了解生态系统内自然资源和自然环境的性能与环境容量，以及自然生态特征与人类活动的关系。

三是系统开放、优势互补。强调系统的开放，形成区域与城市生态经济优势与社会子系统和自然系统优势的互补。

四是高效、和谐、可持续。主要强调经济发展的高效、和谐与可持续性，而非简单的高速率。生态规划与设计认为区域与城市的发展应该是社会、经济与生态环境的改善与提高，系统自我控制能力与抗干扰能力的提高，旨在全面改善区域与城市可持续发展的能力。

9.4.2　生态规划与设计的原则

9.4.2.1　整体优化原则

生态规划与设计从系统分析的原理和方法出发，强调生态规划与设计的目标与区域或城乡总体规划目标的一致性，追求社会、经济和生态环境的整体最佳效益，努力创造一个文明、经济高效、生态和谐和环境洁净的社会—经济—生态环境的人工复合生态系统。

9.4.2.2　协调共生原则

人工复合生态系统具有多元、多层次、多介质、生态位分化的特点，各要素之间互相制约、互相影响，不仅影响到系统的稳定性，还关系到系统结构和整体功能的发挥。为使生态系统整体功能充分地发挥，就要保证各层次、子系统、各要素及环境之间的协调、有序和动态平衡，保持生态规划与总体规划近远期目标的协调一致。共生主要是指系统的合作共存、互惠互利的现象，这样就可节约原材料、能量和运输量。部门之间的互惠合作，有利于搞好产业结构的调整和生产力的布局。

9.4.2.3　生态功能分区原则

在研究区域或城乡生态要素功能现状、问题及发展趋势的基础上，综合考虑国土规划，城市总体规划的要求和城乡现状布局，搞好生态功能分区，以利于社会经济的发展和居民的生活，利于环境容量的充分利用，实现社会、经济和环境效益的统一。

9.4.2.4　高效和谐原则

生态规划与设计的目的是要将人类聚居地建成一个高效和谐的社会—经济—自然复合生态系统，使其内部的物质代谢、能量流动和信息传递形成一个环环相扣的网络，物质和能量得到多层分级利用，废物资源化和循环再生，各部门、各行业之间形成发达的共生关系，系统的功能、机构充分协调，系统能量的损失最小，物质利用率最高，经济效益最高。

9.4.2.5　相互制约原则

生态系统中任意两个组分之间可能存在不同类型的生态关系，即促进和抑制关系。合理利用这种促进和抑制的关系，形成负反馈，保证社会经济自然系统的稳定。

9.4.2.6　最小风险原则

在长期的生态演替中，只有在最适生态位上生存的几率最大、风险最小。因此在生态规划中必须采取自然生态系统最小风险对策，使人类的各项活动处于一定的强度范围，保证生态风险最小。

9.4.2.7　可持续发展原则

可持续发展是人类社会的共同目标。生态规划与设计遵循可持续发展理论，在规划中突出“既满足当前的需要，又不危及下一代满足其需求的能力”的思想，强调在发展过程中合理利用自然资源，并为后代维护、保留较好的资源条件，使人类社会得到公平发展。

9.4.3 生态规划与设计的内容与方法

9.4.3.1 生态规划与设计的工作程序

生态规划与设计的核心在于根据区域自然环境与自然资源的属性，对其进行生态适宜性分析，以确定土地利用方式与发展规划，从而使自然资源定额利用、开发与人类其他活动与自然特征、自然过程协调统一。包括以下五个主要的步骤：

第一确立规划范围与规划目标。

第二广泛收集规划区域的自然与人文资料，包括地理、地质、气候、土壤、野生动物、自然景观、土地利用、人口、交通、文化、人的价值观调查，并分析描绘在地图上。

第三根据规划目标综合分析，提取第二步所收集的资料。

第四对各主要因素及各种资源开发（利用）方式进行适宜度分析，确定适宜性等级。

第五综合适应图的建立。

生态规划的工作流程图如图 9—3 所示。

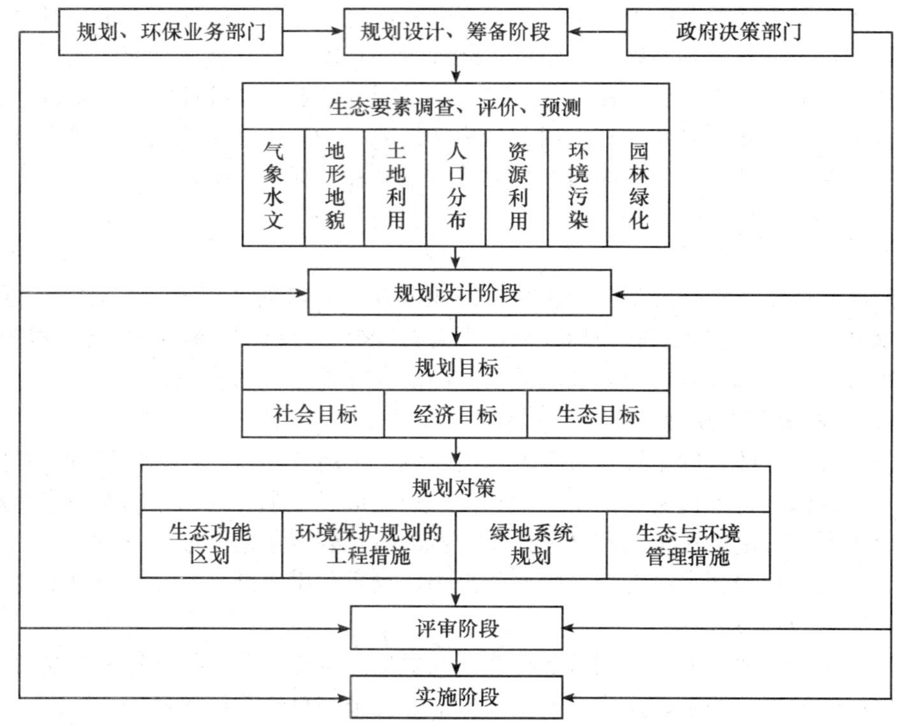

图 9—3 生态规划与设计的工作流程图

9.4.3.2 生态要素的调查与评价

调查搜集规划区域的自然、社会、人口、经济与环境的资料与数据可以为充分了解规划区域的生态特征、生态过程、生态潜力制约提供基础。

1）生态调查。进行生态规划与设计，首先必须掌握规划区域或规划范围内的自然、社会经济特征及其相互关系，仔细研究及建立生态调查清单，以求充分了解规划区域自然性能与自然过程。生态调查中多采用网格法，即在筛选生态因子的基础上，按网格逐个进行生态状况的调查与登记。调查登记的主要内容有：规划区内的气象条件、水资源、绿化、地形地貌、土壤类型、人口密度、经济密度、产业结构与布局、土地利用、建筑密度、能耗密度、水耗密度和环境污染状况等，并进行评价分析。

2）生态评价。生态评价过程包括生态过程分析、生态潜力分析、生态敏感性分析、土地质量及区位评价，目的在于认识和了解评价区域环境质量及资源现状、生态潜力的制约因素等。

生态过程分析主要是了解评价区域自然生态过程的特点以及现状条件下人为活动对生态过程的影响。生态潜力分析主要是规划区潜在的生产力，通过比较潜力与实际的生产现状，找出制约区域发展的限制因素，为生态规划提供科学依据。生态敏感性分析主要是分析生态敏感脆弱地区，以及人类活动产生的生态风险评价。土地质量及区位评价是对复合生态系统的综合，为城市发展、产业布局和城镇建设提供依据。区位评价的方法有两种，一种是根据变量之间的相互关系，通过机理模型综合而成的综合指标；另一种是专业知识与专家经验形成的土地质量及区位特征评价图。

3）环境容量和生态适宜度分析。环境容量是指在人类生存、自然生态不致受害的前提下，并在环境质量标准的约束下，某一环境所能容纳的污染物最大负荷量。生态适宜度是指在规划区内确定的土地利用方式对生态要素的影响程度，是土地开发利用适宜程度的依据。

在进行生态适宜度分析时，必须注意两个问题：一是何种地块的生态适宜度；二是地块对何种利用方式的生态适宜度。生态适宜度的分析程序如图 9—4 所示。

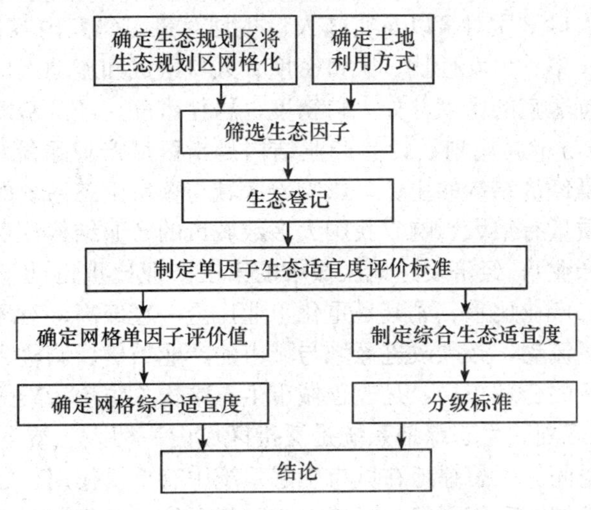

图 9—4 生态适宜度分析程序

在生态适宜度的分析中，关键是筛选评价因子和制定评价标准。筛选生态适宜度评价因子的原则包括两方面：一方面，所选择的生态因子对给定的利用方式具有较显著的影响；另一方面，所选择的生态因子在各网格的分布存在着较显著的差异。生态适宜度的评价标准包括单因子评价标准和综合评价标准。单因子评价标准的依据是：生态因子对给定的土地利用方式的影响作用规律、生态规划区的实际情况。单因子生态适宜度的评价常分为：三级，即适宜、基本适宜、不适宜；或五级，即很适宜、适宜、基本适宜、基本不适宜、不适宜；或六级，即很适宜、适宜、基本适宜、基本不适宜、不适宜、很不适宜。综合评价标准的依据是：单因子适宜度评价标准、生态规划区生态适宜度综合评价值、区域的经济社会发展规划、区域的整体规划。综合生态适宜度的每一级都和一个评价区间相对应，一般分为很适宜的上界、适宜的上界、基本适宜的上界、基本不适宜的上界、不适宜的上界、不适宜的下界。

4）生态规划与设计的指标体系及目标。生态规划与设计的指标体系及目标尚处于探索和不断完善阶段。具体指标体系常视规划目标而定。重点考虑以下生态指标：人口密度、土地利用强度、绿地覆盖率、人均公共绿地、建筑密度、经济密度、能耗强度与密度、污染负荷密度和交通量等。

生态规划与设计的总目标、近远期目标和年度，应同区域和城市总体规划近远期目标和相应的年度一致，以利同步、协调、可比和互为利用。

5）生态功能区的划分及土地利用。生态功能区划应综合考虑生态要素的现状、问题、发展趋势及生态适宜度，提出工业、农业、生活居住、对外交通、仓储、公建、园林绿化、游乐功能区的综合划分以及大型生态工程布局的方案，充分发挥生态要素功能及对城市功能分区的反馈调节作用，以能动地调控生态要素功能朝良性方向发展。在进行生态功能区划分时，必须遵循有利于经济、社会发展，有利于居民生活、生态环境建设的原则，以使规划区域的环境容量得到充分利用。

6）人口容量规划。在生态规划编制工作中，必须确定近远期的人口、规模，提出人口密度调整意见，提高人口素质对策以及实施人口规划对策。研究内容包括人口分布、规模、自然增长率、机械增长率、男女性比、人口密度、人口组成和流动人口基本情况等。在规划与设计中，要注意保持适宜的密度，如人口密度、居住密度、经济密度等。

7）区域产业结构与布局规划设计。产业结构是指区域产业系统内部各部门（各行业）之间的比例关系。它是经济结构的主体，影响着区域与城市生态系统的结构和功能。产业结构的不同比例对环境质量有很大影响。我国大多数城市的产业结构比例是2∶3∶1（第三产业：第二产业：第一产业），经济发达地区城市的第三产业比重正处于逐步上升时期，但一些老的重工业城市第二产业比重、尤其是重化工业比重一直偏高，对环境的压力很大。为促进物质良好循环和能量流动，必须改进区域与城市的产业结构。调整、改善城市是的产业布局、搞好新建城市产业的合理布局，是改善城市生态结构、防治污染的重要措施。

8）生态绿地系统规划。生态绿地系统是泛指区域内一切人工或自然的植物群体、水体及其具有绿色潜能的空间。生态绿地在城市生态系统中有重要作用，如调节城市气候，改善城市的热岛效应；调节城市碳氧平衡，保持大气中氧平衡；净化空气，减轻污染，吸收、阻滞、过滤灰尘，吸收有毒气体，减低噪声、杀菌；防风、固沙，保持水土。

生态绿地规划工作的主要内容包括两方面：一方面是城市绿地指标与布局；另一方面是卫生防护生态林带规划。

生态绿地规划可按照以下步骤进行：

第一，确定绿地系统规划原则。

第二，选择和合理布局各项绿地，确定其位置、性质、范围和面积。

第三，根据该地区生产、生活水平及发展规模，研究绿地建设的发展速度与水平，拟订绿地各项定量指标。

第四，对过去的绿地系统规划进行调整、充实、改造和提高，提出绿地分期建设及重要修建项目的实施计划，以及划出需要控制和保留的绿地用地。

第五，编制绿地系统规划的图纸及文件。

第六，提出重点绿地规划的示意图和规划方案，根据实际工作需要，还可以提出重点绿地的设计任务书。

9）自然资源合理利用与保护的规划。生态规划与设计应根据国土规划和区域规划的要求，依据区域与城市社会经济发展趋势和环境保护目标，制定对水、土地资源、生物多样性与矿物资源等的合理开发利用与保护的规划。

自然资源的合理利用应遵循以下原则：一是经济、社会和生态效益相结合的原则；二是生物资源开发量应与其生长、更新相适应的原则；三是当前利益与长远利益相结合的原则；四是因地制宜的原则；五是统筹兼顾、综合利用的原则。

9.4.4 环境规划

环境规划是指为使环境与社会经济协调发展，把“社会—经济—环境”作为一个复合生态系统，依据社会经济规律、生态规律、地学原理，对其发展变化趋势进行研究而对人类自身活动和环境所做的时间和空间的合理安排。

9.4.4.1 环境规划的基本特征

基本特征有：

1）整体性。环境规划的整体性体现在环境的要素和各个组成部分之间构成一个有机整体，各要素之间有一定的联系，但各要素自身的环境问题特征和规律十分突出，有其相对确定的分布结构和相互作用关系，因而各自形成独立的整体性强、关联度高的整体。

2）综合性。环境规划的综合性体现在它涉及的领域广，影响因素多，对策措施综合，部门协调复杂。

3）区域性。环境规划必须要重视“因地制宜”，总结精炼出的环境规划的基本原则、规律、程序和方法必须融入地方特征才是有效地。

4）动态性。影响环境规划的因素在不断地变化，因此，随着社会经济发展方向、发展政策、发展速度以及实际环境状况的变化，环境工作者必须要具有快速响应和更新的能力。

5）信息密集。环境规划所面临的一大难题是信息的密集、不完备、不准确和难以获得。在环境规划的全过程中，自始至终需要收集、消化、吸收、参考和处理各类相关的综合信息。

6）政策性强。在环境规划的过程中，要依据我国现行的有关政策、法规、制度、条例和标准进行从各种可能性中做出选择。

9.4.4.2 环境规划的类型及主要内容

主要类型有：

1）大气环境综合整治规划。主要内容包括：在污染源及环境质量现状评价与发展趋势分析的基础上进行功能区划，确定规划目标，选择规划方法与相应的参数，规划方案的制定及其评价与决策。

2）水环境综合整治规划。主要内容包括在水环境污染现状与发展趋势分析的基础上划分控制单元，确定规划目标，设计规划方案，并对规划方案进行优化分析与决策。

3）固体废弃物综合整治规划。在现状调查基础上进行预测及评价，将预测结果与规划目标相对应，比较并参照评价结果按照各行业的具体情况确定各行业的分目标及具体污染源的削减量目标。

4）声环境综合整治规划。在声环境质量和噪声污染现状与发展趋势分析的基础上，根据城市土地利用规划和声环境功能区划，提出声环境规划目标及实现目标所采取的综合整治措施。

9.4.4.3 环境规划在环境保护中的作用

环境规划在环境保护中的作用有以下几个方面：

一是促进环境与经济、社会可持续发展。

二是保障环境保护活动纳入国民经济和社会发展计划。

三是合理分配排污削减量、约束排污者行为。

四是以最小的投资获取最佳的环境效益。

五是实行环境管理目标的基本依据。

9.4.4.4 景观生态规划与设计

人口增加、工业化、城市化及人类活动正以空前的速度、幅度和规模改变着自然环境，导致生物多样性减少、环境污染和全球变化。日益加剧的全球环境问题及其生态后果已迫使人们达成共识，并为维护与改善人类赖以生存的生态环境进行有目的的规划、设计和管理，在经济发展过程中合理利用自然资源及维护资源的再生能力，并使人类的生存环境得到最大程度的保护。合理规划和管理景观，对生态系统、区域乃至全球的持续发展具有重要的意义。

景观生态规划与设计是指运用景观生态学、生态经济学及其他相关学科的知识与方法，从景观生态功能的完整性、自然资源的内在特征以及实际的社会经济条件出发，通过对原有景观要素的优化组合或引入新的成分，调整或构建合理的景观格局，使景观整体功能最优，达到人的经济活动与自然过程的协同进化。因此，景观生态规划与设计是实现景观持续发展的有效工具。

景观生态规划与设计的主要内容包括四部分：即区域景观生态系统的基础研究、景观生态评价、景观生态规划与设计及生态管理建议。

景观生态规划与设计的基本步骤如下：一是规划设计的基本思想和目标；二是区域生态功能的规划；三是区域景观生态系统空间结构的规划设计；四是景观生态系统的具体设计。

9.5　产业生态学与生态工业园

9.5.1　产业生态学

9.5.1.1　产业生态学的概念

产业生态学（industrial ecology，IE）最早是20世纪80年代物理学家Robert Frosch等人模拟生物的新陈代谢过程和生态系统的循环时所开展的“工业代谢”研究。N. Gallopoulos等人进一步从生态系统的角度提出产业生态系统和产业生态学的概念。1991年美国国家科学院与贝尔实验室共同组织产业生态学论坛，对产业生态学的概念、内容和方法以及应用前景进行全面系统的总结。贝尔实验室的C. Kumar认为：产业生态学是对各种产业活动及其产品与环境之间的相互关系的跨学科研究。1990s以来产业界、环境科学和生态学界纷纷介入其理论与实践的探索。国际电力与电子工程研究所（IEEE）在一份名为《持续发展与产业生态学白皮书》的报告中指出：“产业生态学是一门探讨产业系统、经济系统以及它们同自然系统相互关系的跨学科研究，涉及诸多学科领域，包括能源供应与利用、新材料、新技术、基础学科、经济学、法律、管理科学以及社会科学等”，是一门研究“可持续能力的科学”。

产业生态学是一门研究经济和环境相互作用的新兴学科。产业生态学要求从根本上转变传统的基于污染末端治理的环境保护观念，全面、系统地将环境因素纳入产品、服务的设计开发过程，通过资源充分循环和能源高效利用，来实现经济与环境兼容、人与自然和谐共处的可持续发展目标。

9.5.1.2　研究领域

产业生态学包括三个层次上的研究：

1）微观层次。主要研究可减轻产业对环境影响的具体技术措施，包括绿色工艺、原子节约工艺、废物零排放系统、物质替代、物质渐量化和功能经济等。

2）中观层次。主要研究对整个产业生态过程进行分析、检测和评价方法，包括物流平衡分析、工业代谢、产品或过程的生命周期分析与评价、工业生态指标体系的建立。

3）宏观层次。在一定的区域范围内，通过代谢分析、资源分析工具的运用，掌握区域内部的物质、能量的流动状况，研究产业系统集成方法，包括物质集成，能量集成、水集成、信息集成和数学优化模型等。通过运用分析和预测工具所获得的信息，对整个国家或区域内能源结构、经济结构和产业结构生态化研究。

除此以外，产业生态学还包括对可促进生态产业实现的制度上的措施，包括如何在市场规则、财务制度、法律法规方面作出相应调整以使生态产业的思想可以贯穿整个产业和生活过程。

9.5.1.3　研究方法

产业生态学的研究方法具有多样性的特点。早期研究方法主要有：过程设计和综合、过程整合、过程运作、产品设计和评价。这些方法大部分用于设备和过程层面，在以环境和安全法规或废弃物处理作为限制因子的前提下寻求经济效益的最大化。目前新发展的研究方法如下：

1）生命周期评价（life cycle assessment，LCA） 它实现了研究步骤的标准化，即确定范围和目标、清单分析、影响评价和优化评价四步，是当前产业生态学研究的主要工具。

2）系统分析与模拟 以用数学模型区确定和模拟复杂系统的重要特征，强调从全局的角度出发解决问题，目的是寻找其数学模型的最优解，以实现最佳的系统目标功能，是一种有助于决策者将所有因素集中于单目标功能的设计工具。

3）总成本评估法。

4）能值分析法 能值分析通过能值转换率（energy transformity），即形成每单位某种能量或物质、信息所需的另一种能量（实际应用中常用太阳能）之量，对各种生态流价值进行统一的单位转换评价，从而突破了能量分析在数量研究上长期难以攻破的“能质壁垒”，通过能值（通常是太阳能值）这一统一的客观标准，实现了不同能量等级上不同质能量的统一度量。这种方法已经广泛用于产业系统内能量利用效率和提高可能的评价。

9.5.2 生态工业园

9.5.2.1 生态工业园的概念与特征

生态工业园（Eco-industry Park）是建立在一块固定地域上的由制造企业和服务企业形成的企业社区。在该社区内，各成员单位通过共同管理环境事宜和经济事宜来获取更大的环境效益、经济效益和社会效益。整个企业社区能获得比单个企业通过个体行为的最优化所能获得的效益之和更大的效益。

生态工业园依据循环经济理念，通过模拟自然生态系统建立工业系统的生产者—消费者—分解者的循环途径和食物链网，采用废物交换、清洁生产等手段使一个企业产生的副产品或废物可以用作另一个企业的投入或原材料，实现物质循环流动和能量多级利用，从而形成一个相互依存、类似于自然生态系统食物链过程的工业生态系统，达到物质、能量最大化利用和废物排放最小化。

生态工业园的目标是在最小化参与企业的环境影响的同时提高其经济效益。这类方法包括通过对园区内的基础设施和园区企业（新加入企业和原有经过改造的企业）的绿色设计、清洁生产、污染预防、能源有效使用及企业内部合作。生态工业园也要为附近的社区寻求利益以确保发展的最终结果是积极的。

生态工业园的特征如下：

一是具有明确的主题。

二是通过毒物替代、二氧化碳吸收、物质交换和废弃物综合治理来减少环境影响和生态破坏。

三是通过共生或层叠实现能量效率的最大化。

四是与生态工业园所在的社区以供求关系形成更大的网络，而不是单一的副产品或废弃物交换模式或交换网络。

五是通过各成员自己和作为整体社区来持续改进环境性能。

六是拥有调控体系，允许一定灵活性而鼓励成员适应整体运行目标。

七是通过回用、再生和循环对材料进行可持续利用。

八是使用经济型设备和手段来抑制废弃物和污染。

九是使用信息管理系统，促进园区内物质和能源的闭路循环。

十是准确定位生态产业园及其成员的市场，利用市场地位吸引能填补园区空缺生态位和能与之互补的公司加入。

十一是创建一种机制，对管理人员和职工开展有关新政策、新工具和新技术等方面的培训和教育，以改进系统。

9.5.2.2 生态工业园的类型

类型的划分方法有：

1）从原有基础看，可以划分为现有改造型和全新规划型。现有改造型是通过对现已存在的工业企业通过适当的技术改造，在区域内成员间建立起废物和能量的交换关系。全新规划的生态工业园在良好规划和设计的基础上，从无到有地进行建设，并创建一些基础设施使得企业间可能进行废水、废热等的交换。

2）从产业结构看，可以划分为联合企业型和综合园区型。

3）从区域位置看，可以划分为实体型和虚拟型。虚拟型的生态工业园不严格要求其成员在同一地区，它通过建立系统的模型和数据库，利用计算机网络建立成员间的物资、能量和信息的联系。虚拟型模式可以节省建立生态工业园所需的昂贵的购地费，或避免困难的工厂地址，具有灵活、方便、优势互补等特点；其缺点是可能承担较高的运输费用。

9.5.2.3 生态工业园建设

目前世界上有 60 多个生态工业园项目在规划或建设，其中多数在西方。目前比较成功的生态工业园的例子是丹麦卡伦堡（Kalunborg）共生体系，卡伦堡（Kalunborg）现在已经成为了区域不同产业之间链接起来的模版。从丹麦、美国、加拿大等国家生态工业园的发展现状来看，建立和发展生态工业园的行业多以化工、能源和农业为主体。因为这类工业企业所需的原材料多，耗能高，产生的“废物”也多，这有利于其他行业和部门对该体系的“排泄物”再次利用。尤其是石油炼制、塑料加工、药品生产等化工行业，在传统经济模式下，都是污染最严重的，污染物最难处理，但在生态工业体系中却发挥了优势。

对生态工业园建设比较成功的都以发达国家为主，这些国家基本上都已经进入了后工业化时代，在很多生产领域都拥有先进的生产工艺，掌握了大量的先进技术和熟练的市场经营方法和技巧。而我国工业化的进程还正在进行，这就使得我国的生态工业园建设有着自身的特殊性，外国许多成功的经验可能并不适合中国的实践。

本 章 小 结

生态系统管理是合理利用自然资源和保持生态系统健康的最有效的途径。生态系统管理是一个非常广泛的概念，不同的生态研究人员和机构提出的生态系统管理的定义也不相同。生态系统管理应遵循整体性原则、动态性原则、再生性原则、循环利用性原则、平衡性原则和多样性原则。进行生态系统管理的基础是搜集数据。生态系统本身结构复杂，功能多样，并且不断地变化，在进行生态系统管理时需要考虑较多要素。生态系统管理的主要途径与技术有生态风险评估、适度干扰与恢复重建、清洁生产、废物资源化管理与 5R 方法、生态工业园区、实施标准化环境管理系列标准、大力开展生态工程和生态建设、加强自然保护的管理和研究、推广3S技和环境管理信息系统。生态风险评价的目的在于通过对某种环境危害效应的科学评价，为生态环境和生态系统的保护和管理提供决策依据。以生态学及生态经济学原理为基础，寻求人的活动与自然协调的生态规划与设计成为当前生态系统管理的一条重要途径。产业生态学是研究和各种产业活动及其产品与环境之间相互关系的科学。生态工业园是一个计划好的原材料和能源交换的工业体系，它能寻求能源、原材料使用以及废物的最小化，并建立可持续的经济、生态和社会的关系。

思 考 题

1. 什么是生态系统管理？简述生态系统管理的主要原则。
2. 生态系统管理的途径与技术有哪些？
3. 生态风险评价的程序和方法是什么？
4. 生态规划与设计的内涵是什么？
5. 简述景观生态规划与设计的定义及其内容与步骤。
6. 生态工业园的特点是什么？

10 生态环境保护与可持续发展

本章学习目标

1. 了解生态哲学、生态伦理学、可持续发展的生态伦理观等基本概念。
2. 理解可持续发展的基本内涵。
3. 明确全球生态环境问题的严重性，树立可持续发展战略观。

10.1 全球生态环境问题及特点

10.1.1 世界人口增长的特点及人口变化的动态影响

人口问题已成为当前人类环境的首要问题。现在世界上出现的环境污染和自然生态破坏的原因虽然多种多样，错综复杂，但最主要的一条是由于人类不适当的活动，特别是 20 世纪以来，人口迅猛增长给人类赖以生存的地球以巨大的压力和冲击。

1）人口增长的特点及世界人口的现状。人口增长的特点：

a. 世界人口数量大，增长速度快。1998 年世界人口达到 60 亿。据有关资料推测，公元前 8 000 年人类还以采集食物为生时，世界人口只有 500 万，当时人口增加 1 倍约需 1 700 年。后来随着人类社会的进步，特别是工业革命后，人口增加迅速。1650 年世界人口为 5 亿，工业革命后仅过 150 年，到 1800 年，世界人口就增加了 1 倍，达到 10 亿。从第 1 个 10 亿到 1930 年第二个 10 亿历时 130 年。此后，人口增长更加迅速，到第三个 10 亿仅用了 30 年时间，到第 4 个 10 亿只用了 15 年的时间，到第 5 个 10 亿用了 13 年的时间，具体情况见表 10—1。

表 10—1　　世界人口每增加 10 亿所需时间比较表

世界人口数（亿）	大致达到时间	增加 10 亿所需时间（y）
10	1800	近 300 万
20	1930	约 130
30	1960	约 30
40	1975	约 15
50	1987	约 13
60	1998	约 11
70	2009	约 11

可以看出，世界人口每增加 10 亿的时间间隔越来越短。在 18 世纪工业革命之后，人口几乎按等比级数增加，1987 年 7 月 11 日世界人口突破 50 亿大关，1990 年 5 月底达到 53 亿。这就是说不到一年的时间，世界人口就增加了 1 亿。现在，全世界在 10 年内将会增加一个欧洲人口，每 14 个月增加一个英国人口，每月增加一个瑞典或两个新西兰的人口，每秒钟增加 3 人。如果世界人口一直按这个速度继续增加，到 2330 年，整个地球的表面包括南极、北极、沙漠等，每平方米就有一个人。到 3545 年，世界人口的总质量将等于地球的总质量。

b. 世界人口分布极不平衡，发展中国家人口增长速度快。人口增长主要集中在发展中国家，而且南亚、非洲越贫穷的国家，人口增长越快（年增长率在 3%左右）。中国由于大力提倡计划生育，到 1990 年已降至 1.56%，低于发展中国家的平均水平。而西欧人口增长率一直在 0.1%，北美洲目前为 0.7%左右，澳大利亚、新西兰为 1%左右。这种差距与传统、文化、经济等因素有关。

c. 发达国家人口增长缓慢，出现人口的老龄化。发达国家由于经济、文化、卫生和医疗条件较好，所以死亡率低，老年人所占比例高。一般 65 岁以上人口占全国总人口的 14%以上，即可称为老龄化社会。1986 年英国 65 岁以上人数占 15.3%，瑞典为 16.0%。

中国情况有些特殊，由于大力提倡计划生育，迫使出生率下降，加上经济发展良好，社会安定、医疗卫生条件大为改善，使死亡率大大降低。因此，目前 30～50 岁人数较多，老人比例有所增加，而儿童比例呈下降趋势。

2）人口剧增的后果。人口剧增的后果有以下几个方面：

a. 粮食供应不足。人口的增长意味着对粮食和其他食品要求增加，从而加重了土地资源的负荷。许多发展中国家人口的增长率远远超过粮食的增长率，加上土地退化，大量占有耕地，民族冲突和战乱，非洲许多地方的饥荒威胁着人们的生命。据 1986 年世界银行报道，非洲多数国家人口增长率为 2.92%，而粮食增长率仅有 0.2%。中国粮食增长基本上与人口增长相近，创造了用世界 7%的耕地养活了全世界 22%的人口的奇迹。但是在有限的耕地和粮食产量，不可能满足人口的无限制增长，如果不加以协调则国人将面临饥饿，国家的发展也将受到阻碍。

b. 环境严重损害。人口的迅速增长，以及人类不合理的行为，对环境造成严重损害，包括森林面积减少、淡水不足、能源短缺、资源危机、生物多样性破坏、环境污染等。如人口增长必然导致能源需求总量增加。目前，全世界能源主要不是以不可再生的煤和石油等为主，非洲、南美洲、南亚等发展中国家则大量使用柴薪。这不但加大了能源的耗竭速度，也增加了大气中的二氧化碳、氧化物、二氧化硫和尘等污染物，造成大气环境污染。第二，人口增长是造成森林资源破坏、海洋资源枯竭的重要原因。四川省是中国人口自然增长率最高的省之一，由于人口增长，其森林覆盖率从1949年的19%降至1955年的9%。另外，人口增长使其对鱼类资源需求量的增加导致的过度捕捞，造成了世界许多地区鱼类资源锐减，不少珍贵鱼类，几乎灭绝。例如，中国东海，以往每年黄鱼汛期，黄鱼几乎在船边成群结队地跳跃，而现在却绝迹了。第三，人口的过度增长制约了经济发展。首先，它降低了人均享用量；其次，不利于自动化和新技术的推广，阻碍了劳动生产率的提高。第四，人口的增加，使环境污染更为严重。从某种意义上讲，人口过密本身就是一种污染，而且对生活质量的追求，迫使他们进一步破坏自己的环境。

c. 使社会生态环境急剧恶化。人类既生活在自然环境中，又生活在社会环境中，人口的过快增长，会使社会环境恶化。首先，人口剧增使就业问题严重。其次，导致人民生活贫困化，人均GNP低。

人口迅速增长产生一系列的经济、社会和环境的问题，特别是在那些经济发展水平低下，自然资源严重不足，农业人口占多数的国家，人口与经济、资源和环境的矛盾更加突出。人口迅速增长，威胁着人与自然之间的平衡，所以，必须立即采取对策，限制人口的过快增长。

10.1.2 全球气候变化

气候变化是一个最典型的全球尺度的环境问题。20世纪70年代，科学家把气候变暖作为一个全球环境问题提了出来。80年代，随着对人类活动和对全球气候关系认识的深化及几百年来最热天气的出现，全球气候变化这一问题开始成为国际政治和外交议题。1992年里约热内卢联合国环境与发展大会上，通过并开放签署《气候变化框架公约》。气候变化问题直接涉及经济发展方式及能源利用的结构与数量，正在成为深刻影响21世纪全球发展的一个重大国际问题。

10.1.2.1 温室效应

气候环境是人类生存的重要环境。气候变化已成为近年来人们最关注的环境问题之一。一般说来，地球气候系统与外层空间保持着大致的热量平衡，即一方面吸收太阳的短波辐射，另一方面又以长波辐射的形式辐射到太空。

大气中的水汽、二氧化碳以及其他一些微量气体如甲烷、氧化亚氮及氟氯烃等，虽然对短波辐射没有多大影响，却在长波辐射的波段有较强的吸收带，从而导致在地面与大气之间形成一个绝热层，使近地面的热量得以保持，造成全球气温升高的现象称为温室效应。

大气中的二氧化碳是久已存在的，温室效应也是早已存在的。据科学家估计，如果不存在温室效应，地球表面的温度本应低得多，年平均温度大约在−18℃，而地球表面的实际年平均温度为15℃。因此，我们这里讲的温室效应，实际上是温室效应增强问题。

10.1.2.2 全球变暖

工业革命前大气中的二氧化碳含量是0.028%（按体积），随着工业和能源的发展，排入大气中的二氧化碳越来越多。据推测，1850年为280 ppm，1970年增加到320 ppm，

1978 年又上升到 330 ppm，1980 年为 331 ppm，1984 年为 343 ppm，1986 年为 345 ppm。目前，全世界的工厂和电厂每年向大气排放的二氧化碳有 50 多亿 t，大气中的二氧化碳的年增长率为 0.4%，它好像是日益加厚的透明薄膜，使大气增温，日积月累，全球气温越变越高。据推测，按照目前的速率，到 2030—2050 年，大气中的二氧化碳的含量比工业革命前增加 1 倍，达到 550 ppm 以上，全球气温有可能升高 1.5～4.5℃。

10.1.2.3　全球变暖的危害

气候变暖对人类来说将是一场大规模的环境灾难。

第一，它会使全球降水量重新分配，冰川和冻土融化，海平面上升。据美国环保局发表的研究报告说，如果温室气体继续按目前的情况释放，估计到 2025 年，海平面将增高 10～40 cm，到 2100 年将增高 60～200 cm，那么，现在 30%～80%的沿海沼泽和许多地势低洼的岛屿可能被海水淹没。气候变暖还会使亚热带向北扩展，北极地带的夏季明显变暖，作物的生长期大大延长。气候变暖还可能使半干旱的热带地方变得更加干旱。所以，温室效应增强，既危害自然生态系统，又威胁人类的食物供应和居住环境。

第二，森林、湿地和极地冻土的破坏，会导致生存在其中的许多物种加速灭绝，海平面升高，亚洲低洼三角洲和冲积平原上的水稻种植遭受的经济损失，将无法估量，大片沿海湿地上的水产养殖将被吞没。最大的威胁不是平均气温升高，而是出现极端高温，百年不遇的干旱，异乎寻常的热浪，行凶肆虐的飓风和龙卷风等灾害天气。世界大约有 1/3 的人口生活在海岸线 60 km 的范围内，如果全球变暖，海平面升高，一些城市、乡村有可能被淹没。

有人估计，仅仅为了在 21 世纪维持目前大气中二氧化碳的含量，就需要营造相当于法国国土面积，即 $5.516\times10^{6}\ km^{2}$ 的森林。

10.1.2.4　酸雨蔓延

酸雨是大气污染后产生的酸性沉降物，酸雨的成因是一种复杂的大气化学和大气物理现象。

工业生产，燃烧煤炭等排出的二氧化硫、燃烧石油以及汽车尾气排放出的氮氧化物等进入大气后，经过云内成雨过程，即水汽凝结在硫酸根、硝酸根等凝结核上，发生液相氧化反应，形成硫酸雨滴和硝酸干流雨滴，又经过云下冲刷过程，即含酸雨滴在下降过程中不断合并，吸附、冲刷其他含酸雨滴和含酸气体，形成较大雨滴，最后降落在地面上，形成了酸雨。

酸雨对生态系统的影响很大，主要有：引起水生态系统结构上的改变，导致水生生物群落结构趋于单一化；导致土壤酸化，使土壤贫瘠；腐蚀建筑物及名胜古迹等。

10.1.2.5　臭氧层破坏

中国古代有个“女娲补天”的神话故事，但历史上的天空并没有出现空洞。现在科学家们考察发现，在北美、欧洲、新西兰上空，保护地球的臭氧层正在变薄，南极上空的臭氧层已经出现了“空洞”，科学家们真的需要“补天”了。

臭氧是大气中的微量物质，是一种微腥臭、浅蓝色的气体，主要密集在离地面 25～30 km 的平流层内，科学家称之为臭氧层。

臭氧层好比是地球的“保护伞”，它具有强烈吸收紫外线的功能，是太阳辐射的一种过滤器。臭氧层阻挡了太阳 99%的紫外线辐射，从而保护了地球上的生灵万物免受强烈紫外线的伤害。

据美国宇航局观测资料表明，自1969年以来，全球除赤道以外，所有地区臭氧层中臭氧的含量减少了3%～5%，全球臭氧层都已受到损害。1985年英国科学家发现南极臭氧层出现空洞。1988年对南极臭氧层的考察证实，南极上空周期性地出现臭氧层空洞。1989年9—10月臭氧层空洞范围扩大。

臭氧破坏是人造化工制品氟氯烃和哈龙（包括5种氟氯烃类物质和3种卤代烃物质）污染大气的结果。在对流层顶部飞行的飞机排出的氧化氮等气体，可充当破坏臭氧层的催化剂。农业上无控制地使用化肥会产生大量的氧化氮，各种燃料的燃烧也会产生大量氧化氮，这些物质都是破坏臭氧层的因素。另外，还有人认为核试验也是影响臭氧层的因素。臭氧破坏危害人体健康，使晒斑、角膜炎、皮肤癌免疫系统等疾病增加。破坏生态系统、影响植物光合作用，导致农作物减产，引发粮食危机。过量紫外线照射，将使塑料、高分子材料容易老化和分解，导致全球气候变暖。

10.1.3 生物多样性锐减

20世纪末，全球有100多万种生物灭绝。这并非危言耸听。联合国环境计划署预测，在今后二三十年内，地球上将有1/4的生物物种陷入绝境；到2050年，约有半数动植物将从地球上消失。这就是说，每天有50～150种、每小时有2～6种生物离我们悄然而去。地球上充满了形形色色的生物，科学家把这称为“生物的多样性”。生物多样性包括物种、基因和生态环境的多样性，其中物种的数量是衡量生物多样性丰富程度的标志。

如此众多的生物，是自然界长达数十亿年演化的结果。在长期演化过程中，始终存在着物种的灭绝。生物学家把这种灭绝分为两大类，一类是生物物种经过多代的自然选择、遗传变异而形成了新的后代，另一类是物种的完全消失，即真正的灭绝。在过去的5亿年间，地球生物经历了5次大范围的灭绝，它们都是由自然因素造成的。今天，地球生物正面临的第6次大规模物种灭绝，这却是人类活动的结果。人类所造成的物种灭绝的速度比历史上任何时候都快，比如鸟类和哺乳动物现在的灭绝速度可能是它们在未受干扰的自然界中的100～1 000倍。主要原因是7种人类活动造成的：一是大面积对森林、草地、湿地等生境的破坏；二是过度捕猎和利用野生物种资源；三是城市地域和工业区的大量发展；四是外来物种的引入或侵入毁掉了原有的生态系统；五是无控制旅游；六是土壤、水和大气受到污染；七是全球气候变化。这些活动在累加的情况下，会对生物物种的灭绝产生成倍加快的作用。其中，危害最大，影响最直接的有人为捕杀和生存环境破坏两个方面。

10.1.3.1 人为捕杀

出于食用和商业的目的，人们肆无忌惮地乱捕滥杀各种动物。近年来灭绝了近40种。如非洲大象，20世纪70年代末有130万头，到20世纪90年代初只剩下65万头。过度捕捞导致部分海洋生物灭绝或濒临灭绝，如蓝鲸只剩下原来的5%，座头鲸只剩下3%，黑犀牛、鳄鱼的数量也迅速减少。1992年，国际鸟类保护组织在一份报告中指出，世界鸟类的3/4数量减少或濒临灭绝。老虎是生物物种的骄子，目前已剩下不多了，面临灭绝的威胁。

军火贸易、毒品走私和野生动物贸易被称为当今世界的三大贸易。据《世界资源报告》估计，每年野生动物及其产品的年贸易值至少为50亿美元，这种贸易的1/4～1/3（即12.5亿～16.7亿美元）被认为是非法的，人们对不合法的野生动物及其产品买卖的关注集中在珍稀和濒危物种，受威胁最大的是犀牛、鳄鱼、大象、鹦鹉等。

由于野生动物的数量急剧下降，与人类社会需求的日益增长形成鲜明反差，促使野生动物的价格不断上扬，如非洲犀牛角由20世纪70年代初的1美元/LB涨至1986年的2 000～5 000美元/LB，可能高额利润是促成野生动物非法贸易的直接原因。

东北虎为国家一级保护动物，1994年尚存数量不足30只；国际上认为，我国的野生虎资源在生物学意义上已经灭绝。历时7 a的吉林省虎、豹资源考察成果通过中科院、东北林业大学等国内知名专家的鉴定，确认吉林省东北虎现存数量为7～9只，金钱豹现存数量为4～7只。吉林省的虎、豹分布区由过去的5个缩减到现今的3个。现存东北虎在大龙岭分布区有3～5只，哈尔巴岭分布区1只，张广才岭3只；金钱豹在大龙岭分布区3～6只，哈尔巴岭分布区1只。

1989年，世界著名生物学家和环境学家在西班牙首都马德里聚会，指出“全世界将有5 000种动物在不长的时间内灭绝”，“20世纪上半叶，每隔5年有1种哺乳动物灭绝；20世纪下半叶，已加速到每2 a就灭绝1种”。后来，人们把这称为“马德里警告”。

10.1.3.2　生存环境破坏

野生生物的生存在很大程度上依赖于其生存环境状况。生物的生存环境包括森林、草地、湿地等。由于人们的乱砍滥伐，热带雨林每年消失1 130多万公顷。全球三大热带雨林（东南亚、中西非和拉丁美洲）的面积仅为原来的58%，美国佛罗里达州立大学的一项研究报告表明，2000年，拉丁美洲的森林面积缩小约为原来的52%，约15%的森林植物物种（约13 600种）灭绝。

10.1.4　资源短缺

资源短缺是指相对于人类需求的日益增长，包括生产资料（主要是能源）和生活资料（主要指粮食）在内的资源出现短缺问题。一方面人口在急剧增长，对资料的需求不断增加；另一方面，经济的发展与科技进步导致对资源的过度消耗，由此产生、加剧着资源短缺问题。人口的急剧增长给自然资源带来了巨大的压力，导致所谓的“能源危机”，并正在吞掉“绿色革命”所增产的粮食。赫尔曼·戴利在世界银行担任环境经济学顾问期间曾经指出，整个世界在很短的时间内经历了一个历史性转折。他说，人类经济已从人力资源制约经济发展的时代转入“剩余的自然资源成为经济发展限制性因素”的历史时期，这种演变是由于世界人口从相对缺乏变得相对膨胀而引起的。

在过去的200年里，地球上的人已经用掉世界矿物能源总储量的1/2左右——相当于3亿年太阳辐射产生的能量。仅仅在20世纪，人类社会用掉的能源就超过了有史以来所消费掉的能源总和。总能源消费的曲线虽然在变平，但不能完全变平：人类追求发展和舒适的渴望过于强烈，现在很难采取有效的措施来削减总的生产定额。面对传统的矿物燃料短缺的威胁，人类不得不转向开发利用非矿物能源技术。但是，非矿物能源技术不是那么容易就能大规模利用的，必须具备相应的技术和环境等条件，具有自身的局限性，于是人们纷纷求助于核能，但是1986年苏联切尔诺贝利事故又向核能的发展提出了严峻的挑战，人类发展总是充满了矛盾。

而且，能源消耗的不平衡分布始终是一个问题。现在，工业化国家每人每年消耗的商业性能量超过7.5 kW，而在不发达国家，平均每人消耗的能量不超过1.1 kW。如果12 TW

（即 120 亿 kW）的能量平均分配，全世界 60 亿人均每人就只能消耗 2 kW。在工业化国家，要求降低到这种水平是极不可能的。因此，如果今天全世界所有的人都使用安全和持久的能源，并按今天“富裕国家”的物质标准生活，就必须有 18 TW 左右非矿物和非核能源。由于这一点几乎是做不到的，在能源的使用方面，不平衡的状况很大程度上可能持续到 21 世纪末。

展望未来，世界能源危机已不是传统意义上的世界能源的绝对短缺，但是要使人类能源问题不成为问题，依然存在困难。其根本原因在于：第一，矿物原料开采的自然地理条件普遍恶化，能源的勘探、开采及远距离运输的开支大幅度增加，石油和天然气开采地离主要需求中心越来越远；第二，目前在很大程度上是采取粗放的方式来满足迅速增长的燃料需求；第三，随着能源需求范围的扩大，环境污染越来越严重；第四，世界上能源供应国增加，石油输出国组织的地位削弱，从 20 世纪 80 年代初石油就变成了交易所的商品，这一切加剧了世界石油市场的不稳定性；第五，目前的生产力和技术进步水平不利于保障用可供选择的能源，首先是用核能代替传统能源时的安全。

10.2 人类对环境问题的新思考及行动

10.2.1 环境与发展问题的理性思考

生态哲学对可持续发展探讨最多的是人与自然的关系问题，其实质就是要求我们一方面需要认识、利用和开发自然界，另一方面又要保护、爱护和尊重自然界，这二者能不能调和，能不能找到一种连接点呢？现在看来不仅能够，而且必须“自私而用智”是一种自我中心主义，对于可持续发展是不利的。但“用智”是人类本性之一，也绝社会发展的内在动力之一，中国哲学一般地反对“用智”，这显然不符合“现代性”。因此，对中国哲学而言，应当扭转这一传统，变成积极“用智”，发展人的智性。但是，“用智”是有目的的。其目的无非有两种，一是“为用智而用智”“为科学而科学”，这被认为是西方的传统，但是这一传统到现代社会，似乎发生了很大变化。就“人性”而言，也绝不是智性一种。要成为全面的人，完整的人，就不能只“用智”而不关心别的。二是为了某种价值目标，这应当是问题的核心。按照中国哲学的说法，如果只是出于“自私”的目的而“用智”，那就是一种最大的障蔽和“限隔”，其结果便会丧失人性，也会失掉人生的乐趣。对此应当重新解释和评价。生态哲学对可持续发展的理论探讨将引发人们更多的理性思考：

第一，在人类社会和自然界已经开始在全球范围内相互作用的时代，二者之间存在着全面的相互依赖的关系。一方面，人类的一切发展依赖于生物圈的健康和繁荣；另一方面，生物圈的继续进化又依赖人类的调控和管理。人和自然都同等重要。人和自然相互间的全面依赖产生了全面合作、一体化发展、协同进化的客观趋势，只有彻底放弃传统的发展模式，代之以可持续发展模式去指导当代人的发展实践，人类才会有光明的前途。

第二，人们在净化自然的时候也应净化心灵，使保护生态环境的行为变成一种生命的需要和习惯。中国是一个有众多民族，悠久历史文化和多种信仰的国家，如何在尊重人们的合理信仰和生活方式的前提下调动各方面的思想和精神资源，以解决近年来日趋严重的生态和环境问题，将是我们必须长期面对的一个理论课题。

第三，人类应该运用生态学规律和经济学规律，合理的规划自然资源的保护、约束自然资源的使用。如果我们不顾生态规律，一味掠取自然资源，以获取眼前的经济效益，这个经济效益将随着自然资源的枯竭而递减，直至不再有经济发展的资源基础。这种发展经济的做法不能保证自然资源的“可持续利用”，不能保证经济的“可持续发展”，因此，从经济学角度看是不可取的。在这个问题上，只顾眼前利益，不顾长远利益，是对子孙后代的犯罪；只顾局部利益，不顾整体利益，是对国家和民族的犯罪。如果我们经济发展了，口袋里有钱了，但空气变坏了，水变坏了，蓝天不见了，绿地不见了，我们的生活环境变糟了，我们的生活质量反而下降了，这是不是我们发展经济的目的呢？发展经济也好，保护环境也好，必须服从全体人民的幸福这个最高目的。环境破坏了，人民的身体健康遭到损害，医疗费用指数上升，经济上是不合算的；同时，投资环境恶劣了，经济发展也将失去后劲。

第四，人类的经济活动和社会发展不能超出自然资源与生态环境的承载能力。可持续发展不仅要求人与人之间的公平，还要求人与自然之间的公平。资源和环境是人类赖以生存和发展的基础，离开了前者，后者的生存与发展就无从谈起。在求得发展以“满足需求”的同时，要顾及“限制”因素，即“发展”的概念中蕴涵着制约因素。最主要的限制因素是人类赖以生存的物质基础，即自然资源与环境。不言而喻，人类的存在和活动必然会对自然生态系统进行干预并产生一定程度的影响，要保持社会的持续发展，就必须把人为干预自觉地控制在生态系统维持自身的动态平衡所许可的范围之内。“发展”和“需求”要以生物圈的承受能力为限度，要保持各种陆地的和水体的生态系统、农业生态系统等生命支持系统以及有关过程的动态平衡，“发展”一旦破坏了人类生存的物质基础，造成生态失衡，“发展”本身就会衰退，“需求”就难以满足。

第五，在生态系统中人不是一般消费者（动物），而是生态调控者和人工生态系统创造者。人比动物所优之处在于人以文化的方式生活，人依靠文化使自己成为地球上最成功的物种。但是，如果把这种区别绝对化，甚至认为人可以脱离自然规律的影响而统治自然和主宰自然，则是错误的。人、社会和自然构成的有机统一整体是不可分割的，把世界区分为自然界和社会只有相对意义；而人和自然之间的相互联系和相互作用比它们之间的相互区别更重要。自然界是“人—社会—自然”系统的内在机制，自然因素支持和参与社会历史的创造，从而获得社会历史尺度，我们要重视自然界对人和社会发展的重要作用。我们的历史观，不应是关于纯粹社会历史发展的观点。因为自然因素参加了历史的创造，历史观应是包含自然因素的历史观，或“文明的生态史观”。

第六，“科学”合理地安排自然资源的使用，固然有可能导致自然资源的可持续利用，但也可能导致相反的结果。在生态学史上也会出现人算不如天算的尴尬局面。20世纪初，美国老罗斯福总统为了保护亚利桑那州北部森林中的鹿，大肆捕杀狼。结果，鹿过量的繁殖，小草和树木都被吃掉，绿色植被急剧减少。植被一减少，鹿就大量的死亡，结果森林和鹿都没有保住。本来狼吃掉一些鹿，可以控制鹿的种群数量，而且吃掉的都是一些病鹿，反而有效地控制了疫病对鹿群的威胁。老罗斯福本来想“科学”合理地保护对人类有用的自然资源，结果并没有保护住。对“科学”安排的过分注重，建立在古典科学的决定论之上。当代非线性科学表明我们的世界本质上是一个非决定论的世界。对科学的过分依赖，与最新的科学精神也不符合。科学的方案在保护生态环境方面能起的作用将是有限的、非本质的，端正人对于自然的从属关系，确立“道法自然”的思想才是关键，科学所能发挥的有限作用也需要以此为前提。我国学术理论界对此层面的思想，目前认同不多。

第七，人类以幸福为目的愿望固然不错，但人类对幸福的理解可以多种多样。美国那种高消费、高能耗但通过向别国转嫁环境熵依然保持优美环境的幸福生活，是否是全人类应该追求或者能够追求的模式呢？人类幸福的追求不能求诸于外，只能求诸于内。与天下万物和睦共处，是人生最大的幸福。在中国传统文化中，这方面的思想非常丰富。但是20世纪80年代思想启蒙运动中，许多此类的思想被当做阻碍现代化事业发展的绊脚石一脚踢开。今天恢复这一层面的思想难度更大。

第八，要真正解决可持续发展的问题，就应当从人自身做起，从如何实现人性，完成人的“天职”做起。可持续发展的问题归根到底是人的问题，道理就在这里。我们既需要发展科学技术，更要关心人文价值，使二者能够更好地结合起来。我们不能再跟在别人的后面跑了（实际上，在西方社会，人们对自然界的态度已经有很大变化）。我们应当发挥自己的优势，何况人与自然的关系早已成为全球性的问题，在这种情况下，更应当着眼于全人类的发展，为人类作出贡献。中国的天人合一哲学，具有人文主义宗教精神，如果能从中吸取丰富的精神营养，就能贡献于人类，使人类进入一个有美好家园的21世纪。

10.2.2 人类行为方式的重要转变

理性的思考必然带来行为的转变，正确的生态伦理观和发展观的提出及确立，促使人类的传统生产和生活方式发生了重要转变。传统的发展模式是一种以物为中心的线性发展模式，它习惯于用某种单纯的经济参数，如以国民生产总值（GNP）和国内生产总值（GDP）作为衡量社会发展的尺度，以物质财富增长为核心，以经济增长为唯一目标，并认为经济增长必然带来社会财富的增加和人类文明的发展。因此，追求经济的无限增长，追求物质财富的无限增加就是其最高目标。传统的发展模式认为资源是无限的，取之不竭，用之不尽；资源是无价的，可以无偿使用；资源是无主的，可以谁采谁用；环境容量是无限的，可以对污染物进行无限地同化与自我进化。这种发展模式是工业文明的主导实践模式，它必然抹杀生态价值，导致对自然的掠夺性开发与生态平衡的严重破坏，最终造成生态危机。

生态文明作为旧的工业文明的超越者，作为人与自然和谐相处的绿色文明，必然要求改变这种导致人与自然对立冲突的发展模式，走一条生态化的“人—自然—社会”协调共进的发展道路。这实质上同人类目前所倡导的可持续发展实践、人与自然的伦理化实践是十分契合的。它们认为社会的发展应体现为整体的全方位发展和人类文明的持久进步，不能是单一构成要素的片面发展，而是自然发展、社会发展与文明发展的统一。因而它要求人们改变传统的唯经济发展模式，采取“人—社会—自然”整体系统协调发展，并以自然系统的可持续发展为基本前提的发展方式。在具体的发展实践中，要求人们改变过去依靠高投入、高消耗、高污染来带动和刺激经济增长的方式，转变为依靠“绿色科技”和提高劳动者环境道德素质的方式来带动社会发展，因而它为生态文明的实现，提供了现实可行的绿色发展道路。

生态文明在人类生活世界中具体表现为行为方式的生态化趋向，这主要体现于人们消费方式的转化中。工业文明下的消费模式表现为一种典型的奢侈消费。其基本特征是“挥霍性、浮华性、铺张性、新奇性、讲体面、讲排场、讲阔气”。这种“消费主义”以人的过度物质享乐为核心，以对自然的无节制索取为基本手段，必然造成对自然生态的严重破坏。生态伦理与可持续发展对人类的消费模式与消费观念产生了巨大影响。首先，它们提倡适度消费，认为在消费过程中，应考虑到环境承载能力，生态维护规律；应遵守相关的环境道德要求，采取与社会发展阶段相适应的生活方式，应加强增益型消费及优化居民的消费结构。其次，它提倡生态消费，生态需要不仅是人最基本的生存需要，也是很重要的享受与发展需要。优美的生态环境，能促进人的身心健康和全面发展。然而，正如贝尔在《后工业社会来临》中指出："清洁的空气与水越来成为稀缺物品"，这是工业文明下不可持续的消费方式带来的恶果。因而一定要正确合理的认识到生态在人类生存中的价值与意义，确立全新的消费观念。通过对适度消费与生态消费的倡导，生态伦理与可持续发展实际上树立一起一种生态化的消费模式，这对人类生态文明的来临具有重要的实践意义。

生态伦理与可持续发展正是通过对传统工业文明的思维方式、价值观念、发展模式、行为方式的生态化转向，从而从内在的观念层面与外在的实践层面为人类新文明的催育与诞生即生态文明提供积极有价值的可能性与现实性条件。生态文明作为一种高级形态的文明，是对传统文明的全面变革，它即是人类历史的必然，又是能动主体的自觉选择。

10.3 未来人类社会的发展观与可持续发展战略

10.3.1 未来人类社会的两种发展观

20 世纪 70 年代，关于人类社会的发展前景问题，在西方国家的学者中曾展开过热烈的讨论，并形成了以 J·W·福罗斯特和 D·L·梅多斯为代表的"悲观派"和以赫尔曼·卡恩和 J·西蒙为代表的"乐观派"的激烈争论。

10.3.1.1 悲观派

福罗斯特发展了"系统动态学"分析方法，并把它应用于增长有限论方面，于 1971 年出版了《世界的动态学》一书。梅多斯是他的学生，1970 年受罗马俱乐部的委托与他人合作，1971 年出版了有名的《增长的极限》，此报告在研究内容和分析方法上都以《世界的动态学》作为蓝本，两者在关于人类未来的结论上颇为一致，西方经济学家常把他们的理论称为福罗斯特—梅多斯模型。在他们提出的模型中，选取了人口增长、粮食供应、资本投资、环境污染、资源耗竭作为影响世界经济的 5 个主要因素。其研究结论显示：由于人口增长引起粮食需求的增长，经济增长引起不可再生资源耗竭速度的加快和环境污染程度的加深，都属于指数增长。因而，人类或迟或早必然会出现"危机水平"，并认为在 2100 年到来以前，人类社会即将崩溃。

由于《增长的极限》所提出的观点涉及人类的前途命运，而且得出的结论如此可怕，最终遭到了世界多数学者的强烈批评和指责。致使罗马俱乐部不得不于 1974 年又提出名为《人类处于转折点》的第二份报告，该报告将世界按文化、环境、发展水平、资源分布水平的不同分为 10 个区，由计算机编制的"多水平世界模型"显示：在 21 世纪中叶以前，不同地区由于不同原因，在不同时局，可能发生区域性崩溃，必须进行全球的联合行动，同时还须将只是量的增加而无分化的增长改变成像生物体的有机增长情况的均衡的、分化的增长。

显然这种由发达国家控制不发达国家的理论在经济欠发达国家同样不受欢迎。

1976 年，罗马俱乐部又委托荷兰经济学家丁伯根提出了题为《重建国际秩序》的第三份报告，这个报告认为有关自然资源即将枯竭的说法可能是夸大了。当然人口压力、资源问题——主要是能源问题依然存在，发达国家、不发达国家都必须发展自己比较有利益的工业，以扩大国际贸易，进行资源交流，促进自然资源更有效的利用。

10.3.1.2 乐观派

1976 年美国德森研究所所长赫尔曼·卡恩发表了系统驳斥悲观派的《今后 200 年——美国和世界一幅远景》，阐述了乐观派的未来观，提出大过渡理论：过去 200 年和今后 200 年是人类的过渡期，这个时期虽有较多的困难，但人类必将摆脱各种困境，使所有的国家进入超工业社会和后工业社会，使自然环境和社会环境都充满活力。他强调的是科学技术的力量。

J·西蒙作为乐观派的主要代表，发表了《没有增长的极限》，尖锐地指出了悲观派的缺陷所在，指出“技术预测”和“工程预测”方法存在的片面性。其结论是：自然资源的供应在任何一种经济意义上说都是无限的；能源价格下跌的事例说明，多少世代都关心的问题，并没有出现不能逾越的严峻形势；人口的增长代表了经济的成功和人类的进步，而不是社会的失败。

在关于未来人类前途与命运预测的大辩论中，两派针锋相对。一方面，悲观派的结论虽然存在明显的缺陷，但其预警性分析和警告性预测的作用，将公众的注意力吸引到了关注环境与发展问题上来，改变了人们思考问题的方式和积极探索解决环境问题的对策。另一方面，乐观派对“技术预测”的批评也有一定道理，使人们从“技术预测”过渡到“模糊预测”，但它主张通过科学技术的进步解决所有的问题的观点并不可取。

历史的经验告诉我们，在人们采取每一个重大行动之前，都须预先进行环境影响评估，并确定采取措施把不良影响缩减到最小的限度，这是人们向可持续发展战略转变的实际行动。

10.3.2 可持续发展战略——未来人类社会的正确发展道路

可持续发展战略作为一个全新的理论体系，正在逐步形成和完善，其内涵与特征也引起了全球范围的广泛关注和探讨。各个学科从各自的角度对可持续发展进行了不同的阐述，至今尚未形成比较一致的定义和公认的理论模式。尽管如此，其基本含义和思想内涵却是相一致的。

10.3.2.1 可持续发展的定义

布伦特兰的可持续发展定义，《我们共同的未来》是这样定义可持续发展的：既满足当代人的需求，又不对后代人满足其自身需求的能力构成危害的发展。这一概念在 1989 年联合国环境规划署（UNEP）第 15 届理事会通过的《关于可持续发展的声明》中得到接受和认同，即可持续发展系指满足当前需要，而又不削弱子孙后代满足其需要的能力的发展，而且绝不包含侵犯国家主权的含义。联合国环境规划署理事会认为，可持续发展涉及国内合作和跨越国界的合作。可持续发展意味着国家内和国际间的公平，意味着要有一种支援性的国际经济环境，从而导致各国，特别是发展中国家的持续经济增长与发展。这对于环境的良好管理也具有很重要的意义。可持续发展还意味着维护、合理使用并且加强自然资源基础，这种基础支撑着生态环境的良性循环及经济增长。此外，可持续发展表明在发展计划和政策中纳入对环境的关注与考虑，而不代表在援助或发展资助方面的一种新形式的附加条件。以上论述，包括了两个重要概念，一是人类要发展，要满足人类的发展需求；二是不能损害自然界支持当代人和后代人的生存能力。

10.3.2.2 可持续发展战略的基本思想

可持续发展是一个涉及经济、社会、文化、技术及自然环境的综合概念。它是一种立足于环境和自然资源角度提出的关于人类长期发展的战略和模式。这并不是一般意义上所指的在时间和空间上的连续，而是特别强调环境承载能力和资源的永续利用对发展进程的重要性和必要性。它的基本思想主要包括三个方面：

1）可持续发展鼓励经济增长。它强调经济增长的必要性，必须通过经济增长提高当代人福利水平，增强国家实力和社会财富。但可持续发展不仅要重视经济增长的数量，更要追求经济增长的质量。这就是说经济发展包括数量增长和质量提高两部分。数量的增长是有限的，而依靠科学技术进步，提高经济活动中的效益和质量，采取科学的经济增长方式才是可持续的。因此，可持续发展要求重新审视如何实现经济增长。要达到具有可持续意义的经济增长，必须审计使用能源和原料的方式，改变传统的以“高投入、高消耗、高污染”为特征的生产模式和消费模式，实施清洁生产和文明消费，从而减少每单位经济活动造成的环境压力。环境退化的原因产生于经济活动，其解决的办法也必须依靠于经济过程。

2）可持续发展的标志是资源的永续利用和良好的生态环境。经济和社会发展不能超越资源和环境的承载能力。可持续发展以自然资源为基础，同生态环境相协调。它要求在严格控制人口增长、提高人口素质和保护环境、资源永续利用的条件下，进行经济建设、保证以可持续的方式使用自然资源和环境成本，使人类的发展控制在地球的承载力之内。可持续发展强调发展是有限制条件的，没有限制就没有可持续发展。要实现可持续发展，必须使自然资源的耗竭速率低于资源的再生速率，必须通过转变发展模式，从根本上解决环境问题。如果经济决策中能够将环境影响全面系统地考虑进去，这一目的是能够达到的。但如果处理不当，环境退化和资源破坏的成本就非常巨大，甚至会抵消经济增长的成果而适得其反。

3）可持续发展的目标是谋求社会的全面进步。发展不仅仅是经济问题，单纯追求产值的经济增长不能体现发展的内涵。可持续发展的观念认为，世界各国的发展阶段和发展目标可以不同，但发展的本质应当包括改善人类生活质量，提高人类健康水平，创造一个保障人们平等、自由、教育和免受暴力的社会环境。这就是说，在人类可持续发展系统中，经济发展是基础，自然生态保护是条件，社会进步才是目的。而这三者又是一个相互影响的综合体，只要社会在每一个时间段内都能保持与经济、资源和环境的协调，这个社会就符合可持续发展的要求。显然，在新的世纪里，人类共同追求的目标，是以人为本的自然—经济—社会复合系统的持续、稳定、健康的发展。

10.3.2.3 可持续发展的基本原则

可持续发展具有十分丰富的内涵。就其社会观而言，主张公平分配，既满足当代人又满足后代人的基本需求；就其经济观而言，主张建立在保护地球自然系统基础上的持续经济发展；就其自然观而言，主张人类与自然和谐相处。从中所体现的基本原则有：

1）公平性原则

所谓公平是指机会选择的平等性。可持续发展的公平性原则包括两个方面。一是本代人的公平，即代内之间的横向公平。可持续发展要满足所有人的基本需求，给他们机会以满足他们要求过美好生活的愿望。当今世界贫富悬殊、两极分化的状况完全不符合可持续发展的原则。因此，要给世界各国以公平的发展权、公平的资源使用权，要在可持续发展的进程中消除贫困。各国拥有按其本国的环境与发展政策开发本国自然资源的主权，并负有确保在其管辖范围内或在其控制下的活动，不致损害其他国家或在各国管理范围以外地区的环境责任。二是代际间的公平，即世代的纵向公平。人类赖以生存的自然资源是有限的，当代人不能因为自己的发展与需求而损害后代人满足其发展需求的条件——自然资源与环境，要给后代人以公平利用自然资源的权利。

2）持续性原则

可持续发展有着许多制约因素，其主要限制因素是资源与环境。资源与环境是人类生存与发展的基础和条件，离开了这一基础和条件，人类的生存和发展就无从谈起。因此，资源的永续利用和生态环境的可持续性是可持续发展的重要保证。人类发展必须以不损害支持地球生命的大气、水、土壤、生物等自然条件为前提，必须充分考虑资源的临界性，必须适应资源与环境的承载能力。换言之，人类在经济社会的发展进程中，需要根据持续性原则调整自己的生活方式，确定自身的消耗标准，而不是盲目地、过度地生产、消费。

3）共同性原则

可持续发展关系到全球的发展。尽管不同国家的历史、经济、文化和发展水平不同，可持续发展的具体目标、政策和实施步骤也各有差异，但是公平性和可持续性则是一致的。并且要实现可持续发展的总目标，必须争取全球共同的配合行动。这是由地球整体性和相互依存性所决定的。因此，致力于达成既尊重各方的利益，又保护全球环境与发展体系的国际协定至关重要。正如《我们共同的未来》中写的“今天我们最紧迫的任务也许是要说服各国，认识回到多边主义的必要性”“进一步发展共同的认识和共同的责任感，是这个分裂的世界十分需要的。”这就是说，实现可持续发展就是人类要共同促进自身之间、自身与自然之间的协调，这是人类共同的道义和责任。

10.3.3 实施可持续发展的对策与行动

1992年在里约热内卢召开世界首脑环境与发展大会，通过了《里约热内卢宣言》和《21世纪议程》，这是“世界范围内可持续发展行动计划”。从此，可持续发展引起世界各国政府关注，其基本思想被国际社会所广泛接受。

中国是一个发展中大国，要提高生产力和人民生活水平，必须发展经济。然而我国目前庞大的人口基数、有限的环境容量和承载力，以及仍在恶化的生态环境和资源短缺等现状，不允许我国沿用工业发达国家的道路，我们必须摆脱传统的“先污染，后治理；先破坏，后保护”的发展模式影响，此外薄弱的经济实力及相对落后的科技水平和生产工艺水平和设备也不允许我们实行发达国家现行的高投资、高技术解决问题的模式。因此，我国只能走一条花钱少、效果好的新途径——可持续发展之路。

1992年6月，中国政府在联合国召开的环境与发展会议上作出了履行《21世纪议程》承诺《中国21世纪人口环境与发展白皮书》。1994年3月25日，国务院第十六次常务会议通过了中国人口、环境与发展的白皮书——《中国21世纪议程》。1994年7月国务院要求各省市将其作为制定国民经济和社会发展中长期计划的指导性文件，并将其思想内容渗透到“九五”计划和2010年远景目标中。《中国21世纪议程》从现实国情出发，以可持续发展为核心思想，将经济、社会、科技、人口、资源与环境视为密不可分的以人为中心的综合系统，构筑了一个带有全局性的、长期的、渐进的可持续发展的总体战略框架和行动方案，这是中国走向21世纪和争取美好未来的崭新起点。1995年9月，十四届五中全会正式通过了《中共中央关于制定国民经济和社会发展“九五”计划和2010年远景目标的建议》，该《建议》突出了以经济建设为中心的指导思想，强调“发展是硬道理”，第一次把“实现经济社会可持续发展”作为主要奋斗目标和指导方针，载入党的正式文件中。以江泽民为核心的党中央第三代领导集团，在十四届五中全会上进一步明确可持续发展的目标，指出：“在现代化建设中，必须把可持续发展作为一个重大战略。要把控制人口、节约资源、保护环境放到重要位置，使人口增长与社会生产力的发展相适应，使经济建设与资源环境相协调，实现良性循环”。江泽民在第四次全国环境保护会议上指出：“在社会主义现代化建设中，必须把贯彻实施可持续发展战略始终作为一个大事来抓。”1997年9月，党的十五大报告中旗帜鲜明地指出我国是人口众多、资源相对不足的国家，在现代化建设中，必须实施可持续发展战略，坚持计划生育和保护环境的基本国策，正确处理经济发展同人口、资源、环境的关系。

我国在实施可持续发展战略的过程中，建立了推动战略实施的组织保障体系，制定了国家、部门、地方不同层次的可持续发展战略，提高了公众意识，加快了可持续发展的立法进程，加强了执法力度，在人口、资源、环保等方面迈出了坚实的步伐。但从总体上看，尚有诸多不完善之处。我国在经济落后与人口众多等特殊国情下选择可持续发展。因此不应照搬发达国家的做法，而应走一条具有中国特色的可持续发展之路。具体有以下几点对策：

10.3.3.1　强调充分发展，寻求广泛的国际合作

针对我国国情，立足对外开放的长期战略，我国有理由更加积极地开展国际环境和可持续发展领域的合作。当前我国面临的人口压力和环境危机的解决有赖于经济的发展，只有经济可持续发展才能为实现我国现阶段“全面建设小康社会”的伟大目标奠定物质基础。可持续发展战略作为全球性战略要求我国在解决发展中出现的环境问题时，除依靠自己的努力外，积极开展国际合作可以为我国解决环境问题和促进可持续发展提供机遇并获得多方面收益。接触发达国家政府的先进技术和公众的环境意识，借鉴它国实施可持续发展战略的经验教训，获得国际社会的资金和技术支持。

10.3.3.2　充分调动政府、企业和公众的积极性，参与环境保护

政府作为调控者是推动社会发展的主要力量；企业是保护环境和防治污染的主要参与主体；公众作为监督和参与者是实现可持续发展的社会基础。

10.3.3.3　大力加强环境法律建设

首先，要加快环境和资源保护立法的步伐，必要时加强制定具体量化标准。立法时应从全局利益出发，运用多种手段，并借鉴国外的经验教训。其次强化执法力度，建立和完善环保法规，抓好检查工作，坚持中央检查与地方检查、集中检查与经常性检查相结合，建立有效制度，如复查制度、奖惩制度，强化法制管理，做到执法必严、违法必究。

10.3.3.4　控制人口数量，提高人口素质

人口数量决定资源需求规模。人口失控必将加重资源和环境压力，发展中出现的一切问

题无不与人口剧增有关。如果没有对人口增长的有效控制，我国很难跳出“人口增长──→环境破坏──→经济贫穷”的恶性循环。走可持续发展道路关键在于加强科技进步，实施科教兴国战略，提高劳动者素质，只有这样，才能为可持续发展战略的实施提供保证。

10.3.3.5 加强技术研究，采用清洁生产

加强技术研究，不仅是为了解决当前环境危机，而且是为了更好地防治污染。传统落后的方法和技术影响可持续发展。因此我们要合理地利用资源，使工业生产与环境相容，走可持续发展道路。“清洁生产”则是实施可持续发展战略的最佳模式，朱镕基在人大九届二次会议上所作的《政府工作报告》中，提出了“鼓励清洁生产”的主张，这是政府最高层次的报告中第一次提出清洁生产。清洁生产是将污染整体预防战略持续地应用于生产全过程，通过不断改善管理和技术进步，提高资源综合利用率，减少污染物排放以降低对环境和人类的危害。

总之，实施可持续发展战略，处理好经济建设与人口、资源、环境的关系是一项极其复杂的系统工程，我们一定要结合实际、全面规划、整体推进、突出重点、狠抓落实。在我们国家走可持续发展道路时如能够考虑到这几点，相信我们一定会在保护环境的前提下，使经济可持续发展取得更辉煌的成就，促使全面建设小康社会的伟大目标早日实现。

本章小结

本章主要介绍了当前人类所面临的人口增长，全球气候变化，生物多样性锐减，资源短缺等一系列环境问题；以及由此引发人们对环境与发展问题的理性思考和人类行为方式的重要转变；简单介绍了人类社会的两种发展观，最后指出：可持续发展战略才是未来人类社会的正确发展道路。

通过本章的学习，使学生认识到全球生态环境问题的严重性；了解可持续发展的生态伦理观，做绿色文明积极推进者；并且在现实生活中坚持可持续发展战略观。

思考题

1. 你认为新世纪人类面临的主要生态环境问题是什么？
2. 全球气候变化的主要原因有哪些？
3. 结合自己的体会，简述你对人与自然协同进化的理解。
4. 可持续发展的基本内涵是什么，你有何新见解？

参考文献

1. ［英］Anderson J. M. 环境生态学——生物圈、生态系统和人. 蒋志学，温世生译. 沈阳：辽宁大学出版社，1987

2. 蔡晓明等. 生态系统生态学. 北京：科学出版社，2000

3. 程胜高，罗泽娇，曾克峰. 环境生态学. 北京：化学工业出版社，2003

4. 戴天兴. 城市环境生态学. 北京：中国建材工业出版社，2002

5. 邓小华. 环境生态学. 北京：中国农业出版社，2005

6. 范志平，曾德慧，余新晓等. 生态工程理论基础与构建技术. 北京：化学工业出版社，2006

7. 顾卫兵. 环境生态学. 北京：中国环境科学出版社，2007

8. 国家环境保护局自然保护司. 环境影响评价技术导则——非污染生态影响（HJ/T19—1997），1998

9. 国家环境保护总局自然保护司. 非污染生态影响评价技术导则培训教材. 北京：中国环境科学出版社，1999

10. 何强，井文涌，王翊亭. 环境学导论. 北京：清华大学出版社，1994

11. 胡涛，陈同斌. 中国的可持续发展研究—从概念到行动. 北京：中国环境科学出版社，1995

12. 蒋文举，侯锋，宋宝增. 城市污水厂实习培训教程. 北京：化学工业出版社，2007

13. 金岚. 环境生态学. 北京：高等教育出版社，1992

14. 孔繁德. 生态保护概论. 北京：中国环境科学出版社，2001

15. 李博主编. 生态学. 北京：高等教育出版社，2000

16. 李文华，欧阳志云，赵景柱. 生态系统服务功能研究. 北京：气象出版社，2002

17. 李文华. 生态系统服务功能价值评估的理论、方法与应用. 北京：中国人民大学出版社，2008

18. 李玉文，梁晶，李智娟. 扎龙湿地水体富营养化分析与治理措施研究. 环境科学与管理. 2009，34（2）：165～168

19. 李振基. 生态学. 北京：科学出版社，2000

20. 刘湘溶. 生态文明论. 长沙：湖南教育出版社，1999

21. 刘云国，李小明主编. 环境生态学导论. 长沙：湖南大学出版社，2000

22. 柳劲松，王丽华，宋秀娟. 环境生态学基础. 北京：化学工业出版社，2003

23. 毛永文. 生态影响评价概论. 北京：中国环境科学出版社，2003

24. 牛翠娟等. 基础生态学（第2版）. 北京：高等教育出版社，2007

25. 欧阳志云，王如松，赵景柱. 生态系统服务功能及其生态经济价值评价. 应用生态学报，1999，10（5）：635～640

26. 钱易，唐孝炎. 环境保护与可持续发展. 北京：高等教育出版社，2000

27. 钦佩等. 生态工程学. 南京：南京大学出版社，1997

28. 尚玉昌. 普通生态学（第2版）. 北京：北京大学出版社，2002

29. 盛连喜. 环境生态学导论. 北京：高等教育出版社，2005

30. 宋绪忠，王成，彭镇华，杨华. 生态系统服务功能多样性与农业生态系统复杂性. 山东农业大学学报（自然科学版），2007，38

31. 孙儒泳. 普通生态学. 北京：高等教育出版社，1996

32. 王如松，方精云，高林，冯宗炜. 现代生态学的热点问题研究. 北京：中国科学技术出版社，1996

33. 王卫红，赵劲松. 生态系统服务功能的保护与可持续发展. 科技情报开发与经济，2001，11

34. 辛琨，肖笃宁. 生态系统服务功能研究简述. 中国人口、资源与环境，2000，10（3）

35. 延军平等. 跨世纪全球环境问题及行为对策. 北京：北京科学出版社，1999

36. 严茂超. 生态经济学新论：理论、方法与应用. 北京：中国致公出版社，2001

37. 晏磊，柯冀. 可持续发展基础：资源环境生态区系统结构控制. 北京：华夏出版社，1998

38. 叶平. 生态伦理学. 哈尔滨：东北林业大学出版社，1994

39. 叶文虎. 可持续发展引论. 北京：高等教育出版社，2001

40. 余谋昌. 创造美好的生态环境. 北京：中国社会科学出版社，1997

41. 曾明，刘阳生. 水体富营养化及其治理研究进展. 环境污染与防治（网络版）. 2003，8（2）：1～8

42. 张合平，刘云国主编. 环境生态学. 北京：中国林业出版社，2001

43. 章家恩，饶卫民. 农业生态系统的服务功能与可持续利用对策探讨. 生态学，2004，23

44. 赵同谦. 中国陆地生态系统服务功能及其价值评价研究. 北京：中国科学院生态环境研究中心，2004

45. 赵晓光等. 环境生态学. 北京：机械工业出版社，2007

46. 周凤霞. 生态学. 北京：化学工业出版社，2005

47. 周鸿. 绿色文化. 合肥：安徽科学技术出版社，1997

48. 祝廷成主编. 植物生态学. 北京：高等教育出版社，1988

49. Costanza R.，de Arge R.，de GrooL R.，Farher S.，Grasso M.，Hannon B.，Naeem S.，Limburg K.，Paruelo J.，O Neill RV，Raskin R.，Sutton P，van den Belt M. The Value of the World’s Ecosystem Services and Natural Capital. Nature，387：253-260，1997